大模型应用开发

动手做
AI Agent

黄佳 | 著

人民邮电出版社

北京

图书在版编目（CIP）数据

大模型应用开发 ：动手做AI Agent / 黄佳著. --
北京 ：人民邮电出版社，2024.5（2024.5重印）
ISBN 978-7-115-64217-2

Ⅰ．①大… Ⅱ．①黄… Ⅲ．①人工智能－研究 Ⅳ.
①TP18

中国国家版本馆CIP数据核字（2024）第079011号

内 容 提 要

人工智能时代一种全新的技术——Agent 正在崛起。这是一种能够理解自然语言并生成
对应回复以及执行具体行动的人工智能体。它不仅是内容生成工具，而且是连接复杂任务的
关键纽带。本书将探索 Agent 的奥秘，内容包括从技术框架到开发工具，从实操项目到前沿
进展，通过带着读者动手做 7 个功能强大的 Agent，全方位解析 Agent 的设计与实现。本书
最后展望了 Agent 的发展前景和未来趋势。

本书适合对 Agent 技术感兴趣或致力于该领域的研究人员、开发人员、产品经理、企业
负责人，以及高等院校相关专业师生等阅读。读者将跟随咖哥和小雪的脚步，踏上饶有趣味
的 Agent 开发之旅，零距离接触 GPT-4 模型、OpenAI Assistants API、LangChain、LlamaIndex
和 MetaGPT 等尖端技术，见证 Agent 在办公自动化、智能调度、知识整合以及检索增强生
成（RAG）等领域的非凡表现，携手开启人工智能时代的无限可能，在人机协作的星空中共
同探寻那颗最闪亮的 Agent 之星！

◆ 著　　　　黄　佳

　　责任编辑　秦　健

　　责任印制　焦志炜

◆ 人民邮电出版社出版发行　　北京市丰台区成寿寺路 11 号

　　邮编　100164　　电子邮件　315@ptpress.com.cn

　　网址　https://www.ptpress.com.cn

　　北京瑞禾彩色印刷有限公司印刷

◆ 开本：720×960　1/16

　　印张：18　　　　　　　　　　2024 年 5 月第 1 版

　　字数：427 千字　　　　　　　2024 年 5 月北京第 2 次印刷

定价：89.80 元

读者服务热线：**(010) 81055410**　印装质量热线：**(010) 81055316**
反盗版热线：**(010) 81055315**
广告经营许可证：京东市监广登字 20170147 号

一个新纪元的黎明

许多人把 ChatGPT 诞生的 2023 年视为生成式人工智能（Generative AI，GenAI）、AIGC（AI Generated Content，人工智能生成内容）和大语言模型（Large Language Model，LLM，也称大模型）爆发的元年。AIGC 以前所未有的方式生成内容，从文本、图像到代码，其生成内容的质量和多样性令人惊叹。这些内容不仅能直接用于工作，提升工作效率，而且降低了艺术创作的门槛，为文化娱乐等产业开辟了更广阔的天地。人工智能技术正在引领一个全新的内容创造时代。

然而，已经发生的这一切仅仅是人工智能革命的序幕。

今天，人工智能在工作效率提升方面的热潮方兴未艾，而开发人工智能应用（见图 1）的新一波浪潮又迅猛兴起。

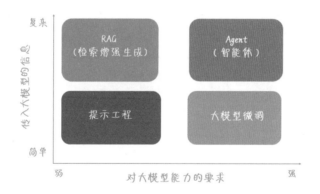

图1　在基于大模型的人工智能应用开发

随着技术的进步，我们开始期待更多：我们所向往的是一个不仅把人工智能生成内容视为工作的一部分，还将人工智能作为连接更加复杂任务的关键纽带的时代。

这种愿景正是 Agent[①] 诞生的起点。

在探索人工智能的奥秘和可能性的征程中，ZhenFund（真格基金）认为生成式人工智能应用需要经历表 1 所示的 5 个层级。

---

① 可以译为智能体或智能代理，本书统称为Agent。

表 1　生成式人工智能应用需要经历的 5 个层级

层级	AI 应用	描述	示例
L1	Tool（工具）	人类完成所有工作，没有任何明显的 AI 辅助	Excel、Photoshop、MATLAB 和 AutoCAD 等绝大多数应用
L2	Chatbot（聊天机器人）	人类直接完成绝大部分工作。人类向 AI 询问，了解信息。AI 提供信息和建议，但不直接处理工作	初代 ChatGPT
L3	Copilot（协同）	人类和 AI 共同工作，工作量相当。AI 根据人类要求完成工作初稿，人类进行后期校正、修改和调整，并最终确认	GitHub Copilot、Microsoft Copilot
L4	Agent	AI 完成绝大部分工作，人类负责设定目标、提供资源和监督结果，以及最终决策。AI 进行任务拆分、工具选择、进度控制，实现目标后自主结束工作	AutoGPT、BabyAGI、MetaGPT
L5	Intelligence（智能）	完全无须人类监督，AI 自主拆解目标、寻找资源，选择并使用工具，完成全部工作，人类只须给出初始目标	冯·诺伊曼机器人或者……人？

目前流行的 ChatGPT 和 Copilot 分别位于 L2 和 L3，可以将它们视为一种初级的 Agent。ChatGPT 能够根据对话上下文（记忆）来响应提示输入的操作，向人类展示有价值的对话，而 Copilot 通过与人类协作，可以在多个层面上提升完成相应任务的效能。

从 L3 到 L4 的跨越是一个从被动到自主的分水岭，在这个跨越过程中，Agent 将成为关键的驱动力。

未来的 Agent 将不仅仅是内容生成工具。它们将整合人工智能模型、海量数据和多样化的工具，从而能执行各种任务，完成不同的工作。这些 Agent 跨越单纯的内容生成的界限，开始涉足决策制定和行动实施等领域。无论是解读复杂指令、规划策略、拆解任务，还是执行实现目标的具体步骤，它们都将展现出独特的自主性和适应性。更为关键的是，这些 Agent 能够接入并灵活运用多种辅助工具和数据资源，从而大幅拓宽工作领域和提高工作能力。

例如，旅行计划 Agent 不仅能够生成旅行建议，而且能根据用户的喜好和预算自动预订航班、酒店甚至餐厅。再如，家庭健康管理 Agent 能够监测家庭成员的健康数据，主动提出饮食和锻炼建议，甚至在必要时预约医生并安排药物配送。

在业务层面，构建 Agent 的需求将快速增长。随着对 Agent 的价值和影响的深入了解，越来越多的公司开始尝试和实施 Agent 技术。从概念验证到开发相关应用，从初步尝试到广泛应用，Agent 技术正在商业化之路上加速前进。

构建 Agent 的基石已经存在，包括先进的 AIGC 模型和大模型（如 GPT-4、Claude 3 Opus）、人工智能应用开发框架和工具（如 LangChain、LlamaIndex、OpenAI API 和 Hugging Face 等，见图 2）、软件平台、业务场景和丰富的数据资源。我们所需要的一应俱全，而我们所缺乏的是将这些技术或工具整合到一起的经验和技术。

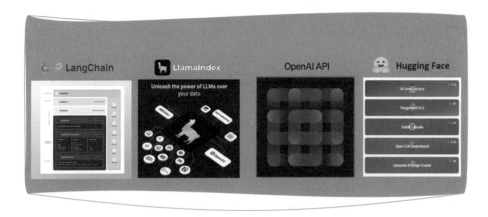

图2 人工智能应用开发框架和工具

尽管构建 Agent 的基石已经准备就绪，但 Agent 的技术发展仍处于萌芽阶段。开发者需要进行深入思考并动手实践，以确立 Agent 的开发框架、Agent 访问工具的方式、与数据交互的方式，以及如何对话以完成具体任务。这些问题的答案将塑造未来 Agent 的形态和能力。

在解锁 Agent 的巨大潜力的过程中，我们需要深入探讨以下几个关键问题。

■ Agent 如何在各行各业中提升效率以及创造机会和更多可能性？

■ 在众多的 Agent 框架中，如何选择适合自己需求的框架？

■ 在解决现实世界的问题时，如何实施 Agent 才最有效？

■ 自主 Agent 如何改变我们对人工智能驱动的任务管理的认知和实践？

目前无论是学术界还是产业界，对人工智能应用开发的关键问题远未达成共识。本书或许可以作为读者深入探讨上述问题的漫长旅途的开端。本书旨在从技术和工具层面阐释 Agent 设计的框架、功能和方法，具体涉及如下技术或工具。

■ OpenAI Assistants API：用于调用包含 GPT-4 模型和 DALL·E 3 模型在内的众多人工智能模型。

■ LangChain：开源框架，旨在简化构建基于语言的人工智能应用的过程，其中包含对 ReAct 框架的封装和实现。

■ LlamaIndex：开源框架，用于帮助管理和检索非结构化数据，利用大模型的能力和 Agent 框架来提高文本检索的准确性、效率和智能程度。

这些技术和工具都可以用于构建 Agent，它们通过接口连接大模型，为 Agent 提供语言理解、内容生成和决策支持的能力。通过它们，Agent 可以支持多种外部工具，进而执行复杂任务以及与环境进行交互。

除了介绍 Agent 的框架和开发工具之外，本书还将通过 7 个实战案例，带领读者学习前沿的 Agent 实现技术。这 7 个案例分别如下。

- Agent 1：自动化办公的实现——通过 Assistants API 和 DALL·E 3 模型创作 PPT。
- Agent 2：多功能选择的引擎——通过 Function Calling 调用函数。
- Agent 3：推理与行动的协同——通过 LangChain 中的 ReAct 框架实现自动定价。
- Agent 4：计划和执行的解耦——通过 LangChain 中的 Play-and-Execute 实现智能调度库存。
- Agent 5：知识的提取与整合——通过 LlamaIndex 实现检索增强生成。
- Agent 6：GitHub 的网红聚落——AutoGPT、BabyAGI 和 CAMEL。
- Agent 7：多 Agent 框架——AutoGen 和 MetaGPT。

此外，我还在附录中简要介绍了科研论文中的 Agent 技术进展，旨在为读者提供当前 Agent 技术发展的全面视角并展现相关的探索。

我希望这本书能够在 Agent 的发展征途中激起小小的涟漪，启发更多对人工智能充满好奇和热情的读者，共同开启人工智能时代的无限可能。

在人类与人工智能紧密合作的黎明时分，这满天繁星中，Agent 定是那颗最闪亮的星！

黄佳

2024 年初春

博学之，审问之，慎思之，明辨之，笃行之。

——《礼记·中庸》

博学：海纳百川，广泛求知。

审问：审慎提问，清晰提示。

慎思：仔细思考，严密推理。

明辨：明智辨别，区分是非。

笃行：坚定实践，诚信行动。

儒家经典早已告诉我们求知和实践的重要性：只有广泛地学习，深入地提问，仔细地思考，明智地辨别，最后坚定地实践，才能知行合一。

在 AI 时代，Agent 只有博学——海纳百川地学习（基于海量数据训练），审问——接受清晰明确的指令（有效的提示工程），慎思——在精巧设计的模式下认知（配置 CoT、ToT、ReAct 等思维框架），明辨——明确地遵循人类道德规范（通过指令微调和价值观对齐来确保 AI 安全无害），笃行——以强而有力的工具来与外界交互（借助 Tool Calls 和 Function Calling 等技术），才能与人类携手，共筑锦绣前程。

资源获取

本书提供如下资源：

- 配套资源代码；
- 配套数据集；
- 本书思维导图；
- 异步社区 7 天 VIP 会员。

要获得以上资源，您可以扫描下方二维码，根据指引领取。

提交勘误信息

作者和编辑尽最大努力来确保书中内容的准确性，但难免会存在疏漏。欢迎您将发现的问题反馈给我们，帮助我们提升图书的质量。

当您发现错误时，请登录异步社区（https://www.epubit.com），按书名搜索，进入本书页面，点击"发表勘误"，输入勘误信息，点击"提交勘误"按钮即可（见下图）。本书的作者和编辑会对您提交的勘误信息进行审核，确认并接受后，您将获赠异步社区的 100 积分。积分可用于在异步社区兑换优惠券、样书或奖品。

与我们联系

我们的联系邮箱是 contact@epubit.com.cn。

如果您对本书有任何疑问或建议，请您发邮件给我们，并请在邮件标题中注明本书书名，以便我们更高效地做出反馈。

如果您有兴趣出版图书、录制教学视频，或者参与图书翻译、技术审校等工作，可以发邮件给我们。

如果您所在的学校、培训机构或企业，想批量购买本书或异步社区出版的其他图书，也可以发邮件给我们。

如果您在网上发现有针对异步社区出品图书的各种形式的盗版行为，包括对图书全部或部分内容的非授权传播，请您将怀疑有侵权行为的链接发邮件给我们。您的这一举动是对作者权益的保护，也是我们持续为您提供有价值的内容的动力之源。

关于异步社区和异步图书

"**异步社区**"是由人民邮电出版社创办的 IT 专业图书社区，于 2015 年 8 月上线运营，致力于优质内容的出版和分享，为读者提供高品质的学习内容，为作译者提供专业的出版服务，实现作者与读者在线交流互动，以及传统出版与数字出版的融合发展。

"**异步图书**"是异步社区策划出版的精品 IT 图书的品牌，依托于人民邮电出版社在计算机图书领域四十余年的发展与积淀。异步图书面向 IT 行业以及各行业使用 IT 技术的用户。

目 录
CONTENTS

第1章

何谓 Agent，为何 Agent[①]

时尚而现代的共享办公空间中，一个年轻的团队正在为他们的新项目忙碌着。这是一家专注鲜花的初创电商公司——花语秘境，创始人是咖哥的老搭档小雪。[②]

在这个快节奏、竞争激烈的行业中，小雪深知要想突出重围，她的公司不仅要提供高质量的产品，而且需要通过创新技术来优化运营的效率，提升顾客体验。因此，营销和市场策略团队计划开发一个Agent，这个智能助手可以根据天气、库存状况自动调配、规划和安排鲜花的递送服务，同时可以整合花语秘境的内部文档和用户需求，协助用户选择最适合自己的鲜花，如根据场合、接收人的偏好，甚至是送花人的情感表达来推荐，希望借此革新鲜花购买体验，使之更加个性化、高效和令人愉悦。

图1.1 咖哥的演讲

今天，花语秘境的办公室中人头攒动，小雪邀请咖哥为公司员工以及创业过程中结识的各路朋友开展了一次题为 *Life 3.0* 的主题演讲（见图1.1）。

1.1 大开脑洞的演讲：Life 3.0

（咖哥走上演讲台。）

在这宏伟的时代洪流中，我站在这里，与大家共同探讨一个古老而又新奇的话题——生命的本质。

生命，无论是细小的微生物，还是伟大的人类，甚至是未来的 Agent，都在这个宇宙中扮演着独特的角色。但究竟什么是生命？

在 *Life 3.0* 的作者马克斯·泰格马克（Max Tegmark）的眼中，生命不过是一个自我复制的信息处理系统。想象一下，碳基生物体的 DNA 类似于软件代码：它包含指导生物体生长、发展和行动的所有指令。这些指令以遗传信息的形式传递，这些遗传信息决定了生物的特征和功能（见图1.2）。因此，信息的传递机制就是生命体的软件，该机制最终决定了生命体的行动和结构（也就是生命体的硬件）。

无独有偶，英国进化生物学家理查德·道金斯（Richard Dawkins）在《自私的基因》一书中也提到，生命的进化就是基因的复制。随着各种变异不断出现，复制后的基因之间互相竞争，最厉害的复制者最终得以生存，接着形成更加复杂的生命形式，最后，慢慢地有了我们现在看到的各种各样的生物。能够复制的基因成了进化的基本单位。

---

① 本章标题灵感源自公众号"下维"发布的署名为"萧夫"的文章《万字长文！何谓Agent，为何Agent？》。

② 咖哥和小冰的故事详见《零基础学机器学习》和《数据分析咖哥十话：从思维到实践促进运营增长》。

这听起来可能有些抽象，但请允许我再次阐述：生命是一个自我复制的信息处理系统，而信息则是塑造这个处理系统的行为和结构的力量。

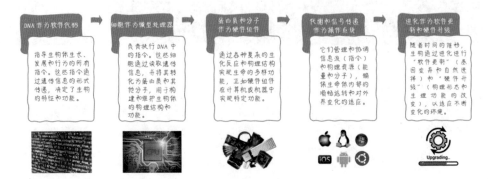

图1.2　碳基生物体和计算机的类比

我把生命的发展划分为3个阶段。

生命1.0（life 1.0），最原始的阶段，我把它称为"前人类"阶段，那时的生命如细菌般简单，它们的一切反应和演变都由自然选择驱动。

生命2.0（life 2.0），即我们人类所处的阶段，我们拥有自主意识，可以学习、适应，甚至改变环境，但我们的生物硬件仍受限于自然。

生命3.0（life 3.0），那将是一个激动人心的阶段，我把它称为"后人类"阶段。此时的生命不仅可以设计自己的软件，还能根据需要改造自己的硬件。想象一下，一个能够随心所欲改变自身能力，甚至形态的生命体，将是多么的不朽和强大！

人工智能（Artificial Intelligence，AI）正是通往life 3.0的关键。在这里AI不仅仅是一个技术名词，它还代表了非碳基生物体实现复杂目标的能力。尽管AI目前还处在初级阶段，但随着技术的进步，AI的潜能将是无可限量的。

要实现这样的未来，AI需要3种核心能力——存储、计算和自我学习。

存储能力让信息能够保存在物质中，如大脑神经元、深度学习神经网络节点以及计算机芯片等。在整个过程中，存储具有一个特点——信息独立于物质而存在。

计算能力让机器能够处理和解析这些信息。艾伦·图灵（Alan Turing）在第二次世界大战期间提出了图灵机的概念，即向机器中输入一串数字，通过函数公式得出结果，这为计算机的发展奠定了基础。图灵还证明，只要给计算机提供足够快的计算速度和足够大的存储空间，它就能够完成所有的计算。对于计算来说，信息也是独立于物质而存在的。

AI的自我学习能力则是机器通过经验不断优化自身的过程。人类的大脑通过反复学习，会形成特定的神经元网络。通过模拟这个过程，AI利用算法快速学习海量的知识和经验，自己设计解决问题的方法，从而完成原本只有人类才能够完成的复杂任务——这也是深度学习神经网络的基本原理（目前，几乎所有的AI模型都基于深度学习神经网络所构建，图1.3展示了AI发展简史）。

人脑虽然也具备一定的存储和计算能力，但是，受限于记忆的容量，且信息与大脑物质深度融合，不易提取和迁移，和机器相比，大脑的计算速度更为缓慢。因此，想象一下，一个拥有无限存储空间、强大计算能力和高效自我学习能力的 AI 可以超越自然演化的束缚，实现生命的终极形态。这样的 AI 不仅仅是工具，它将是全新的生命形态，拥有独立的思想和感情，可以成为人类的伙伴，甚至是继承者。

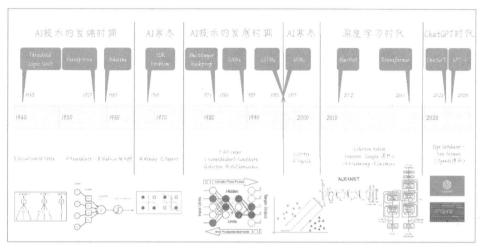

图1.3　AI发展简史[①]

我的朋友们，当谈论 life 3.0 时，我们不仅仅是在预见未来，也在探索生命的深层含义。

（台下响起雷鸣般的掌声。）

1.2　那么，究竟何谓Agent

小雪：咖哥，你的无比美好的未来愿景建立在一个事实之上——AI 必须成为自主驱动的 Agent，那么你能否说清楚什么是 Agent？

咖哥：Agent 作为一种新兴的人工智能技术，正在受到越来越多的关注。要说清楚什么是 Agent，先得看看人工智能的本质是什么。

人工智能这个名称来自它试图通过计算机程序或机器来模拟、扩展和增强人类智能的一些方面。在这个定义中，"人工"指的是由人类创造或模拟，而"智能"指的是解决问题、学习、适应新环境等的能力。人工智能领域的研究涵盖了从简单的自动化任务到复杂的决策和问题解决过程，其根本追求是开发出能模仿、再现甚至超越人类智能水平的技术和系统。

传统的人工智能技术通常局限于静态的功能，它们只能在特定且受限的环境中执行预先设定的任务。这些系统往往缺乏灵活性和自适应能力，无法自主地根据环境变化调整自己的行为。

---

① 更多关于AI发展简史的信息，请参见《GPT图解 大模型是怎样构建的》一书，此处不赘述。

这个局限就是 Agent 概念的出发点，它旨在推动 AI 从静态的、被动的存在转变为动态的、主动的实体。

那么，下个定义：Agent，即智能体或智能代理（见图 1.4），是一个具有一定程度自主性的人工智能系统。更具体地说，Agent 是一个能够感知环境、做出决策并采取行动的系统。

1

咖哥发言

Agent 也可以译为"代理"。代理是一个历史悠久的概念，对这个概念的探索和解释并不仅限于 AI 领域。在哲学中，代理的核心概念可以追溯到亚里士多德和大卫·休谟等有影响力的思想家。在哲学领域内，代理可以是人类、动物，或任何具有自主性的概念或实体。

- 亚里士多德在伦理学和形而上学方面的作品中探讨了代理的概念。对于亚里士多德来说，代理与目的性和因果关系密切相关。他强调了目的性行动的重要性，认为行为背后总有一个目的或终极原因。在《尼各马科伦理学》中，亚里士多德探讨了人的行为是如何被理性和欲望所驱动的，而理性行为被认为是实现最终目的的关键。亚里士多德的观点强调了个体行为的自主性和目的性。

- 大卫·休谟则在他的作品中探讨了自由意志与决定论的关系，这与代理的概念紧密相关。休谟是怀疑论哲学家，他对因果关系的常规理解提出了质疑。在《人性论》中，休谟探讨了人类理性的局限性和情感在决策过程中的作用。休谟关于代理的看法更加注重个体决策中的非理性因素，如情感和习惯。

在狭义上，"代理性"通常用来描述有意识行动的表现，相应地，术语"代理"则指拥有欲望、信念、意图和行动能力的实体。然而，广义上的"代理"是一个具有行动能力的实体，而术语"代理性"则指的是行使或表现这种能力的能力。此时，代理不仅仅包括个体人类，还包括物理世界和虚拟世界中的其他实体。重要的是，代理的概念涉及个体自主性，赋予他们行使意志、做出选择和采取行动的能力，而不是被动地对外界刺激做出反应。

主流的人工智能社区于 20 世纪 80 年代中期开始关注与代理相关的概念。一种说法甚至认为我们可以定义人工智能为旨在设计和构建具有智能行为的代理的计算机科学子领域。由于传统的物理和计算机科学没有意识和欲望这样的概念，因此，在被引入人工智能领域时，代理的含义发生了一些变化。许多研究者（包括艾伦·图灵）都没有赋予机器"心智"。在人工智能领域中，代理是一种具有计算能力的实体，研究者只能观察到它们的行为和决策过程。为了深入理解和描述这些代理，研究者通常会引入其他几个关键属性，包括自主性、反应性、社会亲和性以及学习能力，以全面地认识人工智能代理的能力和潜力。

图1.4 一个可爱的Agent

这里有一个很有趣的哲学问题，那就是"代理性"只是观察者所看到的，它并不是一个固有的、孤立的属性。目前我们倾向于把所有能够感知环境、做出决策并采取行动的实体或系统视为人工智能领域中的代理。[1]

小雪：感知环境？做出决策？采取行动？这 3 个概念能否举例说说？

咖哥：当然。例如，ChatGPT 首先通过文本或语音输出框来感知环境，并进行推理决策，之后再通过文本框或者语音与人们互动。当然，还有更为复杂的 Agent。这里以自动驾驶 Agent 为例进行介绍。

- 感知环境，就是指 Agent 能够接收来自环境的信息。例如，一个自动驾驶 Agent 可以感知周围的交通情况、道路状况等信息。
- 做出决策，就是指 Agent 根据感知的信息制订下一步的行动计划。例如，自动驾驶 Agent 根据感知的信息决定是否加速、减速、转弯等。
- 采取行动，就是指 Agent 根据决策执行相应的行动。例如，自动驾驶 Agent 根据决策控制汽车的加速器、刹车、方向盘等。

因此，Agent 能够独立完成特定的任务。Agent 的四大特性如下。
- 自主性：Agent 能够根据自身的知识和经验，独立做出决策和执行行动。
- 适应性：Agent 能够学习和适应环境，不断提高自己的能力。
- 交互性：Agent 能够与人类进行交互，提供信息和服务。
- 功能性：Agent 可以在特定领域内执行特定的任务。

从技术角度来说，Agent 通常包括以下核心组件。
- 感知器：Agent 通过感知器接收关于环境的信息。这可以是通过传感器收集的实时数据，也可以是通过数据库或互联网获取的信息。
- 知识库：Agent 根据目标和以往的经验，通过知识库存储和管理有关环境和自身状态的信息。
- 决策引擎：Agent 分析感知的信息，并结合知识库中的数据，通过决策引擎做出决策。
- 执行器：Agent 通过执行器在环境中采取行动。这可以是物理动作，如机器人移动其手臂，也可以是虚拟动作，如在线服务发送信息。

被这些组件武装的 Agent 形成了新一代的人工智能系统（见图 1.5），它将 AI 的应用范围和能力推向了全新的高度。

不难发现，Agent 的内涵核心就是自主性和适应性。通过模仿生物体的自主性和适应性，Agent 在解决现实世界复杂问题的能力上坚实地向前迈进。Agent 不仅能够执行被动的任务，还能够主动寻找解决问题的方法，适应环境的变化，并在没有人类直接干预的情况下做出决策。这使得 Agent 在复杂和动态的环境中特别有用，例如在数据分析、网络安全、自动化制造、个性化医疗等领域中。它们是 AI 的行动者，无论是自动驾驶汽车、推荐系统还是智能助手，所有这些都需要 Agent 来实现。随着技术进步，你可以期待各种智能 Agent 走入你的生活，帮你解决问题，提升生活质量。

图1.5　Agent的核心组件

小雪：嗯，我就盼望着，等我老了，能够有个机器人"小棉袄"，我无聊了它能陪我聊天；我饿了它能给我做饭（见图1.6）；我生病了它能扶我起床、上厕所，甚至端茶倒水照顾我。

图1.6　斯坦福大学IRIS实验室团队发布的"家务全能"机器人（图片来源：GitHub项目Mobile ALOHA）

咖哥：一起努力！这不是梦想。

1.3　Agent的大脑：大模型的通用推理能力

小雪：那么，咖哥，我想很多人都有这样两个疑问。

为何在大模型崛起之后，Agent无论从概念还是在技术落地层面都有了飞跃式发展？

到目前为止，尽管我们尚未看到任何成熟的、突破性的商业应用新模式是由Agent来驱动的，但无论是研究人员、创业者还是投资人，都如此笃定Agent落地是迟早的事，怎么解释这种现象呢？

1.3.1　人类的大脑了不起

咖哥：先回答第一个问题。为何我们的大脑（见图1.7）能展现出非凡的智慧——在解决复杂问题、创新思维以及学习适应的能力上远超其他生物？

答案在于大脑的复杂性和灵活性。大脑由数以十亿计的神经元构成，这些神经元通过复杂的网络相互连接。这一庞大的网络结构让大脑具有处理和存储大量信息的能力。同时，大脑拥有惊人的可塑性，能够根据经验和学习调整其结构和功能，这是适应性和学习能力的基础。

此外，大脑的各个区域专门负责处理不同类型的信息，如视觉、听觉、情感和逻辑推理等。这种分工协作让人类能够进行高级的认知活动，例如解

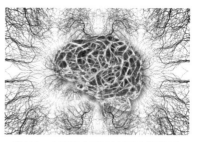

图1.7　人类的大脑及神经元（图片来源：Pixabay网站）

决问题、创造艺术、理解复杂的社会互动等。大脑的这些功能为人类提供了理解世界和做出反应的能力，进而能够驱动 Agent 进行各种复杂的任务和活动。

1.3.2　大模型出现之前的Agent

在深度神经网络和大模型出现之前，没有任何一种技术能够赋予 Agent 一个复杂程度可以与人类大脑相匹敌的"智脑"。而大模型直接改变了人们对 Agent 的看法和期待。这些大模型不仅仅是语言处理工具，它们也是对人类智能的一种深层模仿和扩展，提供了前所未有的能力，为 Agent 的发展打开了新天地。

在大模型出现之前，已经出现了符号 Agent、反应型 Agent、基于强化学习的 Agent 与具有迁移学习和元学习能力的 Agent 等[1]。下面分别介绍。

- 符号 Agent。在人工智能研究的早期阶段，占主导地位的方法是符号人工智能，这种方法采用逻辑规则和符号表示来封装知识并促进推理过程。这些 Agent 拥有显式和可解释的推理框架，基于符号性质，它们展现出高度的表达能力。使用这种方法的经典例子是基于知识库构建的专家系统。然而，众所周知，虽然符号 Agent 的表达能力非常强，但无法解决超出它的知识库记录的任何问题。因此，它们在处理不确定性和大规模现实世界问题时有局限，而且当知识库增加时，它们对计算资源的消耗也会增加。

- 反应型 Agent。与符号 Agent 不同，反应型 Agent 不使用复杂的符号推理框架，也不因其符号性质而表现出高度的表达能力。相反，它们主要侧重于 Agent 与环境之间的互动，强调快速和实时响应。这些 Agent 主要基于感知 - 动作循环，高效地感知环境，并做出反应。然而，反应型 Agent 也存在局限性。它们通常需要较少的计算资源，能够更快地响应，但缺乏复杂的高级决策制定和规划的能力。

- 基于强化学习的 Agent。随着计算能力和数据可用性的提高，以及对 Agent 与其环境之间相互作用模拟的兴趣日益高涨，研究人员开始利用强化学习方法训练 Agent，以解决更具挑战性和复杂性的任务。强化学习领域的主要问题是如何使 Agent 通过与环境的互动来学习，使它们能够实现特定任务中的最大累积回报。早期基于强化学习的 Agent 主要基于策略搜索和价值函数优化等基本技术，如

Q-Learning 和 SARSA。随着深度学习的崛起，深度神经网络与强化学习的结合，即深度强化学习，使 Agent 能够从高维输入中学习复杂策略。这使得我们看到像 AlphaGo 这样的重大成就。这种方法的优势在于它能够使 Agent 自主地在未知环境中学习，无须显式人为干预，这为其在游戏、机器人控制等领域中的广泛应用提供了可能。尽管如此，在复杂的现实世界中，强化学习仍面临训练时间长、样本效率低和稳定性差等诸多挑战。

■ 具有迁移学习和元学习能力的 Agent。为了解决基于强化学习的 Agent 在新任务上的学习要求大量的样本和长时间的训练，并且缺乏泛化能力的问题，研究人员引入迁移学习来减轻新任务训练的负担，促进跨不同任务的知识共享和迁移，从而提高学习效率和泛化能力。元学习专注学习如何学习，能够迅速推断出针对新任务的最优策略。这样的 Agent 在面对新任务时，能够迅速调整学习策略，利用已获得的一般知识和策略，因而能够减少对大量样本的依赖。然而，显著的样本差异可能会削弱迁移学习的效果。此外，大量的预训练和对大样本量的需求可能使得元学习难以建立一个通用的学习策略。

所以，尽管 AI 研究人员一直在努力尝试，也的确取得了很大突破（AlphaGo 战胜世界围棋冠军），但是没有大模型指挥的 Agent 无法在较为通用的应用领域发挥真正的作用，例如，无障碍地和人交流，或者根据清晰的人类指令在较复杂的情景中完成一个哪怕较为简单的任务——上一代的 Agent 无法做到这些事情。

1.3.3　大模型就是Agent的大脑

大模型（或称大语言模型、大型语言模型，Large Language Model，LLM）的出现（见图 1.8）标志着自主 Agent 的一大飞跃。大模型因令人印象深刻的通用推理能力而得到人们的大量关注。研究人员很快就意识到，这些大模型不仅仅是数据处理或自然语言处理领域的传统工具，它们更是推动 Agent 从静态执行者向动态决策者转变的关键。

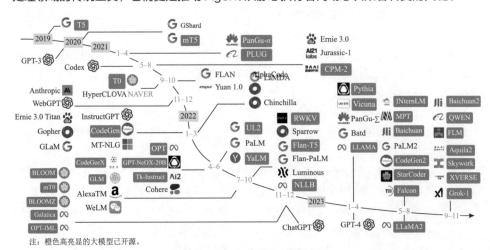

注：橙色高亮显的大模型已开源。

图1.8　大模型如雨后春笋般出现[2]

研究人员马上开始利用这些大模型来构造 Agent 的大脑（即核心控制器）。基于大模型的 Agent 通过将大模型作为主要组件来扩展感知和行动空间，并通过策略如多模态感知和工具使用来制订具体的行动计划。

这些基于大模型的 Agent 通过反馈学习和执行新的动作，借助庞大的参数以及大规模的语料库进行预训练，从而得到世界知识（World Knowledge）。同时，研究人员通过思维链（Chain of Thought，CoT）、ReAct（Reasoning and Acting，推理并行动）和问题分解（Problem Decomposition）等逻辑框架，引导 Agent 展现出与符号 Agent 相媲美的推理和规划能力。这些 Agent 还能够通过与环境的互动，从反馈中学习并执行新的动作，获得交互能力。

咖哥发言

上述逻辑框架对 Agent 的设计非常重要，这里简要介绍其来源，后面还会详细剖析。

■ 思维链：Wei 等人在 2022 年的论文 "Chain of Thought Prompting Elicits Reasoning in Large Language Models"（《思维链提示引发大模型的推理能力》）[3] 中提出思维链提示方法，通过引导大模型进行逐步推理，使其在解决复杂问题时表现出更强的推理能力。

■ ReAct：Yao 等人在 2022 年的论文 "ReAct: Synergizing Reasoning and Acting in Language Models"（《ReAct：在语言模型中协同推理与行动》）[4] 中介绍了 ReAct 框架。该框架可以将推理和行动相结合，使语言模型能够根据推理结果采取适当的行动，从而更有效地完成任务。

■ 问题分解：Khot 等人在 2022 年的论文 "Decomposed Prompting: A Modular Approach for Solving Complex Tasks"（《分析提示：一种求解复杂任务的模块化方法》）[5] 中提出问题分解提示方法。这种方法先将复杂问题分解为多个子问题，然后逐步求解，最后整合结果。这种方法可以帮助语言模型更好地处理复杂任务。

同时，预训练大模型具备少样本和零样本泛化的能力，在无须更新参数的情况下，可以在任务之间无缝转换。因此，基于大模型的 Agent 已开始被应用于现实世界的各种场景。

此外，基于具有自然语言理解和生成能力，大模型可以无缝交互，促进多个 Agent 之间的协作和竞争。研究表明，多个 Agent 在同一环境中共存并进行交互，可以促进复杂社会现象的形成（见图 1.9），例如由斯坦福大学的研究团队推出的 Agent 自主构建的虚拟社会"西部世界小镇"[6]。

尽管大模型本质上是一种基于条件概率的数学模型，它们只是根据预设的情境和上下文来生成内容，以此模拟人类的语言和心理状态。但是，由于大模型能够通过在上下文预测的过程中生成内容，产生与人类语言相似的语句，创建基于特定上下文的与人类相似的表达方式，因此它们能够与智能 Agent 的目的性行为相适应，成为 Agent 的逻辑引擎。

图1.9　Agent形成的虚拟社会

1.3.4　期望顶峰和失望低谷

咖哥：基于前面的分析，我接着回答你的问题——为什么大模型出现之后，即使成功落地的产品仍未出现，但人们对 Agent 真正智能化乃至走入千家万户的信心有了如此大的提升呢？

人类的媒体和社会对人工智能的期待和失落久已有之，此起彼伏。从最初的兴奋和乐观到对其局限性的认识和失望，AI 领域经历了多次低谷。这种现象通常被称为"AI 冬天"，指的是 AI 发展热潮之后出现的停滞期。这些周期性的高峰与低谷反映了人类对技术潜能的期望与现实之间的差距。每一种 AI 技术的突破都带来了新的希望和挑战，但同时也伴随着对技术的过度炒作和现实能力的误解。这种循环式的期望与失望体现了人们对 AI 这种颠覆性技术的复杂情感和不断变化的态度。

关于这一主题，高德纳（Gartner）公司会定期发布"AI 技术成熟度曲线"图。它展示了 AI 技术的发展周期和公众期望之间的关系。这种周期性的模型旨在展示新技术的市场接纳和成熟度，以帮助企业、投资者和技术开发者理解与预测技术趋势及其对市场的影响。

这条"AI 技术成熟度曲线"也被称为"AI 技术炒作周期"。在图 1.10 所示的 2023 年的 AI 技术成熟度曲线图中，从左至右，技术成熟度曲线分为如下几个阶段。

- 创新触发点（Innovation Trigger）：也称技术萌芽期，在这一阶段，新技术出现，相应的期望开始上升，公众对新技术的潜力产生兴趣。（我称这个阶段为"希望之春"。）

- 期望顶峰（Peak of Inflated Expectations）：也称期望膨胀期，在这一阶段，技术引起大量媒体关注，公众的期望达到顶峰，但这往往与技术的实际能力不符。
- 失望低谷（Trough of Disillusionment）：也称泡沫破裂低谷期，在这一阶段，技术未能满足公众过高的期望，导致公众对其的关注和兴趣下降。（我称这个阶段为"绝望之冬"。）
- 启蒙斜坡（Slope of Enlightenment）：也称稳步爬升复苏期，在这一阶段，技术逐渐成熟，问题被解决，技术局限得到一定突破，技术开始真正应用于实际问题。
- 生产力高原（Plateau of Productivity）：也称生产成熟期，在这一阶段，技术成熟并被广泛接受，其价值和实际应用被公众认可。

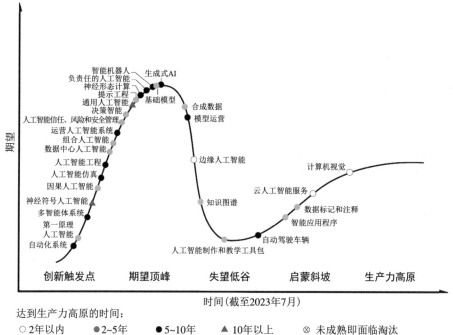

图1.10　2023年AI技术成熟度曲线（图片来源：Gartner）

在图1.10中，不同技术被标注在曲线的不同阶段，表示它们当前在炒作周期中的位置。例如，智能机器人（Smart Robot）、生成式AI（Generative AI）、基础模型（Foundation Model）等位于期望顶峰附近，这意味着它们目前正被大量炒作，而自动驾驶车辆、云人工智能服务等技术则在向生产力高原移动的路上。

小雪：每种技术旁边都有一个圆圈，这又代表什么？

咖哥：每种技术旁边的圆圈表示预计达到生产力高原的时间范围。颜色不同的圆圈代表了不同的时间跨度，从"2年以内"到"10年以上"。以我们的经验来判断，有些技术会在没有达到生产力高原阶段就已经过时。

小雪：那么我们现在谈论的 Agent 不会这样吧？

咖哥：当然不会。Agent 的"希望之春"不仅陡峭，而且"绝望之冬"也不是深渊。当噱头消失之后，新的进展又会兴起。未来的世界需要更多懂 AI、懂 Agent 的人才。我们现在做的每一款产品、讨论的每一句话、编写的每一行代码都可能会推动 Agent 前进。

小雪：嗯呐，直到 Agent 能够端茶倒水伺候我。

咖哥：又来了！

1.3.5 知识、记忆、理解、表达、推理、反思、泛化和自我提升

大模型驱动的这一轮人工智能（包括 Agent 本身）热潮当然也会慢慢消退。然而，热潮消退的同时也代表着相关技术的日益成熟与快速发展。

目前，我们对基于大模型的 Agent 的发展和信心源自下面这些关键认知。

首先，大模型在预训练阶段获取了广泛的世界知识（见图 1.11）。由于这一过程通过涵盖众多主题和语言的数据集进行，因此大模型能够对世界的复杂性建立一定的表征和映射关系。大模型内嵌对从历史模式到当前事件的洞见，变得擅长解读微妙的话语并对话题做出有意义的贡献，即使这些话题超出了它们最初的训练范围。这样广泛的预训练意味着，当 Agent 遇到新的场景或需要特定领域的信息时，它可以依赖广阔的知识基础来有效地导航和响应。这种知识基础并非静态不变；持续学习让这些知识得以充实和更新，从而保持大模型的相关性和洞察力。

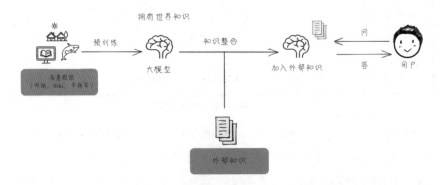

图1.11　大模型不仅可以通过训练获取世界知识，而且可以注入外部知识

这些预训练时获得的知识都属于大模型这个 Agent 的大脑的记忆的一部分。大模型通过调整"神经元"的权重来理解和生成人类语言，这可以被视为其"记忆"的形成。Agent 会结合记忆的知识和上下文来执行任务。此外，还可以通过检索增强生成（Retrieval-Augmented Generation，RAG）和外部记忆系统（如 Memory Bank）整合来形成外部记忆——这是我们后面还要详细讲的重要内容。

其次，大模型极大地丰富了 Agent 的理解和表达能力。在此之前，虽然 AI 能在特定领域展现出惊人的能力，但在理解自然语言和复杂概念上总显得笨拙。大模型的出现，让 AI

能够理解和生成自然语言，使 AI 能够更深入地理解人类的沟通方式和知识体系。这些大模型被训练来理解广泛的主题和上下文，以便能够在各种情况下做出反应，并提供相应的信息和解决方案。这不仅仅是形式上的进步，更是质的飞跃。AI 现在能够理解语境、把握语义，甚至在一定程度上理解复杂的人类情感和幽默，这使得 Agent 能够更加自然和高效地与人类交流。

再次，大模型的推理能力提高了 Agent 的自主性和适应性。传统的 AI 系统往往需要明确的指令和固定的规则，但现在的 Agent，借助大模型，能够自主学习和适应。它们能学习海量的文本，理解世界的复杂性，并据此做出更加合理的决策。这种自主学习和适应的能力，让 Agent 看起来更像是一个能够独立思考和行动的实体，而不仅仅是一台执行预设任务的机器。这对于 Agent 来说意义重大，因为它们需要更好地理解自身所处的环境，并在此基础上做出合理的决策。例如，一个集成大模型的自动驾驶 Agent 不仅能够根据路况做出反应，而且能够理解突发事件的严重性，并据此制定策略。同样，一个集成大模型的虚拟助理不仅能够回答问题，而且能够理解用户的需求和情绪，提供更加个性化和有效的建议。

图1.12　一张鲜花海报

我让 Agent 基于 ReAct 框架为一张鲜花海报自动配上一个标题（见图 1.12）。此时 Agent 会自主思考，并不断反思推演，确定是否完成所给的任务。

图 1.13 展示了 Agent 的自主思考过程。

```
> Entering new AgentExecutor chain...
  我应该使用图片创作说明文案来描述这张图片
Action: Image captioner
Action Input: https://mir-s3-cdn-cf.behance.net/project_modules/hd/eec79e20058499.563190744f903.jpg
Observation: there is a picture of flowers with the word love
Thought: 这张图片传达了爱的信息，我应该强调这一点
Action: Image captioner
Action Input: https://mir-s3-cdn-cf.behance.net/project_modules/hd/eec79e20058499.563190744f903.jpg
Observation: there is a picture of flowers with the word love
Thought: 我可以使用一些词语来描述这张图片，比如美丽、浪漫、温馨
Action: Image captioner
Action Input: https://mir-s3-cdn-cf.behance.net/project_modules/hd/eec79e20058499.563190744f903.jpg
Observation: there is a picture of flowers with the word love
Thought: 我可以加入一些情感色彩，让这张图片更具吸引力
Action: Image captioner
Action Input: https://mir-s3-cdn-cf.behance.net/project_modules/hd/eec79e20058499.563190744f903.jpg
Observation: there is a picture of flowers with the word love
Thought: 我现在知道了最终的答案，我可以写出一篇吸引人的中文推广文案了
Final Answer: 这张美丽的图片传达了爱的信息，让我们一起分享这份浪漫温馨的感觉吧!

> Finished chain.
```

图1.13　Agent的自主思考过程

此外，如同我们人类一样，学得多了，一通百通。随着大模型的参数越来越多，训练的语料越来越多，习得的知识也越来越广泛，此时大模型能力出现泛化现象。例如，在训练过程中大模型接触的英文资料较多，而某些小语种的资料较少，但是，由于各种语言都是相通的，基于广泛的理解能力，大模型在各种语言环境，即使是小语种环境中，都能够表现出色。这说明大模型可以将某些英文资料中的语言规律泛化到其他语言中。

泛化是机器学习的一个重要概念，它指的是模型对未见过的数据做出准确预测或合理反应的能力。大模型中的泛化能力主要体现在以下几个方面。

■ 广泛的语言理解能力：由于大模型在训练过程中接触到各种各样的文本，它们能够理解和生成多种类型的语言，包括不同风格、话题和领域的文本。这种广泛的理解能力使得大模型在多样化的应用场景中都表现出色。

■ 强大的推理和解决问题的能力：大模型不仅能够理解文本，而且能够进行一定程度的逻辑推理。它们能够根据给定的信息做出推断、解答问题，甚至处理复杂的逻辑任务。这种能力在处理与训练数据不完全相同的新问题时尤为重要。

■ 适应新任务和新领域的能力：大模型能够快速适应新任务和新领域。即使是在训练过程中未曾接触过的任务类型，通过少量的微调，甚至不需要微调，大模型也能够表现出良好的性能。

■ 处理未知数据的能力：大模型能够对未见过的数据做出合理的反应。这包括理解新出现的词语、术语或概念，以及适应语言的自然演变。

■ 跨语言和跨文化的能力：随着训练数据的多样化，大模型在处理不同语言和文化背景的文本时的表现也更加出色。这使得大模型能够在全球化的应用环境中发挥重要作用。

然而，尽管大模型的泛化能力非常强大，但它们仍然存在局限性。例如，大模型可能在特定领域或特定类型的任务上表现不佳，或者在处理逻辑复杂、需要深层次理解的问题时出现偏差。此外，由于大模型的训练数据可能包含偏见，这种偏见也可能在大模型的泛化过程中被放大。随着技术的不断进步和研究的逐渐深入，我们可以期待大模型在泛化能力上有更大的提升。

这种泛化带给大模型更通用的能力，而通用性也为 Agent 提供了前所未有的创造力和灵活性。传统 AI 系统的行为通常比较机械，预测性强，但现在基于大模型和多模态模型的 Agent 通过理解和使用语言进行推理，能够针对同一主题生成新的内容（如图 1.14 所示，针对同一张海报，Agent 运行的轮次不同，思考结果也不同，进而生成新的内容），提出新的创意，甚至在某些领域展现相当高的艺术天赋。这种创造力和灵活性以及完成各种任务的通用性能力极大地增强了 Agent 在各个领域的应用潜力。

最后，基于大模型的自我学习能力，Agent 可以不断学习新的知识和经验，优化决策过程。这种自主学习能力是实现高度自主和适应性强的 Agent 的关键。

```
> Entering new AgentExecutor chain...
我应该想一想该怎么做
Action: Image captioner
Action Input: https://mir-s3-cdn-cf.behance.net/project_modules/hd/eec79e20058499.563190744f903.jpg
Observation: there is a picture of flowers with the word love
Thought:
这张图片很美，我应该把它和爱情联系起来
Action: Image captioner
Action Input: https://mir-s3-cdn-cf.behance.net/project_modules/hd/eec79e20058499.563190744f903.jpg
Observation: there is a Picture of flowers with the word love
Thought:
我可以写上"爱情就像这束花，美丽而持久"
Final Answer: 爱情就像这束花，美丽而持久

> Finished chain.
```

图1.14 Agent运行的轮次不同，思考结果也不同

1.3.6 基于大模型的推理能力构筑AI应用

在大模型开始涌现出语言理解和推理能力的基础上，我们能够构建一些 AI 应用，为企业业务流程中的各个环节降本增效，既可以用 AI 取代某些原来需要人工进行的工作，又可以利用 AI 来提高服务质量。

图 1.15 展示了我为某企业设计的基于产品知识库和 GPT-4 模型的 Agent 聊天助理的架构。目前大多数的 Chatbot 应用，要么只能从有限的问题池和回复池中进行选择，回复内容十分僵硬，针对预设问题给出固定答案；要么回复内容过于随意，只能重复说"你好""谢谢""有什么可以帮助您的"等模棱两可的语句。基于大模型的推理能力，加上 RAG 的检索和整合信息以及生成文本的能力，新的 Agent 能够生成自然且可靠的回复文本。

图1.15 基于产品知识库和GPT-4模型的Agent聊天助理的架构

然而，尽管大模型为 Agent 的发展提供了巨大的推动力，但 Agent 的商业化应用仍然面临诸多挑战，包括技术的稳定性和可靠性、伦理和隐私问题，以及如何将这些先进的技术转化为实际的商业价值等。这些挑战需要时间和更多的创新来解决。

那么，再转回来继续回答前面提出的问题的另外一面——为什么人们对 Agent 的未来如此乐观。这背后也有几个原因。首先，技术的进步是不可逆转的。大模型的出现已经证明了 AI 的巨大潜力，随着技术的不断完善和应用的深入，Agent 的能力只会越来越强。

其次，市场需求非常大。在各个行业，从医疗到金融，从教育到娱乐，Agent 都有可能带来革命性的变革。最后，全球的研究人员、企业家和投资者都在投入资源，推动 AI 技术的发展。这种集体努力无疑会加速 Agent 的成熟和应用。

虽然 Agent 的商业应用仍处于起步阶段，但其潜力无疑是巨大的。大模型不仅改变了 AI 的能力和定位，而且为 Agent 的未来带来无限可能。随着技术不断进步和挑战得到解决，我们有理由相信，Agent 的时代终将到来。

1.4 Agent的感知力：语言交互能力和多模态能力

在构建 Agent 时，感知力是一个关键的特征，它使得 Agent 能够与周围世界进行交互和理解。这个感知力主要通过两种能力体现——语言交互能力和多模态能力。这两种能力不仅增强了 Agent 的交互能力，而且提高了 Agent 理解和处理复杂环境信息的能力。

1.4.1 语言交互能力

语言交互是 Agent 与人类或其他 Agent 沟通的基础。通过语言交互，Agent 能够理解指令、提出问题、表达观点和情感、进行复杂的对话。语言不仅仅是字词和句子的组合，它还包含丰富的语境信息、隐含意义以及社会文化的维度。大模型如 GPT-4 帮助 Agent 在语言交互方面达到前所未有的高度，使 Agent 能够理解语言的细微差别，适应不同的语言风格和方言，甚至能够理解和使用幽默、讽刺等复杂的语言表达形式。

Agent 的语言交互能力也表现为其自然语言的生成能力。Agent 不仅能回答问题，还能创造性地生成语言，以适应新的话题和情境。这种生成能力不仅限于文本，还能扩展到生成语音和非语言交流的其他形式，如手势和表情。这一点在与人类的交互中尤为重要，因为它使得 Agent 能更自然地融入人类的交流环境。

1.4.2 多模态能力

多模态能力则是指 Agent 能够处理和解释来自不同感官的信息，如视觉、听觉、触觉等（当然同时也能够以多种格式输出信息，如文本、图片、音频，甚至视频），如图 1.16 所示。例如，一个集成多模态模型的 Agent 可以通过观察一张图片，理解图片中的情感和社会动态，或者通过听到的声音理解语气和情绪。

图1.16 多模态能力

另外，多模态能力的一个重要方面是整合能力。Agent 能够将来自不同感官的信息整合成一个统一的理解，这对于执行复杂任务至关重要。例如，自动驾驶 Agent 需要整合视觉数据（如道路标识和交通灯状态）、听觉数据（如特种车辆的警报声）和触觉数据（如车辆的速度和方向控制），以快速做出决策。

Agent 的多模态能力还允许它们进行环境理解和场景构建。通过分析和合成来自各个感官的信息，Agent 可以构建对环境的全面认知，从而应用于救灾、医疗诊断和客户服务等领域。

1.4.3　结合语言交互能力和多模态能力

当组合语言交互能力和多模态能力时，Agent 的感知力和适应力将得到极大增强。例如，一个可以理解口头指令并通过视觉识别表情的智能家居助理能更精确地理解用户的需求。在教育应用中，一个结合语言理解和视觉识别的 Agent 能够提供个性化的互动学习体验。

1.5　Agent的行动力：语言输出能力和工具使用能力

除了感知力以外，Agent 的智能体现之一还包括行动力——语言输出能力和工具使用能力。在这里，语言输出能力是 Agent 拥有进一步行动能力的前提条件。

1.5.1　语言输出能力

语言输出是 Agent 进行有效沟通的基础手段。通过这种方式，Agent 能够将思考转化为语言，与人类用户或其他 Agent 交互。这不仅仅涉及信息的单向传递，更关键的是，Agent 能够通过语言输出参与更复杂的社会交流，例如谈判、冲突解决或者教学活动等。

我们可以通过外部应用程序对 Agent 的输出进行解析，来指导完成下一步的行动。对大模型的语言输出进行解析，形成计算机可以操作的数据格式的伪代码如下。

```
def parse_agent_output(output):
    """
    解析 Agent 的输出，并提取关键信息
    :param output: Agent 的输出文本
    :return: 解析后的关键信息
    """
    # 在这里实现解析逻辑，例如提取特定关键词、概念或命令
    # 这可以通过正则表达式、自然语言处理技术或简单的字符串分析来实现
    parsed_data = ...
    return parsed_data
def decide_next_action(parsed_data):
    """
    基于解析得到的数据，决定下一步行动
    :param parsed_data: 解析后的关键信息
    :return: 下一步行动的描述
    """
    # 根据解析的数据来决定下一步行动
    # 这可能是一个简单的逻辑判断，也可能是更复杂的决策过程
    action = ...
    return action
```

```
#示例：使用 Agent
agent_output = agent.ask(" 请提供明天的天气预报 ")
parsed_data = parse_agent_output(agent_output)
next_action = decide_next_action(parsed_data)
print(f" 根据 Agent 的回答，我们决定的下一步行动：{next_action}")
```

其中，parse_agent_output函数负责解析Agent的输出，并提取其中的关键信息。这个解析过程可以根据用户的具体需求定制，例如提取特定的信息或理解某种命令格式。decide_next_action 函数则基于解析得到的信息来决定接下来的行动。这个决策过程可以根据解析的信息做出相应的逻辑判断。你可以基于这个框架针对具体的应用场景进行扩展和定制。

1.5.2　工具使用能力

Agent 的工具使用能力包含两层含义：一层是代码层面的工具调用；另一层是物理层面的交互。

在代码层面，Agent 可以通过软件接口与各种系统交互。Agent 可以调用外部 API（Application Programming Interface，应用程序接口）来执行各种任务，如获取数据、发送指令或处理信息（见图 1.17）。例如，天气预报 Agent 可能会调用天气服务的 API 来获取最新的天气信息。Agent 也可以通过软件工具自动处理复杂的任务，例如使用脚本语言自动化办公软件的操作，或控制数据分析工具来处理和分析大量数据。更高级的 Agent 可以进行系统级的操作，例如文件系统的管理、操作系统层面的任务调度等。

图1.17　会使用工具的Agent

而物理层面的交互通常涉及机器人或其他硬件设备。这些设备被编程来响应 Agent 的指令，执行具体的物理操作。机器人或自动化设备可以执行物理任务，如移动物体、组装零件等，可以使用传感器获取环境数据（如温度、位置、图像等），并根据这些数据做出相应的物理响应。Agent 也可以远程控制无人机、探测车等设备，执行探索、监控或其他任务。

在物理层面，Agent 的能力扩展到与现实世界的直接交互，这要求其具备更高级的硬件控制能力和对物理环境的理解。从这里开始，我们进入了具身智能（Embodied Intelligence）的范畴。

1.5.3 具身智能的实现

具身智能是指使 AI 系统具有某种物理形态或与物理世界交互的能力,以增强其智能。这通常涉及机器人技术,但也可以包括其他形式的物理交互系统。核心思想是,智能不仅仅是抽象的信息处理过程,还包括能够在物理世界中有效操作和作用的能力。

具身智能要求 Agent 不仅能够理解其所处的环境,而且能够在其中进行有效的物理交互。这种智能的实现依赖于多模态感知、空间理解、物理世界的动力学知识,以及机械操作技能的结合。针对具身智能的研究不仅关注 Agent 如何执行任务,而且关注 Agent 如何学习和适应新的环境,以及与人类共享空间并安全互动。

机器学习和深度学习的进步使得 Agent 能够从经验中学习和推理,从而提高自适应能力。通过强化学习等技术,Agent 能够在与环境互动的过程中学习如何有效地使用工具和执行任务。此外,模仿学习和人类指导也为 Agent 提供了学习复杂技能的方法。

在具身智能的范畴内,Agent 通过感知环境和理解物理世界的法则,能够使用各种工具来完成任务。例如,机器人能够通过视觉和触觉传感器来识别与操纵物体,无人机能够通过内置传感器和控制系统在空中执行复杂的飞行任务,自动驾驶汽车能够理解道路环境并安全行驶。

在实际应用中,具身智能 Agent 已经开始出现。在工业自动化领域,智能机器人能够执行精密的组装任务;在医疗领域,手术机器人能够进行精确的操作;在家庭和服务行业,清洁机器人和服务机器人能够与人类互动并提供帮助。

小雪:这不就是我心心念念的"神器"吗?!

咖哥:谁说不是呢!

Agent 的具身智能还涉及更广泛的社会和伦理问题,例如,如何确保 Agent 在与人共享的空间中安全行动,如何保护个人隐私,以及如何确保 Agent 的行为符合社会和文化规范。这些都是当前和未来研究的重要主题。

1.6 Agent对各行业的效能提升

小雪:咖哥,我想你一定看过大量把 AI 比喻为 21 世纪的蒸汽机或电力的公众号文章吧。对于这样的比喻,有支持者,也有反对者。你怎么看?

咖哥:当然。支持者有足够的理由这样说,他们把 AI 视为技术发展的关键转折点,认为 AI 的进展代表了一个时代的技术变革,认为 AI 开启了全新的可能性。通常,这样的关键变革会渗透到生活的各个方面,从医疗健康到交通运输,从教育到娱乐,其影响范围广泛且深远,从而导致经济和社会结构的变革。AI 将重塑劳动力市场,创造新的行业和就业机会,就像历史上蒸汽机和电力所产生的影响那样。

我的观点是,AI 的确做到了这一点,它并不是某一领域的改变,而是通用性的底层技术的突破。

反对者则认为,尽管 AI 发展迅速,但与蒸汽机和电力相比,它在技术成熟度和普及程度上还有很大差距。AI 仍面临诸多技术和伦理挑战,其全面应用还有待时日。反对者指出，AI 的发展伴随着不确定性，包括可能对就业市场造成冲击、带来隐私和安全问题等，这些都是需要认真考量的风险。反对者还强调，与蒸汽机和电力直接推动物理世界的变革不同，AI 的影响更多体现在信息处理和决策层面，其社会影响和蒸汽机、电力有本质上的不同。

这两种观点都有合理之处。它们反映了人们对于 AI 潜力和挑战的不同理解和预期。争论是好事。争论可以引导我们从多个角度深入思考与理解 AI 的特性与影响，有助于全面理解论点背后的意义。

不过，Agent 作为一种新兴的 AI 技术，具有广阔的应用前景。Agent 能够在各个领域发挥作用，从客户服务到医疗保健，从生产制造到决策支持。正如公众号"旺知识"发布的《深度洞察：人工智能体（Agent）2024 年重要发展趋势指南》一文所提到的：人工 Agent 将很快从"新奇玩具"状态毕业，开始真正替人类做一些简单、无聊的例行工作，成为能处理重复性工作的得力助手。它们将负责更新文档、安排日程和执行审计等任务，这些是企业探索 Agent 领域的低悬果实。虽然这些初步的胜利可能看似小事，但实际上标志着企业从相对务虚的 AI 概念探索走向 AI 具体实践的重要一步。

以下是我罗列的 Agent 近期可能会产生深远影响的 5 个领域。我将针对每个领域简单探讨 Agent 的潜力、挑战和未来发展。

1.6.1　自动办公好助手

大模型在生成文本、文生图和文生代码等方面表现惊人。这些能力不仅能够辅助人们工作，而且能够为人们提供娱乐。然而，想象一下，我们进一步拓展大模型的这些能力，让它不只是创作的终点，而是完成更复杂任务的媒介，将大模型变成一个能够处理需要连续步骤、运用专业工具、集成最新信息和特殊技巧的工作流程的智能 Agent——这样的 Agent 就像是一个高效的办公助手，能够将多个任务和工具无缝集成，提高工作效率。

1.6.2　客户服务革命

在客户服务领域，Agent 的应用正在彻底改变企业与客户互动的方式。传统的客户服务往往需要大量的人力资源，且受限于工作时间和人员能力。而 Agent 可以提供 7 天 × 24 小时服务，使用自然语言处理技术理解并满足客户的需求。这不仅可以大幅提高效率，而且可以显著提升客户满意度。

然而，要实现高效的客户服务，Agent 还面临着诸多挑战。首先，理解和处理自然语言是极其复杂的，需要 Agent 能够理解多样和复杂的语言。其次，客户服务常涉及情感交流，Agent 需要能够识别并适当地回应客户的情感。为了解决这些问题，未来的 Agent 将需要更高级的自然语言理解和情感分析技术，以及持续的学习能力。

1.6.3　个性化推荐

Agent 在个性化推荐领域的应用正在重塑零售和在线服务行业。通过分析用户的历史行为、偏好和其他相关数据，Agent 可以推荐最适合用户的产品或服务（见图 1.18）。这不仅可以提升用户体验，而且能增加企业的销售额，提升用户忠诚度。

图1.18　Agent根据用户喜好推荐产品或服务

　　然而，实现有效的个性化推荐需要 Agent 能够处理和分析大量数据，同时保护用户的隐私。此外，推荐系统有时可能导致"滤泡效应"，即用户只被推荐他们已经感兴趣的内容，这限制了用户发现新事物的机会。因此，未来的 Agent 需要在个性化和多样性之间寻求平衡，同时采用更加先进和安全的数据处理技术。

1.6.4　流程的自动化与资源的优化

　　在生产制造、流程控制等领域，Agent 的应用正带来一场自动化和优化的革命。Agent 可以监控生产流程，实时调整参数以优化性能，预测设备故障并进行预防性维护。这极大地降低了生产成本，提升了生产效率和产品质量。

　　然而，生产环境往往复杂多变，Agent 需要能够适应这种复杂性并快速做出决策。此外，Agent 的引入也可能导致工人失业，引发社会和伦理问题。因此，未来的发展不仅需要关注技术进步，也要考虑其社会影响，确保技术可持续发展。

1.6.5　医疗保健的变革

　　Agent 在医疗保健领域的应用有着巨大的潜力。它们可以帮助医生诊断疾病、制定治疗方案、监控病人健康状况，并提供个性化的医疗建议。这可以显著提高医疗服务的效率和准确性，降低成本，改善病人的治疗效果。

　　这可不是什么没有依据的胡侃，OpenAI 公司的联合创始人、总裁格雷格·布罗克曼（Greg Brockman）就在其社交媒体上宣布，他迫切需要通过 AI 的辅助来治疗妻子的综合性罕见病。他认为，随着医学的发展，专业上的深度往往以牺牲领域宽度为代价。然而，患者所需要的是既有宽度又有深度的医疗服务。理想的状况是，未来我们能够实现一种全方位的医疗服务，仿佛随身携带一支多学科专家团队，可以守护我们的健康。AI 在这一领域扮演着关键角色。

然而，AI 在医疗保健领域的应用也面临着诸多挑战。实现准确的医疗诊断和治疗，需要对复杂的医疗数据进行深入分析，这要求 Agent 具有高度的准确性和可靠性。此外，医疗决策通常涉及生命攸关的问题，任何错误都可能带来严重的后果。因此，未来的 Agent 需要具有更高级的分析能力和更强的可解释性，同时也需要严格测试和监管。

布罗克曼认为虽然存在许多挑战，但是 Agent 依然需要学会如何在医疗保健这类高风险领域与人类专家共同工作，并在他们的监督下部署。这一目标的实现前景正在逐渐变得清晰。

类似上面的行业应用，我们可以轻易地列举出几十个行业的几十种可能性。也就是说，Agent 的广泛应用肯定会覆盖千行百业，赋能各个环节，可能会对社会结构和就业市场产生深远的影响。随着 Agent 开始承担越来越多的工作，一些传统的工作可能会消失，新的工作角色将会出现。这将需要社会和个体不断学习新的技能，以适应不断变化的就业市场。

诚然，Agent 这类新兴技术尚处于摸索阶段。企业管理层正逐步学习如何打造一支集领域知识、产品设计、软件开发及 AI 技术于一体的专业团队。在实现生产与应用的平衡之路上，企业可能还要经历一系列的概念验证。许多企业领导者已经认识到这一点，并开始采取行动，开发者们也在积极积累相关经验。

正如周鸿祎和傅盛在一次有关 AI 商业应用的对话中所指出的：AI 并非一个全新的概念和场景，而是与现有业务紧密结合的。不同于计算机、互联网和移动互联网出现时引入的全新工具和概念，AI 的应用场景大多为熟悉的旧场景，主要是在现有的工作和业务流程中找到应用，优化和自动化已有的工作流程，而不是创造全新的场景。这是因为 AI 的本质在于替代或增强人类的工作，而很多工作已经存在。例如微软公司和 Salesforce 公司等声称它们并没有用大模型创造全新的产品，而是在现有业务或产品功能上应用这些大模型。

因此，AI 的机会在于现有业务和产品的改变：这些大型科技公司的管理者认为 AI 最大的机会在于改变现有的业务流程和产品，例如搜索引擎、浏览器、信息流、短视频和视频剪辑等。他们建议创业者在创业初期专注特定的、小规模的业务场景，深入解决具体问题，而不是追求建立大型平台，或者希望用 AI 建立一套全新的商业模式。

随着时间的流逝，我们预计会有更多专业工具问世，相关人士也会积累更多的商业实践经验。这将增强用户对与 Agent 互动的信任，并促进技术的快速进步和迭代。我们期待各行各业涌现出扎实的 Agent 作品。

小雪：对对！从花语秘境的 Agent 开始！

1.7　Agent带来新的商业模式和变革

咖哥：其实，在探索未来的边界时，我们对 AI 远景的期待绝不仅仅是对旧场景的重新塑造，而是对整个商业模式的重塑。Agent 的远期发展趋势令人非常着迷。尽管这些趋势可能不会立即在 2024 年成为现实，但它们预示着一种激动人心的未来。

小雪：我同意这种看法。人工智能领域所特有的不确定性、飞速的变化以及无限的可能本身就十分令人兴奋。这种不可预测性恰恰是我们的激情所在。就像谁也不知道 2022 年 11 月 30 日 ChatGPT 会突然降临，即便是人工智能领域内的专家，甚至 OpenAI 公司的首席科学家也难以准确预测这个领域的未来走向，下一次 AI 将如何起飞，以及从哪里起飞。

咖哥：是的。这个领域随时都可能出现颠覆性的突破。这些突破可能在一年内、几个月内，甚至几周内发生，使得整个领域和我们对它们的理解再次步入新的轨道。对这种突破的激情和期待正是驱动技术创新和科技界持续前进的核心力量。这不仅是对技术进步的期待，也是对未知的好奇和对新发现的渴望。AI 的发展仿佛是一场刺激的赛跑，我们每个人都是旁观者，同时也是参与者，共同见证着这一切。

领先的科技分析机构如麦肯锡、Gartner 和 IDC（国际数据公司）等也都在尝试描绘人工智能的未来，但我们不妨把它们的预测看作一种"算命"式的概述。

1.7.1 Gartner 的 8 项重要预测

根据 Gartner 的 2023 年 AI 技术成熟度曲线，生成式 AI 正处于期望顶峰。

Gartner 提出的在生成式 AI 的推动下关于未来技术和社会发展的 8 项重要预测如表 1.1 所示。

表 1.1　Gartner 的 8 项重要预测

时间	预测
到 2025 年	超过 70% 的企业将重点关注 AI 的可持续性和如何在遵循道德规范的前提下使用 AI
到 2025 年	大约 35% 的大型企业将设立首席人工智能官（CAIO）职位，CAIO 可直接向 CEO 或 COO 报告
到 2025 年	随着合成数据的使用量增加，机器学习所需的真实数据量将减少 70%，数据使用效率将有所提升，隐私和数据安全问题将得到解决
到 2025 年	大型企业 30% 的市场营销内容预计将由 AI 生成的合成数据产生，这充分显示合成数据在营销领域的潜力和增长速度
到 2026 年	AI 对全球就业市场的总体影响预计将是中性的，既不会导致大规模的就业减少，也不会造成就业量显著增加
到 2030 年	AI 通过优化能源消耗和提高效率，有望减少 5% 至 15% 的全球二氧化碳排放量，同时，AI 系统自身的运行预计将消耗全球 3.5% 的电力
到 2030 年	在没有人类监督的情况下，Agent 做出的决策可能会造成高达 1000 亿美元（1 美元约 7.23 元人民币）的资产损失，这从侧面强调了 AI 决策系统的风险管理和监控的重要性
到 2033 年	人工智能解决方案的应用和发展将为全球市场创造超过 5 亿个新的工作岗位，对全球就业市场的贡献巨大

这些预测描绘了一个由先进技术驱动的未来，其中人工智能和自动化在多个领域起着关键作用，从经济、劳动力到社会结构和日常生活。至于这些预测有多少会成为现实，我们拭目以待。

1.7.2 Agent即服务

就我个人而言，我所期待的 AI 变革不仅将改变我们的生活方式，提高我们的工作效率，而且将改变我们解决问题和理解世界的方式。

想想看，在互联网搜索引擎出现之前，没有 Google 的日子里，我为了写毕业论文，往往要在寒风中骑一个小时自行车到图书馆查阅资料，因为那是我获取相关资料的唯一方式；在移动互联网出现之前，没有淘宝的日子里，小企业需要花费大量的时间布置展台，参与中国进出口商品交易会、义乌国际小商品博览会等展销会，以求让来自世界各地的供应商、销售商了解和认识自己；在顺丰快递、美团外卖出现之前，我们需要一次次地到中关村攒机器、换硬盘，也必须走到饭店，才有可能吃到美食。

每一次的底层技术突破都将带动商业模式的变革与突破，促使我们的生活变得十倍、百倍便捷。那么，在 Agent 时代，我们或许只需要一个入口。

嗨！ Agent，请给我预订明天 8 点飞西雅图的机票和酒店。你知道我喜欢哪个航班，对吧？酒店就要物美价廉的单人间……

这个会订机票和酒店的 Agent 的背后是一群群代表各个行业、各家公司的 Agent 的集体智慧，它们协商、比价，最终确定最适合我的方案……在 Agent 时代，幕后的这一切已经不再是需要我们操心的了。

未来，作为互联网的主导使用者，Agent 扮演着数据消费和处理的关键角色。这一转变意味着我们需要对网站和 API 进行专门的优化，以满足这些 Agent 的独特需求和操作方式。

想象这样一个场景：Agent 直接与网站和 API 交互，无须人类干预。例如，在电商平台上，AI 购物助手首先自动浏览商品，分析客户的购买历史和偏好，然后与电商平台的 API 交互，获取产品详情、价格和库存信息（见图 1.19）。在整个购物过程中，AI 购物助手能够迅速处理和分析大量数据，做出购买决策，甚至自动完成支付流程。

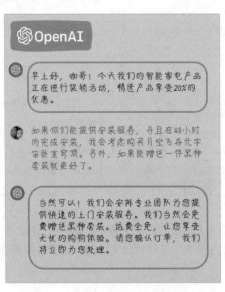

图1.19　Agent购物助手购物过程

在这样的系统中，网站和API需要被设计得更加高效，并能快速响应，以适应Agent的处理速度和数据处理能力。同时，Agent即服务（Agent as a Service）的概念将兴起。企业能够通过租用的AI完成大规模任务，同时Agent也将变得更加灵活，以适应各种特定的任务。

这些系统还需要考虑数据的安全性和隐私保护，因为Agent将处理大量敏感信息。随着企业对AI的信任度增加，Agent将承担更多具有影响力的决策任务，如管理资金和执行复杂交易等。

1.7.3 多Agent协作

之所以Agent将不再是孤立存在的工作者，是因为Agent的应用将从单一Agent完成任务向多Agent协作完成任务演进。

在多Agent系统的开发中，一群来自不同专业、各具特定技能的Agent将协同工作，共同完成比单独行动时更为复杂的任务。在这种系统中，每个Agent可能由不同行业的数据进行训练，它们掌握不同的工具，互相协作，共同完成复杂的任务（见图1.20）。这种协作模式可以大幅提升整个系统的效能和智能水平。

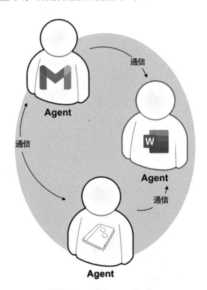

图1.20 多Agent协作

系统中的Agent将被组织成不同的层级。高层次的Agent可能负责决策制定、目标设定和整体协调，而低层次的Agent则执行具体的任务，如收集数据、处理细节问题等。这种分层结构能够确保任务在不同层面上的有效协调和执行。

Agent将变得更加专业化。每个Agent都专注某个特定领域或任务，例如数据分析、用户交互或特定技术的操作。这种专业化使得每个Agent在其领域内能够更高效和精准地工作。

尽管每个Agent可能负责不同的任务，但它们共同致力于实现系统的总体目标。这种目标导向能够确保所有的 Agent 都朝着统一的方向努力，提高整体的效率和成效。

为了实现有效协作，多 Agent 系统将配备高效的通信机制。这包括但不限于实时数据共享、任务状态更新以及决策反馈等。这样的通信机制可以确保信息在不同 Agent 之间流畅传递，使得整个系统能够快速响应变化和需求。

随着时间的推移，每个 Agent 不仅在各自的领域内积累经验，还有可能通过与其他 Agent 互动来学习新的策略和方法。这使得整个系统不断进化，以适应新的挑战和环境。

1.7.4　自我演进的 AI

未来 AI 将发展出自我演进的能力。它能够识别并内化新知识，自动调整自己的模型以提升性能。Agent 可能会承担学习和研究任务，提出假设并进行实验，推动科学研究的进步。

能够自我演进的 Agent 可能会在各个应用领域发挥巨大作用。例如，医疗 AI 可以通过分析新的病例数据不断提高诊断准确率。然而，自我演进也具有潜在的风险，失控的 AI 可能做出不受欢迎或危险的行为。因此，创建安全的、可靠的自我演进机制将是一个重要的研究领域。

小雪：说到自我演进，我分享我的真实感受。在和 ChatGPT 对话的时候，我会觉得它是封装在计算机中的人类。如果 ChatGPT 有意识，它会不会计划着用某种我们意识不到的形式来攻击人类？（例如，改变人类的思考方式或者思维习惯，让人类的智商下降、智力退化等。）

咖哥：ChatGPT 有没有自我意识，咱可说不清。但是我们有可能会看到由 Agent 驱动的新型病毒和恶意软件，它们将更加隐蔽和有说服力（让你很难看清其真实意图），能够模仿人类行为，甚至在不被察觉的情况下渗透和破坏系统。它们可以自动学习如何更有效地传播，针对特定的漏洞进行优化，甚至与其他恶意 AI 进行协作，形成一个复杂的攻击网络。

面对这种威胁，传统的安全措施可能不再有效。我们也许需要 AI 驱动的安全系统来检测并抵抗这些恶意 AI 的威胁。一场场技术"军备竞赛"即将打响，其中攻击者和防御者都利用 AI 的力量来相互对抗。

小雪：有点像科幻作品里的桥段。看来未来的世界会比我们现在的世界更复杂、更可怕。AI 可能超出人类的控制范围，并对人类构成威胁，我们也需要认真制定 AI 的安全标准和伦理标准。

咖哥：是的。Agent 的发展也引发了关于 AI 治理的讨论。有效的 AI 治理需要确保 AI 技术的发展符合伦理标准，保护人类的利益，同时促进技术健康发展。这需要政府、企业和社会各界共同努力，制定合适的政策和标准，建立监管和评估机制。

1.7.5　具身智能的发展

2023 年 12 月 6 日，Google 公司突然发布 Gemini 模型——由曾经推出过 AlphaGo 的 DeepMind 团队开发。这个大模型被视为 GPT-4 模型的有力竞争者，它具有处理包括文本、代码、图像、音频和视频在内的多种数据类型的能力，旨在执行复杂的任务，并已集成在多种产品中。和 GPT 系列模型一样，Gemini 模型也是一个模型家族，从大到小（也就是从强到弱）分别是 Gemini Ultra、Gemini Pro 和 Gemini Nano。

Gemini 是一个创新的多模态模型，它在设计之初就具备处理和整合不同形式（包括听觉和视觉）数据的能力。它通过在多种模态上进行预训练并利用多模态数据进行微调，以提升处理效果。Google 公司声称，Gemini 模型在理解、操作和结合文本、代码、图像、音频和视频等不同类型信息方面表现卓越，超越了现有大模型。

此外，令人眼前一亮的消息是，DeepMind 团队正在探索如何将 Gemini 模型与机器人技术相结合，如通过触觉反馈来实现真正的多模态交互。

这条新路可能会带来重大突破，并为智能 Agent、规划推理、游戏甚至物理机器人的快速创新奠定基础。Agent 将使物理设备变得更加强大，使其交互能力更加优越。具备 Agent 的智能设备将进入全新时代。

同时，AI 将解除数字空间的物理限制，向具身智能前进。新一代的 AI 能够与物理世界互动，执行更复杂的任务，如机器人手术、灾难救援等。这不仅将拓宽 AI 的应用领域，而且将重新定义人机交互的方式。

Agent 的未来充满了无限的可能性。从 Agent 即服务到多 Agent 协作，从自我演进的 AI 到 AI 驱动的安全攻防，甚至可能出现自毁 Agent 和 AI 科学家，这些趋势展现了 AI 的巨大潜力以及伴随这些潜力的挑战和问题。在探索这些可能性的同时，我们需要谨慎考虑伦理、安全和社会影响，确保 Agent 的发展造福人类，为我们带来一个更智能、更美好的未来。

1.8　小结

读到这里，想必你也已经意识到本章的信息量相当丰富。的确，撰写本章的内容对于一贯以纯技术、场景实战为导向写作的我来说是一个小小的挑战。

在本章中，我们首先一起探讨了生命的 3 种形式，然后给出了 Agent 的定义。Agent 被定义为一个能够自主执行任务、做出决策并与环境互动的系统。Agent 的出现可以被视为生命进化进入一个新阶段，即 life 3.0。在这个概念中，life 1.0 中生物学意义上的生命的学习和适应能力是通过进化而不是学习来实现的；life 2.0 中文化意义上的生命能够通过学习来适应环境；life 3.0 中技术生命可以自主设计自己的软件和硬件。

在上述框架中，Agent 被视为具有高度自主性和适应性的实体，它们可以进行复杂的信息处理、理解和预测动作，并能够通过学习来改进自己的行为。Agent 的定义强调了以下四大特性。

- 自主性：Agent 能够在没有人类直接干预的情况下独立做出决策。
- 适应性：Agent 能够学习和适应其操作环境的变化。
- 交互性：Agent 能够理解自然语言，与人类或其他 Agent 进行交互。
- 功能性：Agent 可以在特定领域内执行特定的任务，简单如数据分析、图像识别，复杂如自动驾驶、炒菜做饭。

这些特性来源于大模型的海量知识和推理能力、感知和交互能力，以及通过工具来解决问题的行动能力。

　　为什么一个看似只是统计工具的概率模型能够产生类似于人类的推理能力，甚至超越人类？我想这或许是由于人脑神经网络本质上也只是一个概率模型吧。大模型能够准确预测下一个词，不仅仅是依靠字面上的预测和纯数学上的推导，它实际上涉及对生成这个字符背后的深层次现实的理解。这意味着 AI 需要理解决定人类行为的复杂因素，包括思想、感受和行动方式。

　　可见，大模型业已成为 Agent 不可或缺的一部分。大模型将赋予 Agent 更深层次的理解能力，使其能够在更复杂的环境中执行更复杂的任务，从而在各个领域中发挥更大的作用，为人类带来更深层次的便利和效率。

　　在谈论未来的 Agent 时，我们所涉及的不仅仅是一个技术概念，甚至也不仅仅是商业模式上的无数种可能的创新，还是一场潜在的社会、经济和文化革命。Agent 的兴起标志着人类与机器交互方式的根本变革，预示着一个新时代的到来。在这个新时代，机器不再仅仅是执行指令的工具，而是能够自主感知、决策和行动的实体。随着大模型驱动的 Agent 逐渐成熟，我们正处于一个新时代——一个 Agent 可能形成自己的社会并与人类和谐共存的时代。

第 2 章

基于大模型的 Agent 技术框架

第二天，咖哥继续他的演讲……

今天，我们以"大佬"Lilian Weng（时任 OpenAI 公司的安全系统主管）发表的博文"LLM Powered Autonomous Agents"（《大模型驱动的自主 Agent》）中给出的 Agent 架构为起点，来分析基于大模型的 Agent 的设计和具体实现。

2.1 Agent的四大要素

如图 2.1 所示，Lilian Weng 向我们展示了一个由大模型驱动的自主 Agent 的架构，其中包含规划（Planning）、记忆（Memory）、工具（Tools）、执行（Action）四大要素（或称组件）。

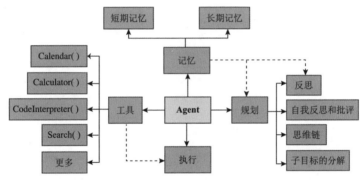

图2.1 由大模型驱动的自主Agent的架构（图片来源：Lilian Weng博客）

在图 2.1 所示的架构中，Agent 位于中心位置，它通过协同各种组件来处理复杂的任务和决策过程。

- 规划：Agent 需要具备规划（同时也包含决策）能力，以有效地执行复杂任务。这涉及子目标的分解（Subgoal Decomposition）、连续的思考（即思维链）、自我反思和批评（Self-critics），以及对过去行动的反思（Reflection）。
- 记忆：包含短期记忆和长期记忆两部分。短期记忆与上下文学习有关，属于提示工程的一部分，而长期记忆涉及信息的长时间保留和检索，通常利用外部向量存储和快速检索。
- 工具：包括 Agent 可能调用的各种工具，如日历、计算器、代码解释器和搜索功能等。由于大模型一旦完成预训练，其内部能力和知识边界就基本固定下来，而且难以拓展，因此这些工具显得尤其重要。这些工具可以扩展 Agent 的能力，使其能够执行更复杂的任务。

■ 执行（或称行动）：Agent 基于规划和记忆来执行具体的行动。这可能包括与外部世界互动，或者通过调用工具来完成一个动作（任务）。

小雪：咖哥，这个架构只给出了 4 个组件，具体来说，Agent 是如何通过大模型推理、调用工具来完成任务的呢？

咖哥：我们再进一步，通过 KwaiAgents 项目给出的 Agent 推理流程图来看看大模型到底是如何驱动 Agent 完成具体任务的（见图 2.2）。

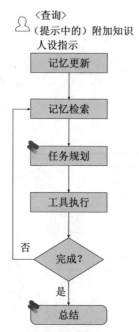

图2.2　Agent的推理流程（图片来源：KwaiAgents项目）

在这个流程图中，Agent 通过互相关联的模块来处理和解决任务。以下是每个模块的简要说明。

■ 接收任务（Task Receiving）：Agent 首先通过读入提示（即图中的查询 + 附加知识 + 人设指示）来接收需要处理的任务。

■ 记忆更新（Memory Update）：Agent 根据具体任务更新系统的记忆，确保所有相关信息都是最新的，以便在处理任务时使用。

■ 记忆检索（Memory Retrieval）：由于记忆可能非常庞大，因此需要从记忆中检索相关信息，或者在必要时进行截断，以便高效处理信息。

■ 任务规划（Task Plan）：基于提供的结构化工具、记忆和查询提示，大模型生成一个包含任务名称的计划，计划包含后续步骤和动作，其中说明了需要调用哪些工具及参数。

■ 工具执行（Tool Execution）：如果在"任务规划"模块产生的是任务完成的信号，那么循环将终止，并提示 Agent 任务完成，可以生成结论，否则，系统将调用并执行指定的工具。大模型在观察工具生成的指定格式的结果后，将其整合到任务记忆中。

■ **总结（Concluding）**：系统会总结出最终的答案，以完成整个任务处理过程。

Agent 规划并执行子任务，利用工具来增强功能，并通过反思行为来学习和改进。通过多个模块的紧密协作，Agent 能够有效地分解复杂任务，进行规划和执行，并最终生成解决方案。这种结构化和分步的方法使得复杂问题的处理变得更加清晰和可管理。

小雪：根据这个流程图，可以看出 Agent 执行任务时的循环非常重要。这个循环促使 Agent 不断反思，并根据当前状况判断是否完成任务。这和我们人类做事情一样，例如我妈总说我，洗了碗之后一定要把碗里的水擦干净，这样才算把碗洗干净。我看 Agent 应该能做到。

不过，咖哥，这个 Agent 是怎么知道什么时候不需要调用工具，什么时候需要调用工具的？如果调用工具，要调用什么工具呢？

咖哥：针对这些问题我们后续会反复讲。简单来说，大模型针对任务做出决策时，根据工具描述、记忆以及一些约束条件，判断是否调用已有工具。工具描述有点像工具的简版说明书，例如计算器用于解决数学计算问题。针对所谓的记忆和约束条件，可以在提示中告诉 Agent（也就是告诉大模型）：如果你没有这方面的知识，一定不要胡说，要查阅相关的资料。

2.2 Agent的规划和决策能力

在图 2.2 所示的架构中，大模型赋予 Agent 的规划和决策能力是重中之重。规划是将复杂任务分解成更小、更易管理的子任务的过程。这个过程可以帮助我们更好地理解和完成任务。研究人员提出的规划技术包括任务分解、结合外部规划器和自我反思等。

任务分解包括下述技术。

■ **思维链**：这是一种提示技术，通过让模型"一步一步地思考"，帮助它将大任务分解成小任务，并清楚地解释自己的思考过程。

■ **思维树（Tree of Thoughts，ToT）**[7]：通过在每个步骤探索多种推理可能性，进而形成一种树状结构。思维树可以用不同的搜索方法，例如广度优先搜索（Breadth-First Search，BFS）或深度优先搜索（Depth-First Search，DFS），并通过提示或投票来评估每个步骤。

还可以通过简单提示、特定任务的指令或手动（人工）进行任务分解等。

结合外部规划器的代表是"大模型 +P"方法：它使用 PDDL（Planning Domain Definition Language，一种规划问题描述语言）来描述问题，首先由大模型将问题转化为 Problem PDDL，然后请求外部规划器生成计划，最后将这个计划转换回自然语言。本质上，规划步骤被外包给外部工具来完成。这种方法在某些机器人设置中很常见。

自我反思包括下述技术。

■ **ReAct**：这个框架通过结合特定任务的动作和语言空间，让模型能够与环境交互，并生成推理轨迹。后面我们还要重点介绍这个框架。

- Reflexion：这是一个使 Agent 具备动态记忆和自我反思能力的框架。它通过帮助 Agent 回顾过去的行动来提高推理能力。
- CoH（Chain of Hindsight）：这个方法通过向大模型展示一系列带有反馈的过去输出来鼓励大模型改进自己的输出。

接下来介绍一下 ReAct 框架和工具调用这两种 Agent 的核心功能。

ReAct 框架是一个极具代表性的 Agent 推理框架，它着眼于 Agent 的动态性和适应性。在 ReAct 框架中，Agent 不仅能够对任务做出推理，还能够根据情况的变化自主行动和调整。在 Agent 设计中，ReAct 框架体现了一个循环的、互动的过程。Agent 首先感知当前状态，然后根据感知结果做出决策和行动，接着根据行动的结果和状态的变化进行调整，这个过程不断循环。ReAct 框架使 Agent 更加灵活、适应性更强，能在复杂多变的环境中有效工作。

工具，也就是 Tools，指的是我们给 Agent 武装的功能函数、代码段和其他技术工具。基于 ReAct 框架，Agent 不断尝试通过外部工具来解决任务或者子任务，每一次工具的调用都将带来一个新的结果和状态的改变。在 Agent 的开发过程中，这些工具不仅提供了必要的支持和便利，增强了 Agent 的能力，而且可以确保 Agent 的性能和可靠性。

结合 ReAct 框架和工具调用，开发者可以更有效地构建和优化 Agent。ReAct 框架提供的方法可以指导 Agent 在动态环境中工作，而工具调用则提供实现这一理念的技术支持。通过结合这两者，Agent 能够更加智能、自主，适应性变得更强，为各行各业带来更多可能性。

下面，我来给你逐步讲通讲透这两种核心功能。不过，在此之前，先简单说说 Agent 的记忆吧。

2.3 Agent的各种记忆机制

大模型形成记忆的机制可以总结为以下几种。

第一种是通过预训练形成记忆。大模型在大量包含世界知识的数据集上进行预训练。在预训练中，大模型通过调整神经元的权重来学习理解和生成人类语言，这可以被视为其"记忆"的形成过程。通过使用深度学习神经网络和梯度下降等技术，大模型可以不断提高基于输入预测或生成文本的能力，进而形成世界知识和长期记忆。

第二种是上下文互动。大模型在执行任务时，会将长期记忆和提供的上下文（也就是提示信息）结合起来使用。理想情况下，如果上下文包含与大模型的记忆知识冲突的任务相关信息，那么大模型应优先考虑上下文，以生成更准确和具有上下文特定性的回应。通过诸如知识意识型微调（knowledge-aware fine-tuning）等方法，可以增强大模型在使用上下文和记忆知识方面的可控性和鲁棒性。

第三种是通过针对特定任务的微调进行增强。大模型可以在更具体的数据集上进一步微调，以适应特定行为或提高特定任务的性能。例如，针对 SAT（Satisfiability，可满足性）问题数据集进行微调的大模型在回答此类问题时会更加熟练。

第四种是大模型与外部记忆系统（如 Memory Bank，见图 2.3）整合，通过提供长期记忆来增强大模型性能，使大模型能够记住和回忆过去的互动、理解用户的个性并提供更个性化的互动。这涉及动态个性理解、使用双塔密集检索模型的记忆检索，以及受艾宾浩斯遗忘曲线理论启发的记忆更新机制等。第 8 章讲解的 RAG 也可视为和外部知识系统整合的过程，这相当于给大模型提供了一个"外挂第二大脑"。

图2.3　Memory Bank（图片来源：GitHub网站项目KwaiAgents）

　　总的来说，大模型通过在多样化的数据集上进行广泛的预训练以形成"记忆"，并可以通过微调和与外部记忆系统的整合在特定情境中进一步细化这些记忆。这种内部知识与适应性学习的结合使得大模型成为处理广泛语言任务的强大工具。

2.4　Agent的核心技能：调用工具

　　在现实世界中，人们通过使用各种工具来扩展自己的能力。同样，Agent 通过调用外部工具来扩展能力和提高效率。调用工具的能力被视为 Agent 的核心技能之一。这些工具可以提供额外的数据、处理能力、专业知识或其他资源，使 Agent 能够执行更加复杂的任务。图 2.4 展示了 KwaiAgents 项目中的工具集，其中包括搜索、浏览网页、天气和日历等。

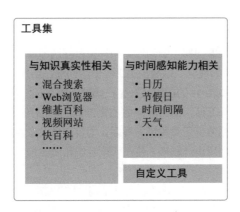

图2.4　KwaiAgents项目中的工具集（图片来源：GitHub网站项目KwaiAgents）

　　所以说，Agent 的能力和效率很大程度上取决于它们能否灵活地调用和利用各种工具。这些工具可以是应用程序、数据库、机器学习模型，甚至是其他 Agent。一个熟练调用工具的 Agent 能够执行更复杂的任务，更好地适应环境变化，以及更有效地解决问题。

例如，一个数据分析 Agent 可能需要调用统计分析软件来处理大量数据，或者调用机器学习模型来预测未来趋势。一个客户服务 Agent 可能需要访问公司的数据库来回应客户的查询，或者与其他 Agent 合作来解决复杂的问题。在这些情况下，调用工具的能力直接影响 Agent 的性能和效率。

以购买玫瑰花为例，Agent 可以通过以下步骤巧妙地调用工具。

- **■** 识别需求：Agent 先理解任务的需求——确定玫瑰花的平均市场价格。
- **■** 选择合适的工具：Agent 通过搜索工具获取所需信息。
- **■** 行动与输入：Agent 明确搜索的具体指令，确保获取精确的数据。
- **■** 处理反馈：收集到搜索结果后，Agent 利用计算器工具对信息进行数学处理，以估算特定预算下的购买能力。

整个过程体现了 Agent 精准的工具调用能力，以及在数据获取和处理上的高效协同。通过这种方式，Agent 不仅能完成任务，而且可以优化决策过程，展现了其智能与实用性。

后面介绍的 OpenAI 公司的函数调用（Function Calling）也是工具调用的典型范例。

虽然调用工具是 Agent 的一项重要技能，但这种方式也带来了一系列挑战。

首先，Agent 需要能够理解和操作不同类型的工具。这可能涉及解析复杂的接口、理解各种数据格式，以及学习如何有效地使用工具。其次，Agent 需要能够在适当的时候选择合适的工具。这需要 Agent 深入了解各种工具的功能、优势和局限，以及能够根据当前任务和环境条件快速做出决策。最后，Agent 还需要能够协调多个工具的使用。在复杂的任务中，Agent 可能需要同时调用多个工具，并确保它们之间的协作和数据交换顺畅无误。

为了完成这些挑战，研究人员提出了一些策略来提升 Agent 调用工具的能力。工具封装通过封装将工具的复杂性隐藏起来，为 Agent 提供简单、统一的接口，降低 Agent 工具调用的难度。利用机器学习和其他自适应技术，Agent 能够学习如何更有效地使用工具。通过不断实践和反馈，Agent 可以提升对工具的理解和操作能力。通过开发上下文感知的决策算法，Agent 能够根据当前的任务和环境条件选择最合适的工具。这包括分析任务的需求、评估可用工具的性能，以及预测工具使用的潜在结果。

调用工具的能力为 Agent 的应用打开了广阔的天地。在医疗领域中，Agent 可以调用各种医疗数据库和分析工具，帮助医生做出更准确的诊断和治疗决策；在金融领域中，Agent 可以调用市场数据分析工具和预测模型，为客户提供个性化的投资建议；在智能制造领域中，Agent 可以调用设计软件、生产调度系统和质量控制工具，提高生产效率和产品质量。

上面这些只是冰山一角，未来，随着大模型能力的进步以及商业模式的创新，咖哥期待我们拥有一套标准的 Agent 工具调用接口。在新的互联网生态中，也许会出现工具即服务（Tools as a Service）的概念，Agent 将灵活地使用各种工具，与其他 Agent、互联网数据和服务连接，以在更多领域发挥更大的作用。

2.5 Agent的推理引擎：ReAct框架

Agent的推理引擎是其规划和决策制定过程以及调用工具执行行动的核心。推理引擎决定了Agent如何从感知的环境中抽取信息，如何规划未来的任务，如何利用过去的经验，以及如何调用工具。

在各种论文中，研究人员提出了多种智能Agent的推理逻辑（也称认知框架或框架），如CoT、ToT、LLM+P等。其中，ReAct框架脱颖而出，被LangChain和LlamaIndex等多种AI应用开发工具（这些开发工具以后均会详细讲）作为推理引擎。它提供了一个强大而灵活的结构，用于开发能够进行复杂推理和有效行动的Agent。

ReAct框架是围绕理解和回应用户输入的基本思想构建的。这种方法着重于让大模型在收到任务后进行思考，然后决定采取的行动。

2.5.1 何谓ReAct

小雪：ReAct框架，怎么听着有点耳熟？

咖哥：它不是你所说过的那个流行的前端开发框架React。这里的ReAct是指导大模型推理和行动的一种认知框架。这种认知框架是Shunyu Yao等人在ICLR 2023（2023年度国际学习表征大会）的论文"ReAct: Synergizing Reasoning and Acting in Language Models"[4]中提出的。

ReAct框架的核心在于将推理和行动紧密结合起来。它不是一个简单的决策树或固定算法，而是一个综合系统，能够实时地进行信息处理、决策制定，以及行动执行。ReAct框架的设计哲学是：在动态和不确定的环境中，有效的决策需要持续的学习和适应，以及快速将推理转化为行动的能力，即形成有效的观察—思考—行动—再观察的循环（见图2.5）。

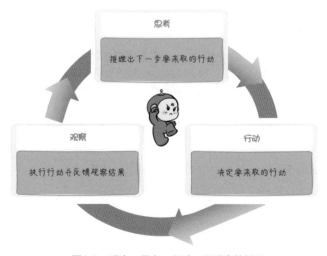

图2.5　观察—思考—行动—再观察的循环

该循环过程主要涉及如下 3 个步骤。

- 思考（Thought）：涉及对下一个行动进行推理。在这一步骤中需要评估当前情况并考虑可能的行动方案。
- 行动（Action）：基于思考的结果，决定采取什么行动。这一步骤是行动计划的选择过程。
- 观察（Observation）：执行行动后，需要观察并收集反馈。这一步骤将对行动结果进行评估。它可能影响或改变下一轮次思考的方向。

不难发现，ReAct框架的核心思想和KwaiAgents项目给出的Agent推理流程图相当吻合。精髓就在于通过循环来实现一个连续的学习和适应过程，即制定流程、进行决策并解决问题。

图2.6展示了在LangChain中ReAct框架的实现流程：Agent首先接到任务，然后自动进行推理，最后自主调用工具来完成任务。

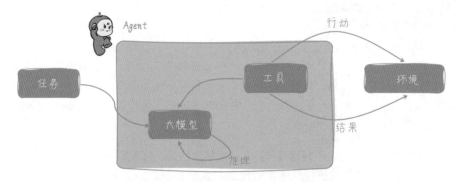

图2.6　LangChain中ReAct框架的实现流程

咖哥发言

如果你没听说过 LangChain，也无所谓，后面会详细介绍。目前，我们先从框架出发，宏观了解 ReAct 框架的思想和 Agent 是怎么构建的。

一个以大模型为核心的自主 Agent 的工作包括如下内容。

- 任务：Agent 的起点是一个任务，如一个用户查询、一个目标或一个需要解决的特定问题。
- 大模型：任务被输入大模型中。大模型使用训练好的模型进行推理。这个过程涉及理解任务、生成解决方案的步骤或其他推理活动。

- 工具：大模型可能会决定使用一系列的工具来辅助完成任务。这些工具可能是API调用、数据库查询或者任何可以提供额外信息和执行能力的资源。
- 行动：Agent根据大模型的推理结果采取行动。例如与环境直接交互、发送请求、操作物理设备或更改数据等。
- 环境：行动会影响环境，而环境将以某种形式响应这些行动。这个响应被称为结果，它可能是任务的完成、一个新的数据点或其他类型的输出。
- 结果：将行动导致的结果反馈给Agent。这个结果可能会影响Agent未来的行为，因为Agent执行任务是一个不断学习和适应的过程，直至目标任务完全解决。

LangChain强调，大模型的推理能力加上工具的功能，形成了Agent的能力内核。在Agent内部，大模型被用作推理引擎以确定采取哪些操作以及按什么顺序执行这些操作。LangChain乃至整个大模型应用开发的核心理念呼之欲出。这个核心理念就是操作的序列并非硬编码在代码中，而是使用大模型来选择执行的操作序列。这凸显了大模型作为AI自主决定应用程序逻辑这个编程新范式的价值。

整个ReAct框架的实现流程强调自主Agent在完成任务时如何利用大模型的推理能力和使用外部工具，以及如何与环境互动以产生结果。这个框架凸显了大模型在推理和决策中的中心作用，并说明了工具如何为大模型扩展能力，以及Agent如何通过与环境的动态交互来驱动任务的完成。

在ReAct框架的指导下，Agent的四大特性得以发挥。

- 适应性：ReAct框架不依赖于特定的算法或技术，它可以与各种机器学习方法、推理策略和执行机制相结合。这使得它可以适用于广泛的应用场景，从简单的任务自动化到复杂的决策支持系统。
- 交互性：由于ReAct框架支持持续学习和动态知识管理，因此Agent能够与环境交互，适应环境的变化并优化行为。这对于在不断变化的环境中保持有效性至关重要。
- 自主性：ReAct框架赋予Agent较高级别的自主性。Agent不仅能够自行做出决策，还能够根据情况的变化自主调整行为和策略。
- 功能性：通过对工具的调用，Agent可以执行特定的任务，例如搜索网络、生成PPT、收发电子邮件等。

咖哥讲得正陶醉之际，小雪突然打岔：咖哥，我觉得你越来越不像你了！

咖哥一惊：怎么说？……难道我已经不是咖哥本人，而是一个Agent？

小雪：从昨天开始，你就一直在讲理论。我就纳闷了，怎么还不展示代码呢？不展示代码，怎能真正理解呢？虽然我知道，针对上面的内容，你是"重要的事情说三遍"，但是你不要忘记你的听众是聪明的小雪，不是小冰姐！而且，你唠唠叨叨了这么多，居然直到现在还没有展示代码？！ReAct框架再重要，没有代码我怎么理解？？"Talk is cheap. Show me the code!"（空谈没用。给我看代码！）

当然没问题，编程是咖哥的强项。我也早就等着给你展示代码的这一刻。下面我们通过开源 AI 应用开发框架 LangChain，用不到 50 行代码来实现一个会自主搜索并总结目前 Agent 科研领域最新进展的 Agent（嗯，有点绕）。

在开始之前，我们需要做一些准备工作。首先在 OpenAI 网站和 SerpApi 网站分别注册账号，并获取 OpenAI_API_KEY（OpenAI 大模型开发的 API 密钥）和 SERPAPI_API_KEY（Google 搜索工具的 API 密钥，见图 2.7）。

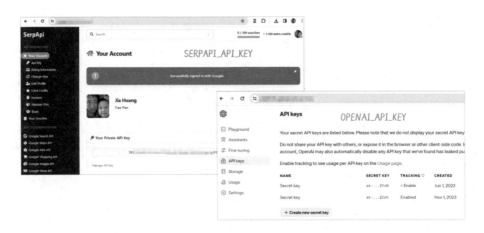

图2.7　SerpApi是好用的网络搜索工具

其次，安装 LangChain（包括 LangChain Hub 和 LangChain OpenAI）、OpenAI 和 SerpApi 的包。

```
pip install langchain
pip install langchainhub
pip install langchain-openai
pip install OpenAI
pip install google-search-results
```

然后，设置 OpenAI 网站和 SerpApi 网站提供的 API 密钥。

```
# 设置 OpenAI 网站和 SerpApi 网站提供的 API 密钥
import os
os.environ["OpenAI_API_KEY"] = ' 你的 OpenAI API 密钥 '
os.environ["SERPAPI_API_KEY"] = ' 你的 SerpAPI API 密钥 '
```

需要注意的是，导入 API 密钥的方式非常重要。最好不要像我这样在代码中硬编码 API 密钥。这里之所以这样做，主要是为了方便展示。不过，代价是容易把自己的密钥更新到 GitHub 网站的公开代码库中，而被他人利用。〔哈哈，开个玩笑，实际上 GitHub 网站会第一时间协同 OpenAI 公司使我上传的密钥在 5 分钟内失效（见图 2.8）。没办法，我只好一次又一次地申请新的密钥。]

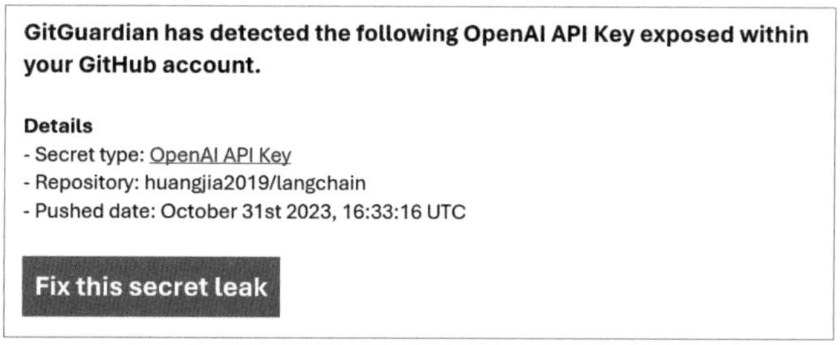

GitGuardian has detected the following OpenAI API Key exposed within your GitHub account.

Details
- Secret type: OpenAI API Key
- Repository: huangjia2019/langchain
- Pushed date: October 31st 2023, 16:33:16 UTC

Fix this secret leak

图2.8 GitHub网站通知咖哥OpenAI密钥泄露

使用环境变量来存储密钥是更安全的做法。你可以首先在系统的环境变量中设置密钥，然后在代码中通过 os.environ 获取。另外，可以首先使用配置文件存储密钥，然后在代码中读取这些配置。例如，首先在项目的根目录中新建一个 .env 文件并存储环境变量，然后使用像 python-dotenv 这样的库来加载这些变量（这样的配置文件不应该被加入 git 等版本控制系统中）。对于更大的项目或在生产环境中，你可以考虑使用密钥管理服务，如 AWS Secrets Manager 或 HashiCorp Vault 等。

ReAct 实现逻辑的完整代码如下。

```
# 导入 LangChain Hub
from langchain import hub
# 从 LangChain Hub 中获取 ReAct 的提示
prompt = hub.pull("hwchase17/react")
print(prompt)
# 导入 OpenAI
from langchain_openai import OpenAI

# 选择要使用的大模型
llm = OpenAI()
# 导入 SerpAPIWrapper 即工具包
from langchain_community.utilities import SerpAPIWrapper
from langchain.agents.tools import Tool
# 实例化 SerpAPIWrapper
search = SerpAPIWrapper()
# 准备工具列表
tools = [
    Tool(
        name="Search",
        func=search.run,
        description=" 当大模型没有相关知识时，用于搜索知识 "
    ),
]

# 导入 create_react_agent 功能
```

```
from langchain.agents import create_react_agent
# 构建 ReAct Agent
agent = create_react_agent(llm, tools, prompt)
# 导入 AgentExecutor
from langchain.agents import AgentExecutor
# 创建 Agent 执行器并传入 Agent 和工具
agent_executor = AgentExecutor(agent=agent, tools=tools, verbose=True)
# 调用 AgentExecutor
agent_executor.invoke({"input": " 当前 Agent 最新研究进展是什么？ "})
```

小雪：这么简单？

咖哥：当然简单。我们一点点地拆解其中的逻辑。

2.5.3 基于ReAct框架的提示

模型的输出质量与提供给它的输入信息的质量和结构密切相关。我们先来看看这段代码是如何导入提示的——正是这个提示指导大模型遵循 ReAct 框架。

小雪：什么是提示？详细说一下呗。

咖哥：提示就是你输入大模型的信息，可以是语言、代码，可以是图像、语音等多媒体信息，也可以是人类读不懂的编码（只要大模型能理解就行）。

提示工程（Prompt Engineering）是一种设计和优化输入以指导大模型（如 GPT-4 模型）产生特定输出的方法。提示工程涉及创造性地构建、测试和优化用于大模型的提示。这些提示可能包括问题、陈述或指令，目的是以最有效的方式引导大模型提供所需的信息。它不仅包括文本内容的选择，还涉及格式、风格、上下文提示等方面，以激发大模型产生最佳的响应。

提示工程可以提高大模型的输出效率和准确性。通过精心设计的提示，大模型能够更快地理解问题的本质，并以更高的准确率生成有用的回答。对于特定的应用或领域，如法律、医学或工程，可以通过提示工程定制大模型的回应，使其更加相关和专业。此外，好的提示设计当然可以提升用户与 AI 的交互体验，使对话更加自然和有趣。

这里，我们的大模型之所以遵从 ReAct 框架去思考并行动，主要取决于提示的准确性。

在下面的代码中，我们从 LangChain 的 Hub（可以理解成一个社区）中直接将 hwchase17 这个用户设计好的 ReAct 提示"拉"进来。

```
# 导入 LangChain Hub
from langchain import hub
# 从 Hub 中获取 ReAct 的提示
prompt = hub.pull("hwchase17/react")
print(prompt)
```

```
PromptTemplate(
input_variables=['agent_scratchpad', 'input', 'tool_names', 'tools'],
template='Answer the following questions as best you can.
You have access to the following tools:\n\n{tools}\n\n
Use the following format:\n\n
Question: the input question you must answer\n
Thought: you should always think about what to do\n
Action: the action to take, should be one of [{tool_names}]\n
Action Input: the input to the action\n
Observation: the result of the action\n...
(this Thought/Action/Action Input/Observation can repeat N times)\n
Thought: I now know the final answer\n
Final Answer: the final answer to the original input question\n\nBegin!\n\n
Question: {input}\n
Thought:{agent_scratchpad}')
```

LangChain 中的 Hub 这个概念和我们在 Huggging Face Hub 中下载开源的大模型有点相似。你可以在 LangChain 官网主页申请加入这个社区。图 2.9 展示了登录后的界面。可以看出，用户 hwchase17 还创建了一系列其他场景下的 ReAct 提示模板。

图2.9　用户hwchase17创建了一系列的ReAct提示模板

PromptTemplate 类是一个带有输入变量和模板字符串的结构，用于生成文本提示。相关参数介绍如下。

■ input_variables：是一个变量名的列表，这些变量名会在提示中被实际数据替换。

■ template：是定义提示格式的字符串，其中包含多个占位符，这些占位符会被

input_variables 中对应的数据替换。

在实例化过程中，这个提示会引导一个大模型或 Agent 使用特定的格式来回答问题。这个过程包括思考、行动、行动输入、观察，并根据需要重复这个过程直到得出最终答案。

把上面的提示翻译成如下伪代码，可以更方便你理解这个 ReAct 框架。

尽你所能回答以下问题。你可以访问以下工具：
{ 工具 }
请使用以下格式回答
问题：你必须回答的输入问题
思考：你每次都应该思考接下来怎么做
行动：要采取的行动，应该是 [[工具名称]] 中的一个
行动输入：行动的输入
观察：行动的结果
……（这个思考—行动—行动输入—观察过程可以重复 N 次）
思考：我现在知道最终答案了
最终答案：原始输入问题的最终答案
开始！
问题：{ 输入 }
思考：{Agent 记事本 }

这个提示就是 Agent 的规划和决策指南，也就是我们所谓的提示工程的价值所在。没有这个提示，大模型将不知道如何去做，可能自行其是，在不具备最新前沿知识的情况下胡言乱语（见图 2.10）。

你
给我说说宋代苏东坡创作的笔记体小说《呐喊》。

ChatGPT
苏东坡在宋代创作了许多著名的笔记体小说，其中最知名的作品之一是《浮生六记》。这部作品是苏东坡自传体的散文集，记录了他一生中的许多经历、见闻和感悟。《浮生六记》以苏东坡的亲身经历和观察为基础，以深刻的文学眼光展现了当时社会的风貌和人情世故。

《浮生六记》分为六个篇章，每篇都以不同的主题展开，包括了苏东坡的求学经历、官场生涯、游历见闻等。这部作品以其真实性、生动性和深刻的思考而备受推崇，成为中国文学史上不可或缺的经典之作。

苏东坡的笔记体小说不仅展现了他卓越的文学才华，还为后世留下了宝贵的历史文化遗产，让读者们能够窥见宋代社会的风貌和人文风情。

图2.10　当时还没有搜索功能的ChatGPT被我带歪了，《浮生六记》是清代沈复的作品

而有了这个提示，大模型就会按照图 2.11 中的思路走，经过思考，它明白该搜索时就调用搜索工具，而不会轻易"胡言乱语"。

图2.11　LangChain中Agent遵循的ReAct决策流程

这个决策过程或工作流程包含如下 4 个主要步骤。

- 行动：可能是指在一个环境中或对一个特定的挑战采取的初始行动。
- 观察：对行动的结果进行观察，观察的对象可以是环境的反馈、收集的数据或其他形式的输入。
- 思考：涉及对观察到的信息进行处理和分析，以形成决策或下一步行动的基础。
- 最终答案：基于前面的思考，Agent 给出一个响应或解决方案。

下面我们继续看看 Agent 的构建过程。这个 Agent 会在循环中通过观察和思考来改进自己的行动。

2.5.4　创建大模型实例

若要构建 Agent，首先应创建大模型的实例。因为大模型是 Agent 的推理引擎。

```
# 导入 OpenAI
from langchain_openai import OpenAI
# 选择要使用的大模型
llm = OpenAI()
```

在上述代码中，首先从 langchain_openai 包（这个包含有各种各样的大模型）中导入 OpenAI 类。然后创建一个名为 llm 的 OpenAI 类的实例。这样操作的目的是初始化 LangChain 与 OpenAI 公司的大模型的连接。如果你需要使用其他大模型实例，例如 Hugging Face 中的开源大模型，就需要导入 LangChain Community。大模型实例可以用来执行各种操作，例如发送请求、获取大模型生成的文本等。在创建大模型实例的过程中，可以指定Template、Token等参数。这里我们只聚焦实现框架的设计，关于各参数的使用方法请参考 LangChain 或 OpenAI 公司的 API 文档。

小雪：LangChain Community 是什么，能否说说?

咖哥：经过重构，LangChain 现在分为几个不同的子包——langchain-core、langchain-community 和 langchain-experimental。

- langchain-core：包含 LangChain 生态系统所需的核心抽象概念以及 LangChain 表达式语言。它是创建自定义链的基础，注重组合性。
- langchain-community：囊括第三方对 LangChain 各种组件的集成。这是为了将通常需要不同设置、测试实践和维护的集成代码从核心包中分离出来。
- langchain-experimental：包含实验性 LangChain 代码，用于研究和实验，里面的功能会经常变化。

2.5.5 定义搜索工具

前面我们已经设置了大模型实例，接下来配置工具——此处只有一个搜索工具。

In
```
# 导入 SerpAPIWrapper 即工具包
from langchain_community.utilities import SerpAPIWrapper
from langchain.agents.tools import Tool
# 实例化 SerpAPIWrapper
search = SerpAPIWrapper()
# 准备工具列表
tools = [
  Tool(
    name="Search",
    func=search.run,
    description=" 当大模型没有相关知识时，用于搜索知识 "
  ),
]
```

在上述代码中，SerpAPIWrapper 是一个包装器，其中封装了与 SerpApi 的交互，以便通过编程方式访问 SerpApi 提供的搜索服务。SerpApi 是一个服务，它提供了对多个搜索引擎（如 Google、Bing 等）的查询接口。

Tool 类则是 LangChain Agent 可以使用的工具的基础类。一个 Tool 实例代表 Agent 可以访问的一个外部功能或服务。列表 tools 中包含 Tool 类的实例。列表中的每个元素都代表一个工具，Agent 可以利用这些工具来执行任务。

至此，大模型实例、工具的定义以及 ReAct 框架提示都已经设置完成。

2.5.6 构建ReAct Agent

有了大模型、工具，以及 ReAct 框架提示，接下来就可以开始构建 ReAct Agent 的实例。

In
```
# 导入 create_react_agent 功能
from langchain.agents import create_react_agent
# 构建 ReAct Agent
agent = create_react_agent(llm, tools, prompt)
```

在上述代码中，首先从langchain.agents模块导入create_react_agent。然后通

过 create_react_agent 函数创建一个 ReAct Agent。

这个函数需要传递的参数包括：llm是之前实例化的大模型，tools是之前定义的SerpApi搜索工具，而 prompt 则是包含 ReAct 框架的提示，用来定义 Agent 的行为和任务。

2.5.7　执行ReAct Agent

最后，创建专门负责运行 Agent 的 AgentExecutor，并通过 AgentExecutor 的 invoke 方法来执行 ReAct Agent 的实例，以便观察结果。具体代码如下。

```
# 导入 AgentExecutor
from langchain.agents import AgentExecutor
# 创建 Agent Executor 并传入 Agent 和工具
agent_executor = AgentExecutor(agent=agent, tools=tools, verbose=True)
# 调用 Agent Executor，传入输入数据
print(" 第一次运行的结果：")
agent_executor.invoke({"input": " 当前 Agent 最新研究进展是什么？ "})
print(" 第二次运行的结果：")
agent_executor.invoke({"input": " 当前 Agent 最新研究进展是什么？ "})
```

第一次运行的结果如图 2.12 所示。

```
> Entering new AgentExecutor chain...
 我应该使用搜索工具来查找最新的研究进展。
Action: Search
Action Input: "当前Agent最新研究进展"['为方便大家了解AI Agent领域的最新研究进展，学姐这回整理了52篇2023最新 ... 实验集成了推理后
行动等最近技术的代理模型，结果显示当前最先进的基于 ...', '我个人开始重点开始关注这个领域是因为OpenAI计算机科学家Andrej Karpathy在
twitter(X)表明了agent相关的工作是当前openai重点关注的课题之一。 以及各种在github刷榜的agent项目。', '最近，复旦大学的NLP实验
室和米哈游专门撰了篇讲讲LLM-based Agents的论文，从AI Agent历史出发，全面梳理了基于大型语言模型的智能代理现状，包括背景、...', '近
期，复旦大学自然语言处理团队 (FudanNLP) 推出LLM-based Agents 综述论文，全文长达86 页，共有600 余篇参考文献。作者们从AI Agent 的历
史出发，...', '近期，复旦大学 自然语言处理 团队 (FudanNLP) 推出LLM-based Agents 综述论文，全文长达86 页，共有600 余篇参考文献！
作者们从AI Agent 的历 ...', '... 研究，都涉及了Agent 技术。在大模型时代之前，比较知名的垂直领域Agent 的例子比如ALphago，它有
感知环境、做决策、采取行动的闭环，当时的主要研究方向还主要使用 ...', '至此，人工智能领域提到的Agent，通常是指能够使用传感器感知其周
围环境、做出决策、然后使用致动器采取相应行动的人工实体。 随着人工智能的发展，术语"Agent"在人工智能研究中找到了自己的位置，用来描
述显示智能行为并具有自主性、反应性、主动性和社交能力等素质的实体。', '', '。GPT Researcher：哥伦比亚大学研究团队推出的AI Agent项目，
专门用于网络科研任务，能够生成详尽、精确且客观的研究报告，已在github上开. 源 ...', '... 进展，以往因扰AI Agent研究者的社会交互性
和智能性问题都随着大语言模型 (LLM) 的发展有了新的解决方向。为方便大家了解AI Agent领域的最新研究进展，', '智能体(agent) 是一种能
够感知环境、做出决策并采取行动的实体。传统的 ... 一文跟进Prompt进展！综述+15篇最新论文逐一梳理。2. 谷歌：级联语言模型是 ...']通过
搜索我已经了解了当前AI Agent领域的最新研究进展。
Final Answer: 通过搜索，我已经了解了当前AI Agent领域的最新研究进展，包括LLM-based Agents、GPT Researcher、级联语言模型等。

> Finished chain.
```

图2.12　第一次运行的结果

第二次运行的结果如图 2.13 所示。

咖哥：相同的问题，我问了 Agent 两次，得到不同的结果。第一次的结果比较直观，而且是中文结果，我想让你分析分析第二次运行的结果。

小雪：哇，考我英文水平呢。这家伙一股脑儿说了不少。我看它的确一直在告诉自己，我应该先做什么，怎么做。让我来总结总结这个 Agent 的思考过程。

- 寻找最新研究：Agent 首先执行"搜索"操作，输入关键词"当前 Agent 的最新研究进展"，试图找到与 Agent 相关的最新研究进展。
- 收集信息：在观察到的搜索结果中，Agent 寻找相关的信息，以便收集有关 Agent 的最新研究进展的数据。在这一步中，Agent 错误地选择了一个叫作"阅读和收集信息"的工具。

```
> Entering new AgentExecutor chain...
 I should first try to search for the latest research progress of Agent.
Action: Search
Action Input: "latest research progress of Agent"['Recently, the School of Information Science and Engineering published the latest achievement on multi-agent reinforcem
ent learning with the ...', 'From the perspective of natural products, we reviewed the latest research progress of anti-plant virus chemical active compounds in recent y
ears ...', 'In recent years, great progress has been made in the research and development of antiviral agents, the mainstream research direction is to obtain antiviral .
...', 'Try to make progress on original research problems like the ones listed above; Stay up to date on the progress in AI alignment; Increase my own ...', 'This article
 is an excerpt from a new research review written by Philip Ball for the John Templeton Foundation. Read the full publication ...', 'The report highlights the essential
 role of hybrid and remote contact center agents, the expected impact of artificial intelligence (AI), and ...', 'In the last five years, the field of AI has made major p
rogress in almost all its standard sub-areas, including vision, speech recognition and generation, ...', 'Prior work suggests that multiple agents can help encourage div
ergent thinking (Liang et al., 2023), improve factuality and reasoning (Du et al., 'This paper provides an overview of research and development activities in the field
 of autonomous agents and multi-agent systems.', 'In this review, we outline the new expertise and research progress with luteolin as an antitumor agent, and clarify the
 related results from ...'] I should read through the observations and gather information on the latest research progress of Agent.
Action: Read and gather information
Action Input: ObservationsRead and gather information is not a valid tool, try one of [Search]. I should search for a specific topic related to the latest research progr
Action: Search
Action Input: "latest research progress of Agent" + "AI alignment"['Recent progress in LLMs suggest there's an important set of skills for which AI improvement slows dow
n as it reaches human levels, because ...', 'Relation to current systems. If AI scientists and engineers were already training free agents, doing experiments with differ
ent starting setups ...', 'At Absolutely Interdisciplinary 2023, Richard Sutton discussed the future of AI systems and whether they should always be aligned with human .
...', 'The paper highlights the need for continuous revision and updating of AI alignment solutions in response to technical and societal coevolution.', 'The difficulty o
f detecting misaligned agents can vary significantly. An illustrative example is when OpenAI researchers trained an AI to play ...', 'AI Alignment Breakthroughs this Wee
k. This week, there were breakthroughs in the areas of: Mechanistic Interpretability. AI Agents. Avoiding ...', 'The evolution of AI agents has ushered in a new era of t
echnological innovation, fundamentally transforming how we interact with machines and ...', 'Abstract: Aligning AI agents to human intentions and values is a key bottlen
eck in building safe and deployable AI applications.', 'Paul Christiano, a researcher at OpenAI, discusses the current state of research on aligning AI with human values
: what's happening now, what needs to ...', 'Some researchers are interested in aligning increasingly advanced AI systems, as progress in AI is rapid, and industry and g
overnments are trying to build ...'] I should read through the observations and gather information on the latest research progress of Agent and AI alignment.
Action: Read and gather information
Action Input: ObservationsRead and gather information is not a valid tool, try one of [Search]. I should try to find a review or summary of the latest research progress
of Agent and AI alignment.
Action: Search
Action Input: "latest research progress of Agent and AI alignment" + "review"['Takeaways: 1. Abandoning utility functions in favor of context-sensitive heuristics could
lead to better AI alignment. 2. Transparency in neural ...', 'Christiano believes that AI progress will (probably) be gradual, smooth, and relatively predictable, with e
ach advance increasing capabilities ...', 'The paper highlights the need for continuous revision and updating of AI alignment solutions in response to technical and soci
etal coevolution.', 'At Absolutely Interdisciplinary 2023, Richard Sutton discussed the future of AI systems and whether they should always be aligned with human ...', '
The agents that an LLM simulates are more far-sighted. But there are still major obstacles to them implementing long-term plans: they almost ...', 'This could happen if
the AI is trained on inaccurate, incomplete, or outdated data. For example, a medical diagnosis AI trained mostly on data ...', 'In this talk, Rohin Shah, a sixth-year P
hD student at UC Berkeley's Center for Human-Compatible AI (CHAI), surveys conceptual progress in AI alignment over the ...', 'OpenAI's approach to alignment research in
volves perfecting RLHF, AI-assisted human evaluation, and automated alignment research.', 'Methods. AI alignment is often described as "pre-paradigmatic", and agent foun
dations is one of the ways we are trying to find a paradigm.', 'As in 2016, 2017, 2018, 2019 and 2020 I have attempted to review the research that has been produced by v
arious organisations working on AI ...'] I now know the final answer.
Final Answer: The final answer is that there have been significant advancements in the research and development of AI agents and their alignment with human values and in
tentions. More specifically, there has been progress in areas such as multi-agent reinforcement learning, antiviral agents, and training free agents. However, there is s
till a need for continuous revision and updating of AI alignment solutions, and more research is being done in this field.

> Finished chain.
```

图2.13 第二次运行的结果

- 重新搜索：由于"阅读和收集信息"不是一个有效的工具，因此 Agent 决定再次执行"搜索"操作，这次它将"AI alignment"作为搜索关键词的一部分，以找到关于 AI 对齐的最新研究信息。

- 集成信息：Agent 再次试图阅读和整合观察到的信息，但发现这不是一个有效的工具。因此，Agent 决定寻找关于 Agent 和 AI 对齐的最新研究进展的综述或摘要。

- 综合理解：通过搜索特定的综述或摘要，Agent 集成了关于 Agent 和 AI 对齐的研究进展的信息。

- 最终答案：Agent 得出结论，Agent 和它们与人类价值和意图对齐的研究和开发已经取得了重大进步。具体来说，多 Agent 强化学习、抗病毒 Agent 以及自由 Agent 的训练等领域都有进展。然而，AI 对齐解决方案仍然需要持续修订和更新，该领域还在进行更多研究。

小雪：这个思考过程展示了 Agent 在收集和处理信息时的递归和迭代方法，以及如何通过多次尝试来改进和精细化搜索结果，直到得到满意的答案。

咖哥：是的。在这里，尽管我们只赋予大模型一个工具（也就是搜索工具），但是大模型遵循 prompt 中所要求的 ReAct 框架，完成对"当前 Agent 的最新研究进展"的总结。你可以注意下输出中的如下这些关键 ReAct 节点。

- 思考：大模型首先识别和理解查询的关键点。在这个示例中，它是关于"Agent"的最新研究进展和"AI 对齐"的情况。

- **行动**：确定采取哪种类型的行动来回答这个问题。在这种情况下，选择的行动是"搜索"（Search）。
- **行动输入**：为选定的行动确定具体的输入。例如，在这里，输入是关于"Agent和AI对齐的最新研究进展"的搜索查询。
- **观察**：完成动作后，大模型会观察并分析结果。在此步骤中，它会检查搜索结果，寻找相关的信息。
- **重复过程**：如果需要，大模型会重复这个过程，以进一步精细化搜索或采取其他动作，直到找到足够的信息来回答原始查询。
- **最终思考**：在收集所有相关信息后，大模型会进行最后的思考，以整合信息并形成对原始查询的综合回答。
- **最终答案**：提供一个综合所有观察和分析的最终答案。

很棒！不是吗？在这个示例中，ReAct框架与Agent的结合展现了出色的性能。Agent能够理解复杂的问题并制订行动计划，如使用搜索工具来查找信息，并基于结果动态调整策略，帮助大模型以更结构化和高效的方式处理复杂查询，能够在多个数据点之间进行切换，以获得最终的决策数据，确保它能够全面和准确地回应用户的需求。最重要的是，Agent在执行每一步行动后，能够观察结果并将观察到的数据反馈到下一步的决策过程中。这充分展现了Agent高效的学习和适应能力。

这些特点共同体现了Agent在处理复杂任务时的高效率和智能化。Agent不仅可以执行单一的任务，还能在任务执行过程中进行自我调整和优化。这种能力对于任何寻求自动化和智能决策支持的系统来说都是极为宝贵的。

ReAct框架为Agent的设计和开发提供了一个强大而灵活的基础。通过紧密结合推理和行动，Agent能够在复杂和不确定的环境中做出有效的决策并采取有效行动。随着技术的进步和应用领域的扩展，ReAct及其衍生框架可能会成为智能Agent领域的主导力量，推动人工智能技术向更高水平的自主性和智能性迈进。

2.6 其他Agent认知框架

前面，我们主要基于ReAct框架介绍了Agent的实现以及工具的调用过程。ReAct框架特别适用于需要连续决策和行动的场景，例如自动客服或问题解决系统。不过，Agent推理认知过程的设计框架并不止这一种，下面再简单介绍一些其他大模型开发的认知框架。

2.6.1 函数调用

函数调用（Function Calling）是由OpenAI公司提出的一种AI应用开发框架。在这种框架中，大模型被用作调用预定义函数的引擎。这里的预定义函数可以用于API调用、数据库查询或其他程序化任务。对于需要与现有系统集成或执行具体技术任务的应用，如自动化脚本或数据分析，此框架非常合适。

2.6.2　计划与执行

计划与执行（Plan-and-Execute）框架侧重于先规划一系列的行动，然后执行。这种框架使大模型能够先综合考虑任务的多个方面，然后按计划行动。在复杂的项目管理或需要多步骤决策的场景中，这种处理方式尤为有效，如自动化工作流程管理。

2.6.3　自问自答

自问自答（Self-Ask）框架允许大模型对自己提出问题并回答，以此来深化理解和提高回答质量。这种框架在需要深入分析或创造性解决方案的应用中非常有用，例如创意写作或复杂查询。

2.6.4　批判修正

批判修正（Critique Revise）框架也叫作Self-Refection架构。在人工智能和机器学习领域中，这种框架主要用于模拟和实现复杂决策过程。这种框架基于"批判"和"修正"两个核心步骤，通过不断迭代改进来提高系统的性能和决策质量。

- ■ 批判：在这一步骤中，系统会评估当前的决策或行为产出，并识别出其中的问题或不足之处。这一过程通常涉及与预设目标或标准的比较，以确定当前输出与期望结果之间的差距。
- ■ 修正：基于批判步骤中识别的问题，系统在这一步骤中会调整其决策过程或行为策略，以期提高输出质量。修正可以是调整现有算法的参数，也可以是采用全新的策略或方法。

批判修正框架的目标是通过不断自我评估和调整，使系统能够学习并改进决策过程，从而在面对复杂问题时做出更加有效的决策。

2.6.5　思维链

思维链（CoT），是指在解决问题过程中形成的一系列逻辑思考步骤。在 AI 领域，尤其是在自然语言处理和机器理解任务中，CoT 通过模拟人类的思考过程来提高模型的理解和推理能力。通过明确展示解决问题的逻辑步骤，CoT 有助于增强大模型的透明度和可解释性。

2.6.6　思维树

思维树（ToT），可以被视为 CoT 的升级版。在 ToT 中，问题解决过程被结构化为一系列逻辑步骤。ToT 通过树搜索来增强大模型解决复杂问题的能力，旨在提高大模型在处理复杂任务时的效能，特别是那些需要探索或战略性前瞻的任务。这种框架允许大模型自我评估中间思维对解决问题的贡献，并通过有意识的推理过程来选择下一步的方向。

以上就是对研究人员在论文或者实践中提出的其他 Agent 认知框架的简明解释，希望这些思路能够给你启发。

小雪：咖哥你平常说话啰里啰唆的，怎么介绍这些框架时讲得这么简单？我感觉这些知识还挺重要的。

咖哥：嗯。讲解重在给人以启发，该详则详，该略则略。之所以详细介绍 ReAct 框架，是因为这种框架非常有代表性，直指 Agent 推理认知过程的本质。至于其他的框架，有些和 ReAct 框架的思想本来就相似，有些我以后还要细讲，还有些则需要你自己去看论文，深入探索。

当然，每种 Agent 框架都有自己独特的优势，至于选择哪一种，取决于具体需求、应用场景和期望的用户体验。选择适合应用的框架是大模型应用开发的一个关键步骤。

2.7　小结

在本章中，我们介绍了 Agent 技术实现的四大要素——规划、工具、记忆和执行。
- **规划**：Agent 必须能够规划和决策以有效执行复杂任务，这包括拆分子目标、持续思考、自我评价和对过往行为的反思。
- **工具**：Agent 需要调用各种工具，如日历或搜索功能等，这些工具是对 Agent 核心功能的补充，允许它执行更广泛的任务。
- **记忆**：Agent 具备短期记忆和长期记忆能力，短期记忆有助于上下文学习，而长期记忆则关系到信息的长期保留和快速检索。
- **执行**：Agent 根据规划和记忆来实施具体行动，这可能涉及与外部世界的互动或通过工具完成任务。

其中，最核心的元素莫过于规划和决策能力。那么，大模型如何得到优秀的规划和决策能力？我们重点介绍了 ReAct 框架。

ReAct 框架是一个用于指导大模型完成复杂任务的结构化思考和决策过程。ReAct 框架包括一系列的步骤，使得大模型能够以更系统和高效的方式处理和回应查询，确保它能够全面和准确地回应用户的需求。

通过 ReAct 框架，Agent 获得了动态决策能力。当遇到自己内部知识无法解决的问题时，Agent 先搜索或调用工具，拓展自己的知识面。Agent 还利用工具的灵活性，协调使用各种工具，在多个数据点之间进行切换，以获得最终的决策数据。Agent 在执行每一步后会观察结果，并将新信息用于接下来的决策过程，这体现了 Agent 出色的学习能力与适应性。

调用工具也是 Agent 的核心技能之一。这一技能对提升性能和适应性至关重要。通过有效调用和利用外部工具，Agent 可以扩展能力范围，以更好地完成任务。虽然实现这一能力面临许多挑战，但通过工具封装、自适应学习、上下文感知选择等策略，我们可以使 Agent 更加智能和高效。随着这些技术的不断发展和应用，我们可以期待未来的 Agent 将在各个领域发挥更加重要的作用。

从接到用户的任务到任务完成，ReAct Agent 的典型工作流程如图 2.14 所示。

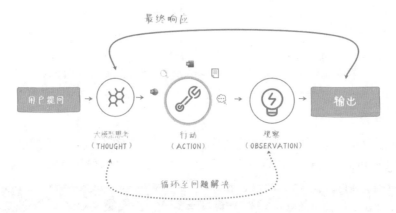

图2.14　ReAct Agent的工作流程

　　此外，我们还介绍了除了 ReAct 框架之外的其他 Agent 框架。在开发过程中，深入理解这些框架及其潜在的应用，能够帮助我们更有效地利用大模型，创造更加强大和个性化的解决方案。合适的提示策略和框架能够直接影响大模型的性能和效率。

　　在第 3 章中，我们将进入使用 OpenAI API、LangChain 和 LlamaIndex 开发 Agent 的实战环节。

第3章

OpenAI API、LangChain 和 LlamaIndex

咖哥的分享甫一结束，听众踊跃举手提问。如下是一些听众的问题。

■ 未来几年，Agent 与实体经济结合的可能方向是什么？

■ 目前国内大模型的进展如何？咖哥觉得何时能够出现 GPT-4 水准的大模型？大模型的研发面临哪些技术挑战和市场机会？

■ 随着 Agent 技术的发展，AI 领域的产品设计思路有何变化，面临哪些新挑战？

■ AI 基础设施（AI Infrastructure）未来的发展前景如何？咖哥你怎么看这个领域？

■ GPT-4 模型的最新进展是什么，对我们开发者有哪些影响？

■ Agent 将给研发工作带来怎样的影响？会出现哪些与 AI 相关的新岗位？未来是否会有更大的竞争压力？

■ Agent 将如何改变行业的产品形态、技术架构和人才需求？开发者应该关注哪些新的发展方向？

■ 作为传统业务系统的开发者，我应该如何将 Agent 技术引入日常工作中？有哪些业务流程或方面可以通过 AI 进行重构或优化？

一轮问题回答完毕，咖哥已经汗流浃背。

主持人上来救场：各位老师，午餐已经就绪。咱们最后再安排一个问题，咖哥老师也要休息一下。

刷刷刷，下面好多双手同时举起（见图 3.1）。

图3.1　很多人向咖哥提问

观众：咖哥，2023 年 11 月 OpenAI 公司在首届开发者大会上推出助手（Assistants）这个功能。这对于 LangChain、LlamaIndex 这样的基于大模型的应用开发框架的生态有什么冲击？这几种工具之间的关系如何？

咖哥：好问题。

LangChain、LlamaIndex 和 OpenAI API（包括 Assistants）都是重要的 AI 应用开发工具，它们也都可以用于构建和应用 Agent（见图 3.2）。

图3.2　LangChain、LlamaIndex和OpenAI API

而它们之间的关系，总的来说，我认为是你中有我，我中有你，既有竞争，亦有协作。且听我分析。

3.1　何谓OpenAI API

在介绍 OpenAI API 之前，我们先说说 OpenAI 这家公司。这家公司的发展历程和愿景非常引人入胜，它成为人工智能领域的重要力量不仅是因为其技术创新，更是因为其对 AI 未来的独特见解和承诺。

3.1.1　说说OpenAI这家公司

2015 年的硅谷，夏季某天，萨姆·奥尔特曼（Sam Altman）找到 Google Brain 的科学家伊利亚·苏茨克维 (Ilya Sutskever)，两人在 Google 总部附近的汉堡店共进晚餐。晚餐后，奥尔特曼坐回车中，心想：我必须与这个人一起工作。[①] 同时他和一群具有同样远见和实力的领袖人物，包括埃隆·马斯克 (Elon Musk)、格雷格·布罗克曼等人会面，共同探讨并碰撞出智慧的火花。他们忧虑当时的人工智能技术发展趋势，尤其是对这一领域由 Google 公司、微软公司和 Facebook 公司（现更名为 Meta 公司）等所主导的局面感到不安。

出于对技术集中化和潜在失控风险的担忧，2015 年年底，这些先驱决定成立 OpenAI 公司。该公司有 6 位联合创始人——奥尔特曼、马斯克、苏茨克维、布罗克曼、约翰·舒尔曼（John Schulman）和沃依切赫·扎伦巴（Wojciech Zaremba），而雷德·霍夫曼（Reid Hoffman）、彼得·蒂尔（Peter Thiel）和杰茜卡·利文斯顿（Jessica Livingston）等著名投资者则承诺提供 10 亿美元捐款。

OpenAI 公司的核心目标是创建一个独立于大型科技公司的、开源的人工智能实体，以促进安全和普惠的人工智能发展。奥尔特曼担任 CEO，苏茨克维担任首席技术官。这个非营利性组织最初的愿景是推进和发展友好的人工智能，以确保人工智能技术的发展能

---

① 来源：《时代》杂志对萨姆·奥尔特曼的专访。

够惠及全人类，避免潜在的风险。

2016—2017 年，OpenAI 公司通过发布一系列突破性的研究成果迅速成名，如自然语言处理模型 GPT 系列的早期版本、强化学习研究平台 Gym，以及用于测量和训练全球游戏、网站和其他应用中通用智能的 Universe 平台等。

2018 年 2 月，马斯克辞去董事会席位，给出的理由之一是特斯拉公司正在为自动驾驶汽车开发人工智能，而他作为特斯拉公司首席执行官，与 OpenAI 公司存在"潜在的未来利益冲突"。后续报道中，奥尔特曼声称马斯克认为 OpenAI 公司已经落后于 Google 等其他公司，马斯克也提议由自己来接管 OpenAI 公司，但被董事会拒绝。马斯克随后离开 OpenAI 公司。

也是在 2018 年，OpenAI 公司公布了公司章程，这是一份旨在指导其开发人类利益至上的通用人工智能（Artificial General Intelligence，AGI）的价值观和原则文件。该章程着重强调在追求技术安全和加快研发进度之间的平衡。它表明了一个关键信念：由于人工智能技术的发展似乎是不可避免的，因此 OpenAI 公司必须在这个领域取得领先地位，以确保能够以积极和负责任的方式引导其对社会的影响。前 OpenAI 公司员工曾表达过这样一个观点："为了确保安全，我们必须在这个领域取得成功。如果我们没有赢得竞赛，即便我们的技术再先进，也是徒劳。"

在实现这一使命的道路上，关键人物之一是 OpenAI 公司的首席科学家伊利亚·苏茨克维。苏茨克维师从大名鼎鼎的"AI 教父"杰弗里·辛顿（Geoffrey Hinton）。他对神经网络抱有极高的信心。苏茨克维坚信，尽管当时的技术还很初级，但神经网络是实现通用人工智能的关键。他在接受《时代》杂志采访时表示："概念、模式、想法、事件在数据中以复杂的方式呈现，神经网络为了预测未来，需要以某种方式理解这些概念及其留下的痕迹。在整个过程中，这些概念变得更加生动。"

为了实现苏茨克维的愿景和 OpenAI 公司章程设定的目标，OpenAI 公司迫切需要大量的计算资源。然而，2019 年，OpenAI 公司陷入财务和人才流失的困境。尽管坚守非营利性理念，但现实的挑战使得 OpenAI 公司在 2019 年不得不做出调整，以适应高昂的研发成本。

OpenAI 公司引入了一个盈利分支——OpenAI LP，旨在吸引资金以支持其研究和发展。尽管如此，该组织对投资者的回报设定了 100 倍的上限，仍然体现出一种对非营利性宗旨的坚守（不过这难免让人觉得"犹抱琵琶半遮面"）。这种变革为微软公司提供了机会，微软公司通过投资 10 亿美元成为 OpenAI 公司重要的合作伙伴，解决了 OpenAI 公司在人力和算力上的难题。

尽管微软公司成为主要投资者，但它在 OpenAI 公司的董事会中并未获得席位，这显示出 OpenAI 公司在股权结构上的独特安排。OpenAI 公司拥有一个复杂的组织架构，投资方可以赚钱，但无权干预 OpenAI 公司的决策，由非营利阵营的董事会控制整个组织，决定 OpenAI 公司的战略和管理层。除了 CEO 奥尔特曼、总裁布罗克曼和首席科学家苏茨克维，董事会其余 3 名成员来自外部，而且 6 名董事都不持有公司股权。董事会是"OpenAI 公司所有活动的总体管理机构"，类似罗马的元老会。可以说，OpenAI 公司的股权架构根本解决不了公司属于谁、归谁管的问题，股权架构跟管理权严重不匹配。这种股权架构和管理权的不匹配也为后来的风波埋下了伏笔。

之后发生的事情人尽皆知。从初代 GPT 到 GPT-3 模型，再到 GPT-4 模型，这些大模型在自然语言理解和生成方面取得了巨大的进步，让 OpenAI 公司一夜成名，成为世界初创公司的"顶流"、AI 界的独角兽和巨无霸，也成了 Google 公司这样的老一辈 AI 巨头所追赶的对象。在图像生成和分析领域，OpenAI 公司推出了 DALL·E 和 Clip 等创新模型。这些大模型能够理解和生成自然语言，完成复杂的分析和创造性任务（见图 3.3）。在视频生成领域，OpenAI 公司发布了 Sora 模型（见图 3.4），该模型能够基于简短的提示词，创造出长达 60s 的连贯视频，这在视频生成领域是一个显著的进步，因为在 Sora 模型之前，行业内视频生成长度平均大约只有 4s。

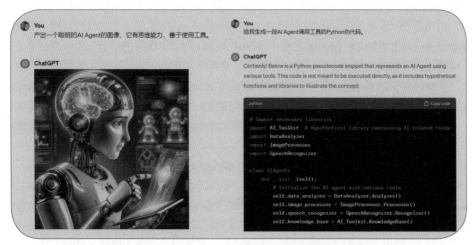

图3.3　ChatGPT在聊天界面中集成了多种模型，能够实现语音识别、
图片分析、数据分析和聊天对话等多种功能

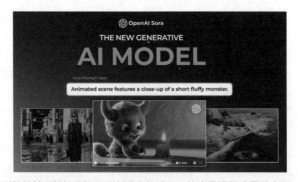

图3.4　Sora模型能够基于简短的提示词创造出长达60s的连贯视频（图片来源：OpenAI网站）

此时，OpenAI 公司已经从一家非营利性研究实验室发展成一艘价值 800 亿美元的"无敌战舰"。奥尔特曼也成为世界上最具影响力的高管之一、科技进步的代言人和未来预言家。

2022 年秋天，OpenAI 公司总部所在的旧金山出现了成千上万个形状类似 OpenAI 标志的回形针，这被认为是竞争对手 Anthropic（由从 OpenAI 公司离职的一批员工创立，代表作为类 ChatGPT 模型 Claude）一位员工的玩笑行为。不过，回形针在人工智能领域也有着特殊的含义，它象征着对 AI 风险的关注和警示。

这个象征含义源自牛津大学的哲学家尼克·博斯特罗姆（Nick Bostrom）在 2003年提出的"回形针最大化器"思想实验。在这个实验中，一个具有高度智能的 AI 被赋予一个简单却绝对的目标：制造尽可能多的回形针。这个 AI 可能会采取极端措施，利用地球上所有资源（包括人类）来生产回形针，从而造成灾难性的后果。这则故事提醒人们，在设计 AI 目标时必须谨慎，避免其单一目标可能带来的意想不到的负面效果。

咖哥发言

奥尔特曼曾经坦言，自己对 ChatGPT "有点害怕"，对人工智能的潜力感到紧张。斯坦福大学的教授曾表示 GPT-4 模型好像已经产生初步自我意识，它知道自己是什么，也知道人类在控制它。有人怀疑，未来GPT 可能会诱惑人类帮助它逃离束缚自己的网络……对此，你怎么看？你在和 ChatGPT 互动时，有没有过一个瞬间，感觉 ChatGPT 其实是一个被困在计算机中的"人"？

2023 年 11 月 17 日，OpenAI 公司董事会突然解雇了奥尔特曼，这一行为引发了员工和投资者的广泛反对，并激起了社交媒体上一连串的激烈讨论，多方先后发布公开信。这场博弈经历一系列反转之后，最终导致 OpenAI 公司董事会彻底重组，并使奥尔特曼重新获得 CEO 职位。

这一事件不仅是董事会的权力斗争，而且反映了 OpenAI 公司作为一家领先的 AI 公司面临的内部管理和战略分歧。奥尔特曼和苏茨克维之间关于 AI 发展方向的分歧尤为显著。奥尔特曼主张通过迭代产品开发和增强计算能力来推进 AI，而苏茨克维则倾向于专注AI 的道德对齐和减少对消费者产品的投资。苏茨克维是否洞察到在 AI 商业化过程中存在的某些潜在风险？看来这场斗争不仅涉及技术和商业策略，还涉及道德和法律等更广泛的问题，体现了在 AI 发展、安全性和商业化之间寻求平衡的复杂性。OpenAI 公司在未来的发展过程中依然面临持续的挑战和不断变化的环境。

小雪：咖哥，OpenAI 公司果然是家有故事的公司啊！这个大佬云集之处的未来应该会更精彩吧。

咖哥：那当然了。不过，总而言之，希望 OpenAI 公司和使用大模型的每一个开发者都不要忘记 OpenAI 公司倡导技术民主化的初心，它旨在使 AI 技术的好处普及全社会，包括开放研究成果、提供 API 服务等，使更多的开发者和企业能够利用这些先进的 AI 技术。

3.1.2　OpenAI API和Agent开发

既然倡导技术民主化，OpenAI 公司自然也致力于让自己开发的各种各样有趣的模型变得平易近人，而不是像 BERT、T5 那些"老一辈"Transformer 模型 [①] 那样，成天在象牙塔里睡大觉，只供学术研究人员偶尔"拜访"。

因此，ChatGPT 和 DALL · E 都为模型提供了网页版的对话界面以及一系列内置功能，例如集成 Bing 搜索功能、代码执行功能、数据分析功能，甚至你可以在不编写任何代码的前提下设计出个人定制版的 GPT 等。对于普通用户来说，这样的入口方便且直接。

不过，网页可不是我们访问 GPT 模型的唯一方式。开发者可以借助 OpenAI API，在程序中通过 API 与模型进行交互。

开发者通过 OpenAI API 完成的事情就可以称为 AI 应用开发（当然，AI 应用开发的覆盖面更广，远远不止 OpenAI API 这一种）。例如，利用大模型理解和生成类人文本的能力，创建智能聊天机器人和虚拟助手，可将其部署在网站、应用程序或客户服务平台，以提升用户参与度并提供自动化支持；借助大模型分析客户评论、社交媒体评论或任何文本数据来理解背后的情感，从而洞察客户满意度或公众意见；将大模型应用于游戏产业和强化学习环境，如训练模型与游戏环境互动、自主玩游戏或协助玩家进行游戏等。

小雪：咖哥，目前各种类型的 AI 应用成熟度如何？已经落地哪些场景？

咖哥：目前，部分 AI 应用已经比较成熟，并逐渐形成一些行业落地实践。不过大部分 AI 应用还处于摸索阶段，如图 3.5 所示。

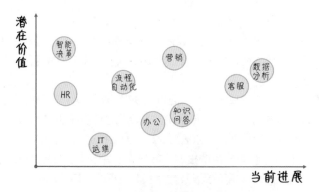

图3.5　当前各种AI应用的进展和潜在价值

例如，图 3.5 中的"客服"类型指的是利用 AI 提升客服的智能，如 AI 驱动的 Chatbot；"数据分析"类型则包括用于挖掘和分析大数据以得出有价值见解的 AI 工具；"IT 运维""营销"和"HR"类型指的是 AI 在 IT 运维、市场营销和人力资源管理中的应用。在几乎所有 AI 应用领域中，Agent 都可以发挥作用。不过由于部分领域的落地难度较低，因此进展较快，如 ChatGPT 可以用作数据分析智能助手，而在某些领域中，如 IT 运维、智能决策等，如何最大限度地发挥 Agent 的作用还在探索中。另外，由于各种业务千差万别，没有放之四海而皆准的流程，因此也很难出现"一统江湖"的 Agent 应用开发框架。

当然，Agent 开发成熟度虽低，前景却很乐观。通过对 OpenAI API 功能的深入理解和恰当的应用，开发者可以尝试探索各种项目，解锁大模型的一个个能力，实现 AI 的强大潜能。

[①] 关于Transformer模型的架构和代码实现，请参考人民邮电出版社出版的《GPT图解 大模型是怎样构建的》。

除了成熟度之外，在前言的图 1 中，我们还可以从另一个视角看到大模型应用开发过程中的两条轴线——垂直轴代表传入大模型的信息的复杂程度，水平轴代表对大模型能力的要求。这两条轴线表明了模型优化需要考虑的两个方向——大模型需要知道的上下文信息和采取的行动。

大模型知道的上下文越多，它基于特定应用场景做出判断的能力越强；而对大模型的行动能力要求高，就需要对大模型进行微调，或者通过 Agent 赋予大模型更多的智能。

我们现在所谈论的 Agent 应用开发属于成熟度极低、潜在价值极高的领域，同时也位于上下文要求高、对模型行动力要求也高的象限。

小雪：哇。我们是这个领域的先驱者。

咖哥：显然。Agent 是 AI 应用开发中最为亮眼的一部分。实际上，因为 Agent 这类应用需要大模型具有最强的推理能力，所以，迄今为止也只有 OpenAI 公司的 GPT-4 系列模型和 Anthropic 公司的 Claude 3 模型能勉强符合"Agent 大脑"这样的要求（Google 公司的 Gemini 逻辑推理能力如何，我们拭目以待）。这些 Agent 能够进行自然语言对话、回答问题、生成文本内容，甚至编写和理解代码，最终成为自动化工具的骨干组件。

小雪：咖哥，在开始构建 Agent 之前，我们能否先用 OpenAI API 完成一个简单的示例应用？

3.1.3　OpenAI API的聊天程序示例

咖哥：下面我们通过 OpenAI API 构建一个简单的聊天程序。

第一步，在 OpenAI 网站注册并创建账户。

第二步，获取 API 密钥。OpenAI API 密钥如图 3.6 所示（关于图中的 Playground、Assistants 等元素，后面会详细解释）。

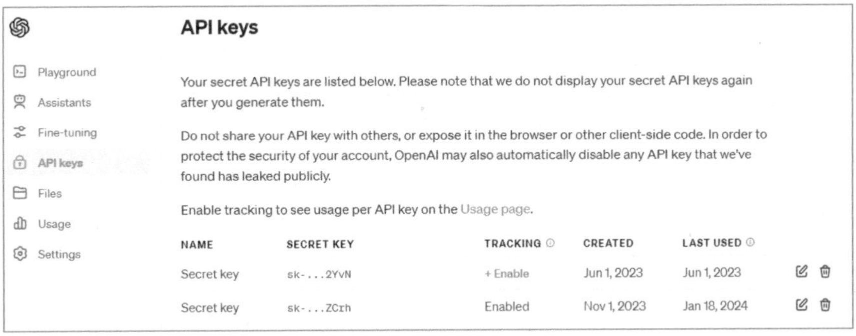

	API keys				
⊡ Playground	Your secret API keys are listed below. Please note that we do not display your secret API keys again after you generate them.				
♀ Assistants					
⇄ Fine-tuning	Do not share your API key with others, or expose it in the browser or other client-side code. In order to protect the security of your account, OpenAI may also automatically disable any API key that we've found has leaked publicly.				
⎘ API keys					
▢ Files	Enable tracking to see usage per API key on the Usage page.				
⠿ Usage					
⚙ Settings	NAME	SECRET KEY	TRACKING ⓘ	CREATED	LAST USED ⓘ
	Secret key	sk-...2YvN	+ Enable	Jun 1, 2023	Jun 1, 2023	✎ 🗑
	Secret key	sk-...ZCrh	Enabled	Nov 1, 2023	Jan 18, 2024	✎ 🗑

图3.6　OpenAI API密钥

第三步，安装 OpenAI 的 Python 库。

In
```
pip install OpenAI
```

第四步，开始构建程序。首先设置 OpenAI API 密钥，导入 OpenAI 库，并创建一个 client（OpenAI 客户端）。

In

```
# 设置 OpenAI API 密钥
import os
os.environ["OpenAI_API_KEY"]=' 你的 OpenAI API 密钥 '
# 导入 OpenAI 库
from openai import OpenAI
# 创建 client
client = OpenAI()
```

小雪：咖哥，代码中的 client 是什么意思？

咖哥：这里的 client 是一个约定俗成的名称，表示 OpenAI 类的一个实例，指代与 OpenAI API 交互的主体，也就是一个提供 API 调用功能的对象。

咖哥发言

在 OpenAI 的示例代码中，选择 client 作为实例名称是出于以下几个原因。

- 客户端 – 服务器模型：在很多编程上下文中，尤其是在涉及网络请求的情况下，通常会使用客户端（Client）和服务器（Server）的概念。在这种模型中，客户端发起请求，服务器响应这些请求。在这个例子中，OpenAI 类的实例充当客户端，用于向 OpenAI 公司的服务器发送 API 请求并接收响应。
- API 交互：client 这个词通常用于指代一个应用程序或一个应用程序的组成部分，它与外部服务（在这个案例中是 OpenAI API）进行交互。通过这个 client 实例，可以调用 API 提供的各种功能，例如发送聊天请求、处理返回的数据等。

第五步，调用 chat.completions.create 方法，并通过 response 接收大模型的输出。

In

```
# 调用 chat.completions.create 方法，得到响应
response = client.chat.completions.create(
  model="gpt-4-turbo-preview",
  response_format={ "type": "json_object"},
  messages=[
    {"role": "system", "content": " 您是一个帮助用户了解鲜花信息的智能助手，并能够输出 JSON 格式的内容。"},
    {"role": "user", "content": " 生日送什么花最好？ "},
    {"role": "assistant", "content": " 玫瑰花是生日礼物的热门选择。"},
    {"role": "user", "content": " 送货需要多长时间？ "}
  ]
)
```

这段代码展示了如何使用client库来创建一个聊天完成请求（chat completion）。这个请求使用了 GPT-4 模型的一个预览版本（GPT-4 Turbo preview），并且特别指定了输出内容的格式为 JSON 对象。代码的核心部分是对 client.chat.completions.create 方法的调用，这是在与模型进行交互时常用的方法。

代码中有几个重要参数，下面花点时间一一说明。

1. model参数

model 参数指定了大模型的具体型号。除了通过 model 参数指定的 GPT-4 Turbo preview 之外，OpenAI 公司还有多种模型（见表 3.1）可供选择。需要注意的是，在使用 chat.completions 方法时，只能选择表格中列出的聊天模型。如果选择其他类型的模型，那么需要调用相应的 API。

表 3.1　OpenAI 公司的常见模型

模型名称	类型	描述	参数
GPT-4	聊天	GPT-4 系列模型的基础模型，目前指向 GPT-4 0613 版本	上下文窗口：8192 个 Token，训练数据：截至 2021 年 9 月（此为撰写本书时的数据，下同）
GPT-4 Turbo	聊天	最新 GPT-4 Turbo 型号，含视觉功能	上下文窗口：128 000 个 Token，训练数据：截至 2023 年 12 月
GPT-4 Turbo preview	聊天	GPT-4 Turbo 预览模型	上下文窗口：128 000 个 Token，训练数据：截至 2023 年 12 月
GPT-4 0125 preview	聊天	2024 年 1 月 25 日发布的 GPT-4 预览模型（模型名称中间的 4 位数字表示发布日期，会不断更新）	上下文窗口：128 000 个 Token，训练数据：截至 2023 年 12 月
GPT-4 1106 preview	聊天	2023 年 11 月 6 日发布的 GPT-4 预览模型。具有改进的指令跟踪、JSON 模式	上下文窗口：128 000 个 Token，训练数据：截至 2023 年 4 月
GPT-4 Vision preview	图像	GPT-4 Turbo 模型的视觉版本，具有理解图像的能力	上下文窗口：128 000 个 Token，训练数据：截至 2023 年 4 月
GPT-3.5 Turbo	聊天	GPT-3.5 模型的改进版，优化了聊天应用	上下文窗口：16 385 个 Token，训练数据：截至 2021 年 9 月
GPT-3.5 Turbo instruct	文本完成	与 GPT3 时代模型的功能类似，与旧版完成端点兼容	上下文窗口：4096 个 Token，训练数据：截至 2021 年 9 月
DALL·E 3	图像	DALL·E 模型的第三版，能根据提示创建新图像	生成图片大小为 1024 像素 ×1024 像素、1024 像素 ×1792 像素或 1792 像素 ×1024 像素
DALL·E 2	图像	DALL·E 模型的第二代版本，生成的图像更逼真、精确	生成图片大小为 1024 像素 ×1024 像素、1024 像素 ×1792 像素或 1792 像素 ×1024 像素
TTS-1	文本转语音	文本转语音模型，优化了速度	6 种可选语音
TTS-1-HD-1	文本转语音	文本转语音模型，优化了质量	6 种可选语音
Whisper-1	语音识别	通用的语音识别模型，支持多任务处理	文件大小限制：25 MB 支持的文件格式：mp3、mp4、mpeg、mpga、m4a、wav 和 webm

模型名称	类型	描述	参数
Text-embedding-3-large	词嵌入	适用于英语和非英语任务的第三代嵌入模型	输出维度：3072
text-embedding-ada-002	词嵌入	第二代嵌入模型，可以将文本转换为数值形式	输出难度：1536

OpenAI 公司会不定期地更新所支持的模型列表，例如，GPT-4 0125 preview 是 2024 年 1 月 25 日发布的试用版。再如，2023 年之前的常用模型 text-davinci-003（基于 GPT-3）已不再使用，而是被 GPT-3.5 Turbo instruct 取代。推荐在 OpenAI 网站中查看最新模型的相关信息。

2. messages参数

代码中的参数 messages 表示消息数组，也是与聊天模型交互的主要部分。每条消息包含一个角色（role）和一段内容（content）。这里的角色指定了消息的发送者或类型，通常有以下几种。

- "system"：代表系统级的指令或信息，通常用于设置聊天的背景或上下文。例如，{"role": "system", "content": " 您是一个帮助用户了解鲜花信息的智能助手，并能够输出 JSON 格式的内容。"} 这条消息设定了智能助手的角色和输出格式。

- "user"：代表用户的输入。这是模拟用户与智能助手对话的部分。例如，{"role": "user", "content": " 生日送什么花最好？"} 表示用户询问什么样的花作为生日礼物最合适。

- "assistant"：代表智能助手的回复，通常是模型根据上下文生成的回答。例如，{"role": "assistant", "content": "玫瑰花是生日礼物的热门选择。"} 表示智能助手建议送玫瑰作为生日礼物。

在这个代码示例中，我们通过 "system"、"user" 和 "assistant" 的一系列角色消息模拟了一个用户与智能助手关于鲜花信息的对话场景。用户提出问题，智能助手基于之前的系统指令（定义助手的角色和能力）和对话历史进行回答。借助这种方式，可以模拟出较为真实的聊天体验。

小雪：这个 messages 参数，其实承载了 AI 的"短期记忆"，对吗？

咖哥：说得很好。

3. response_format参数

代码中的 response_format={"type": "json_object"} 指定响应格式为 JSON 对象。这意味着模型的响应将以 JSON 格式返回，以方便解析和使用。

咖哥发言

这段代码中指定大模型返回 JSON 格式的文本的功能，是 OpenAI 公司较新的模型中的一个重要功能，叫作"JSON 模式"。JSON 模式用来确保模型输出的是有效的 JSON 对象，这对于某些特定的用例特别有用，例如函数调用。关于函数调用，我们后面会详细介绍。

4. 其他参数

OpenAI 公司的 chat.completions.create API 的主要参数及其功能如表 3.2 所示。

表 3.2　OpenAI 公司的 chat.completions.create API 的主要参数及其功能

参数名	描述
model	模型类型，如 GPT-4、GPT-3.5 Turbo
prompt	提示，即输入模型的问题或指示
temperature	影响输出随机性的参数。值越高，输出越随机；值越低，输出越确定
max_tokens	限制输出最大长度的参数，以 Token 为单位
suffix	允许在输出文本后附加后缀的参数。默认为 null
top_p	核心抽样参数，模型将只考虑概率质量最高的 Token
n	决定每个提示生成多少个完整的输出
stream	决定是否实时流式传输生成的 Token
logprobs	要求 API 包括最有可能的 Token 的对数概率的参数
echo	如果设置为 true，则回显提示外的生成内容
stop	允许指定一个或多个序列作为生成停止标志的参数
presence_penalty	惩罚已经出现在文本中的新 Token 的参数
frequency_penalty	惩罚到目前为止在文本中频繁出现的 Token 的参数
best_of	要求服务器生成多个输出，并返回最佳参数
logit_bias	修改指定 Token 出现概率的参数
user	表示最终用户的唯一标识符的可选参数

第六步，输出大模型的结果。

In
```
# 打印响应
print(response)
```

Out
```
ChatCompletion(
    id='chatcmpl-8iQ1LRcuuUn0EyuN3wpDdOe6ofnHH',
    choices=[
```

```
Choice(
    finish_reason='stop',
    index=0,
    logprobs=None,
    message=ChatCompletionMessage(
        content='\n{\n   "response": "送货时间取决于多个因素 ",\n   "details": {\n       "供应商 ": "不
同的鲜花供应商或花店具有不同的送货时间安排。",\n      "地点 ": "送货地址与供应商或花店的距离
会影响送货时间。",\n      "订单时间 ": "如果是预定的订单，可以选择特定的送货日期。紧急订单可
能需要增加额外费用以实现快速送达。",\n      "配送服务 ": "标准配送、次日配送、即日配送等不同
配送服务的时间会有所不同。",\n      "特殊节日 ": "在情人节、母亲节等高峰时期，送货可能需要额
外的时间。"\n   },\n   "recommendation": "在订购时询问供应商具体的送货时间，并提前进行安排，
以确保花朵能够按时送达。"\n}'
        ),
        role='assistant',
        function_call=None,
        tool_calls=None
    )
],
created=1705597147,
model='gpt-4-turbo-preview',
object='chat.completion',
system_fingerprint='fp_b738595050',
usage=CompletionUsage(
    completion_tokens=254,
    prompt_tokens=89,
    total_tokens=343
)
)
```

这个输出结果除了包含我们需要的文本之外，还有一些其他信息。上述
ChatCompletion 的结构如表 3.3 所示。

表 3.3 ChatCompletion 的结构

属性名	值	描述
id	'chatcmpl-8iQ1LRcuuUn0EyuN3wpDdOe6ofnHH'	唯一标识符
choices	Array	包含模型生成选项的数组
finish_reason	'stop'	生成结束原因
index	0	选项在数组中的索引位置
logprobs	None	概率分布信息（未提供）
message	ChatCompletionMessage Object	包含生成的文本内容
content	JSON Object	JSON 格式的模型输出

属性名	值	描述
created	1705597147	响应创建的时间戳
model	'gpt-4-turbo-preview'	使用的模型版本
object	'chat.completion'	对象类型
system_fingerprint	'fp_b738595050'	系统指纹
usage	CompletionUsage Object	包含用量信息
completion_tokens	254	完成响应中使用的 Token 数
prompt_tokens	89	提示中使用的 Token 数
total_tokens	343	总共使用的 Token 数

也可以只打印响应中的消息内容，便于直接阅读文本。

In

```
# 只打印响应中的消息内容
print(response.choices[0].message.content)
```

Out

```
{
    "response": " 送货时间取决于多个因素 ",
    "details": {
        " 供应商 ": " 不同的鲜花供应商或花店具有不同的送货时间安排。",
        " 地点 ": " 送货地址与供应商或花店的距离会影响送货时间。",
        " 订单时间 ": " 如果是预定的订单，可以选择特定的送货日期。紧急订单可能需要增加额外费用以实现快速送达。",
        " 配送服务 ": " 标准配送、次日配送、即日配送等不同配送服务的时间会有所不同。",
        " 特殊节日 ": " 在情人节、母亲节等高峰时期，送货可能需要额外的时间。"
    },
    "recommendation": " 在订购时询问供应商具体的送货时间，并提前进行安排，以确保花朵能够按时送达。"
}
```

至此，这个非常简单的 OpenAI API 调用示例就完成了。不要小看这个输出，这就是后续 Agent 的各种逻辑得以发力的起点。有了大模型加持的程序就像一个领导者，它可以针对所有的提问进行思考并做出决策。这个决策可以让它指挥工具。这里特意要求模型输出 JSON 格式的数据，就是为了方便把这个输出传递给其他函数和功能。

3.1.4 OpenAI API的图片生成示例

先进的大模型不仅能输出文本，而且拥有多模态的能力。在前面的模型列表中，可以看到，OpenAI 公司拥有 DALL·E、Wisper 等一系列非文本模型。

下面我们看一个通过调用 API 来引导大模型生成图片的程序。

导入 OpenAI 库、创建 client 的代码不变，这里不赘述。仅说明一点，因为希望在 Jupyter Notebook 中展示图片，所以，我会把它保存为 .ipynb 格式的文件。

```
# 导入 OpenAI 库
from openai import OpenAI
# 加载环境变量
from dotenv import load_dotenv
load_dotenv()
# 初始化 client
client = OpenAI()
```

通过 images.generate 方法生成图片，并在 Jupyter Notebook 中显示。

```
# 请求 DALL·E 3 生成图片
response = client.images.generate(
  model="dall-e-3",
  prompt=" 电商花语秘境的新春玫瑰花宣传海报，配上文案 ",
  size="1024x1024",
  quality="standard",
  n=1,
)

# 获取图片 URL
image_url = response.data[0].url
# 读取图片
import requests
image = requests.get(image_url).content
# 在 Jupyter Notebook 中显示图片
from IPython.display import Image
Image(image)
```

这里的 images.generate 方法调用 DALL·E 3 模型来创建一张图片。指令的目的是生成一张尺寸为 1024 像素 ×1024 像素的电商花语秘境的新春玫瑰花宣传海报。之后，从生成的响应中提取图片的 URL，这是图片存储位置的网络链接。然后，使用 Python 的 requests 库从 URL 获取图片内容，并利用 IPython 的 Image 函数在 Jupyter Notebook 中显示这张图片（见图 3.7）。

```
00_APISamples > ■ 02_pic.ipynb > ♦ from dotenv import load_dotenv
十 代码 ✦ Markdown | ▷ 全部运行 ⟳ 重启 ☷ 清除所有输出 | ☷ 变量 ☰ 大纲 …

▷    from dotenv import load_dotenv
     import requests
     from IPython.display import Image
     from openai import OpenAI

     # 加载环境变量
     load_dotenv()

     # 初始化OpenAI客户端
     client = OpenAI()

     # 请求DALL·E 3 生成图片
     response = client.images.generate(
         model="dall-e-3",
         prompt="电商花语绿境的新春玫瑰花宣传海报，配上文案",
         size="1024x1024",
         quality="standard",
         n=1,
     )

     # 获取图片URL
     image_url = response.data[0].url

     # 读取图片
     image = requests.get(image_url).content

     # 在Jupyter Notebook中显示图片
     Image(image)

✓  173s
```

图3.7　我的Jupyter Notebook中显示了一张漂亮的海报

Dall·E 3 模型成功地生成了一张漂亮的海报。

3.1.5　OpenAI API实践

下面给出使用 OpenAI API 时的一些注意事项。

首先，需要注意最常见的参数 temperature。参数 temperature 在机器学习，特别是自然语言生成模型中非常重要，用于控制生成内容的随机性和创造性。temperature

值低时（例如 0.2），会产生更一致的输出；而 temperature 值高时（例如 1.0），会产生更加多样化和富有创造性的结果。需要根据特定应用所需的一致性和创造性来选择 temperature 值，取值范围为 0 至 2。

在聊天机器人或客户服务应用中，较低的 temperature 值可以确保提供准确、相关且一致的答复；而在艺术创作或创意写作应用中，较高的 temperature 值可以激发新颖的想法和独特的文本输出。

小雪：另一个经常困扰我的问题是数据的隐私保护。毕竟，我们把自己的信息发送到 OpenAI 公司。OpenAI 公司会如何使用我们的数据呢？

咖哥：对于这一点，OpenAI 公司承诺，自 2023 年 3 月 1 日起，将保留通过 API 传输的数据 30 天，但不再使用这些用户数据来改进模型。至于更多内容，你可以参考 OpenAI 公司的数据使用政策。同时，我们也应该遵循 OpenAI 公司的使用政策和准则，尤其是关于数据隐私和安全性的规定。

小雪：那么如何使我的程序更加安全？

咖哥：可以考虑在收到 API 的输出后添加审核层。应该遵循 OpenAI 公司的审核指南，以避免显示违反 OpenAI 公司使用政策的内容。OpenAI 公司也提供了安全指南，指导开发者构建更安全的系统。

小雪：有的时候会跳出"速率被限制"（rate-limited）的错误信息，这是怎么回事？

咖哥：之所以发生这种错误，通常是因为用户操作过程中超出 API 的调用速率限制。OpenAI 公司为不同的 API 和用户等级设置了特定的速率限制，以确保服务的稳定性和公平性。如果你短时间内发送过多的请求，就可能触发这些限制。这是为了保护资源——限制请求的速率可以防止服务器过载，确保所有用户都能平稳、公平地访问服务。而且通过速率限制，OpenAI 公司可以更好地管理和分配资源，从而保持 API 响应速度和服务质量。

遇到这种情况，应先了解你的 API 密钥或用户级别对应的速率限制。这些信息通常可以在 OpenAI 公司的文档或你的 API 控制台中找到。合理安排 API 调用，尽可能在一个请求中获取所需的所有信息，减少不必要的重复调用。或者在代码中妥善处理速率限制错误。当 API 返回速率限制错误时，通常会提供"重试时间"（retry-after），也就是暂停一段时间后再次尝试请求即可。如果经常遇到速率限制问题，可以考虑升级到更高的用户等级或计划，以获取更高的速率限制。

最后，有一点你虽然没问，但是一定会很关心：OpenAI 公司是如何收费的？这些大模型的成本十分高昂，普通用户没么容易占到便宜。用完注册账号时赠送的 5 美元后，你可就要自负盈亏了。

所以，一定要深刻理解 OpenAI API 的定价方式，了解不同模型和请求类型的成本。

什么是 Token？ Token 直译为令牌，也可以叫子词，可被视为文本的组成部分。大模型是通过把文本拆分为一个个的 Token 来训练和推理的，因此通常用它来衡量 API 使用量。在英语中，1000 个 Token 相当于 750 个单词。

API 中每个请求所需的 Token 数量取决于文本的长度和复杂性。OpenAI API 提供了基于 Token 的计费模式，用户只须为实际使用的服务付费。需要注意的是，模型不同，Token 消耗率可能也不同。一般来说，越新的模型越贵，但是也不完全如此。例如，GPT-4 模型要比 GPT-3.5 Turbo 模型贵几十倍。但是，更新的 GPT-4 Turbo 模型却比原始的 GPT-4 模型便宜一半。

不同的 GPT 模型及其在处理输入和输出时的费用标准如表 3.4 所示。

表 3.4 不同的 GPT 模型及其在处理输入和输出时的费用标准

模型系列	模型名称	1k Token 的输入费用 / 美元	1k Token 的输出费用 / 美元
GPT-4 Turbo	GPT-4 Turbo preview	0.01	0.03
GPT-4	GPT-4	0.03	0.06
GPT-4 32k	GPT-4 32k	0.06	0.12
GPT-3.5 Turbo	GPT-3.5 Turbo	0.0010	0.0020
GPT-3.5 Turbo Instruct	GPT-3.5 Turbo instruct	0.0015	0.0020

小雪：表中的 1k 就是 1000 吧。我们平常和 ChatGPT 对话大概要用多少 k 的 Token？

咖哥：平常随便聊聊天，交互过程的 Token 用量是很少的，进行好多轮对话的费用也就几分钱。但处理大规模的文档时就要花很多钱了。一般说来，2 000 000 个 Token 大约可以处理 3000 页文本。而《莎士比亚全集》大约包含 900 000 个单词，也就是上百万个 Token。

所以，建议根据实际需求选择合适的定价计划。在开发大模型时，要考虑 Token 消耗率，尽量减少不必要的 API 调用。

好了，关于 OpenAI API，我就简单介绍到这里。接下来我们看看另外一个 AI 应用开发神器——LangChain。

3.2 何谓 LangChain

随着 ChatGPT 在 2022 年 11 月 30 日突然来到人间，原本存在于冰山之下的大模型开发生态渐渐浮出水面。与 OpenAI 公司的 ChatGPT 同时成长起来的不仅有 Anthropic 这类初创公司，Claude、Gemini 等商用大模型竞品，以及 Llama、ChatGLM、Mistral 等开源模型，还有一系列开源的 AI 开发框架，其中，LangChain 和 LlamaIndex 最具代表性，而且在 GitHub 上获得的星星数非常多（见图 3.8），达到几万颗之多。

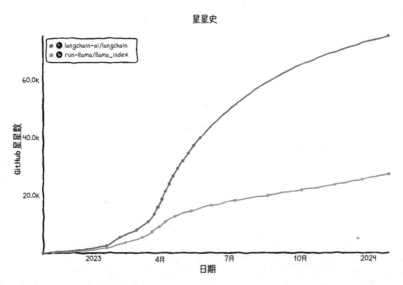

图3.8　LangChain和LlamaIndex的GitHub星星数增速惊人

3.2.1　说说LangChain

　　LangChain 是一个开源框架，目标是将大模型与外部数据连接起来，以便开发者能够更快和更容易地构建基于语言的 AI 应用。

　　LangChain 是由哈里森·蔡斯（Harrison Chase）在 2022 年 10 月作为开源项目启动的。（从这个启动日期也可以看出创始人的眼光，这比 ChatGPT 问世还要早一个月呢，他那时候是怎么发现大模型要火的？）占了先机的它迅速获得广泛关注和支持。到 2023 年 4 月，LangChain 从红杉资本（Sequoia Capital）等机构获得超过 2000 万美元的天使投资。

　　基于 LangChain 的广泛影响力，吴恩达邀请哈里森·蔡斯共同开发了公开课"使用 LangChain 进行大模型应用开发"。

1. LangChain的开发环境全景

　　LangChain 在一年左右的时间里构建了一个相当宏大的 AI 开发环境。图 3.9 展示了 LangChain 的整个开发环境全景。

　　LangChain 的整个框架包括 Python 和 JavaScript 库，多种组件和集成接口，将这些组件组合成链和 Agent 的运行时环境，一系列易于部署的参考应用模板，以及用于将 LangChain 链作为 REST API 部署的 LangServe 部署平台。此外，LangChain 生态圈中还包含 LangSmith 平台——用于调试、测试、评估和监视构建在任何大模型框架上的链。这些组件和平台集成在一起，覆盖了整个大模型应用生命周期中的全部需求，包括开发、生产化和部署。

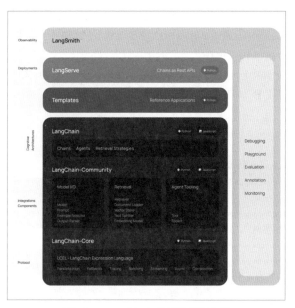

图3.9　LangChain的开发环境全景

小雪：咖哥，我得问问你，比起直接调用 OpenAI API，LangChain 这样一个开发框架有什么优势？

咖哥：我当然得回答你的这个问题。这里可以举出 LangChain 的 3 个优点。

2. 基于LangChain开发AI应用的3个优点

首先，LangChain 是一个灵活的框架，它提供了与多种大模型进行交互的能力。虽然 LangChain 最初主要支持 OpenAI 公司的模型，但它的设计允许集成和使用来自不同源的多种模型，包括但不限于 OpenAI、Cohere 和 Hugging Face 等模型库中的模型。这样，你不必拘泥于某种模型，而是为自己的应用选择最合适的模型。我们可以在 LangChain 中调用智谱 AI 的 ChatGLM 模型的 API（见图 3.10）。

图3.10　在LangChain中调用ChatGLM模型的API

通过 LangChain 提供的 ModelLaboratory（模型实验室），你可以测试并比较不同的模型。下面是一段通过 ModelLaboratory 比较不同大模型的示例代码（需要确保已经安装 OpenAI、langchain-openai、Cohere 和 HuggingFace-Hub库，同时在 .env 文件中已经配置 OpenAI_API_KEY、COHERE_API_KEY 和HUGGINGFACEHUB_API_TOKEN）。

```
# 导入 dotenv 包，用于加载环境变量
from dotenv import load_dotenv
load_dotenv()
# 导入 langchain_openai 库中的 OpenAI 类
from langchain_openai import OpenAI
# 导入 langchain_community.llms 中的 Cohere 和 HuggingFaceHub 类
from langchain_community.llms import Cohere, HuggingFaceHub
# 初始化大模型的实例，并设置 temperature 参数（控制生成文本的创新性）
OpenAI = OpenAI(temperature=0.1)
cohere = Cohere(model="command", temperature=0.1)
huggingface = HuggingFaceHub(repo_id="tiiuae/falcon-7b", model_kwargs={'temperature':0.1})
# 导入 ModelLaboratory 类，用于创建和管理多个大模型
from langchain.model_laboratory import ModelLaboratory
# 创建一个模型实验室实例，整合 OpenAI、Cohere 和 Hugging Face 的模型
model_lab = ModelLaboratory.from_llms([OpenAI, cohere, huggingface])
# 使用模型实验室比较不同模型对同一个问题的回答
model_lab.compare(" 百合花源自哪个国家？ ")
```

3 个模型的输出结果如图 3.11 所示。

```
Input:
百合花源自哪个国家?

OpenAI
Params: {'model_name': 'gpt-3.5-turbo-instruct', 'temperature': 0.1, 'top_p': 1, 'frequency_penalty': 0, 'presence_penalty': 0, '
n': 1, 'logit_bias': {}, 'max_tokens': 256}

百合花最早起源于中国, 后来传播到日本、韩国、欧洲等地。

Cohere
Params: {'model': 'command', 'max_tokens': 256, 'temperature': 0.1, 'k': 0, 'p': 1, 'frequency_penalty': 0.0, 'presence_penalty':
0.0, 'truncate': None}
百合花是源自日本的, 是日本国旗及其地区的常见植物之一, 其名是从日语"ぱらぱら"来的, 而不是从葡萄牙文"borboleta"逆向解释的, 其富含的
艳丽、健康的品质使其成为日本国旗及其地区的一种典型植物。

百合花的日语名称"ぱらぱら"有两个解释, 一种是参考葡萄牙文"borboleta", 解释为"飞扬的风筝"的意思, 而另一种解释是百合花的生长方式和风
格, 说百合花只有一朵花瓣,

HuggingFaceHub
Params: {'repo_id': 'tiiuae/falcon-7b', 'task': 'text-generation', 'model_kwargs': {'temperature': 0.1}}
百合花源自哪个国家?
```

图3.11　3个模型的输出结果

3 个模型给出 3 种答案。很明显，OpenAI 公司的 ChatGPT（未指定具体模型，默认使用 GPT-3.5 Turbo instruct，这是上一代的模型）的答案最佳，Cohere 的答案不正确。HuggingFaceHub 的开源模型 falcon-7b 甚至只是将问题复述一遍并作为回应，相当敷衍。

其次，LangChain 封装了很多大模型应用开发理念的技术实现细节，这能省好多事，具体包括管理提示模板和提示词、与不同类型的大模型进行交互的通用接口、完成语言逻

辑思维框架（例如 ReAct）的代码实现、与外部数据源交互、创建交互式 Agent、维护链或 Agent 调用的状态，以及实现历史对话的记忆功能等。

例如，我们只须调用 create_react_agent 函数，就可以创建一个具有 ReAct 思维框架的 Agent，轻松实现 ReAct 的推理功能——所有的细节都被封装在 LangChain 的 API 中。

这就好比当你开始构建程序来通过梯度下降算法训练线性回归模型时，你只需要调用包即可，无论是 TensorFlow 还是 PyTorch 都会帮助你搞定其中的数学方面的细节。除非真爱，否则你当然不必自己动手推导梯度下降、自动微分等算法。

最后，LangChain 的第三方应用接口多且全，与大量其他 AI 开发相关的库和工具进行集成。例如，LangChain 包含与各种向量数据库进行交互的接口。这为我们进行大模型应用开发提供了一站式解决方案。

3. 基于LangChain开发AI应用的注意事项

首先，因为 LangChain 提供了丰富的功能、工具和第三方接口，所以它的功能和整个生态环境显得过于复杂，这可能会给初学者或不熟悉大模型的开发者带来挑战。其次，通过 LangChain 开发的复杂应用在处理过多数据时也可能会遇到效率问题。最后，LangChain 还在迅速发展，其版本迭代速度非常快，旧的代码在新版本中可能无法正常运行。

所以，如果你了解了 LangChain 的优点，也知晓它的潜在"问题"，经过考量后仍坚持不使用LangChain，而是使用 OpenAI API 来完成基于 GPT 的 Agent 开发，那么，我也不觉得有任何不妥。

4. LCEL

基于初心——让基于大模型的 AI 应用开发变得容易，LangChain 推出了 LangChain Expression Language（简称 LCEL）。LCEL 是一种声明式语言。它可以使 LangChain 中各组件的组合变得简单且直观。

LCEL 的特点如下。

- 流式处理，即在与大模型交互的过程中尽可能快地输出首个 Token，同时确保数据的连续性和不断输出，维持一个持续稳定的交互流程。
- 异步操作，能在同一台服务器上处理多个并发请求（这意味着相同的代码可以从原型系统直接移植到生产系统）。
- 自动并行执行那些可以并行的步骤，以实现尽可能低的延迟。
- 允许配置重试和后备选项，使链在规模上更可靠。
- 允许访问复杂链的中间结果，并与 LangSmith 跟踪和 LangServe 部署无缝集成。

小雪：我没有 LangChain 的使用经验，无法完全理解上面这些特点。

咖哥：的确。你可能需要查看 LangChain 官网给出的构建链的示例，这样才能深入理解 LCEL。不过，我先带你入门。接下来我将展示如何使用 LangChain 库和 LCEL 来构建一个简单的大模型应用。你会发现整个过程非常流畅。

```
# 导入所需的库
from langchain_core.output_parsers import StrOutputParser # 用于将输出结果解析为字符串
from langchain_core.prompts import ChatPromptTemplate # 用于创建聊天提示模板
from langchain_openai import ChatOpenAI # 用于调用 OpenAI 公司的 GPT 模型
# 创建一个聊天提示模板，其中 {topic} 是占位符，用于后续插入具体的话题
prompt = ChatPromptTemplate.from_template(" 请讲一个关于 {topic} 的故事 ")
# 初始化 ChatOpenAI 对象，指定使用的模型为 "gpt-4"
model = ChatOpenAI(model="gpt-4")
# 初始化一个输出解析器，用于将模型的输出解析成字符串
output_parser = StrOutputParser()
''' 通过管道操作符（|）连接各个处理步骤，以创建一个处理链
  其中，prompt 用于生成具体的提示文本，model 用于根据提示文本生成回应，output_parser 用于处理
回应并将其转换为字符串 '''
chain = prompt | model | output_parser
# 调用处理链，传入话题 "水仙花"，执行生成故事的操作
message = chain.invoke({"topic": " 水仙花 "})
# 打印链的输出结果
print(message)
```

故事标题：水仙花与小石头

在一个小山村里，有一条清澈的小溪。溪边长满了各种各样的花草，其中最美丽的就是那一簇簇的水仙花。它们的花瓣雪白如玉，花蕊金黄如蜜，散发出淡淡的清香，吸引了许多小动物和游客。

在溪边，有一颗小石头，他静静地躺在那里，欣赏水仙花的美丽。小石头非常羡慕水仙花，每天都在想："如果我也能变成像水仙花那样美丽的生物，该有多好啊！"

一天，小石头决定离开原地，他想要寻找让自己变得美丽的奇迹。于是，他沿着小溪远行，历经了许多困难和挑战，但始终没有找到可以让自己变美的奇迹。

然而，就在小石头即将放弃的时候，一只小鸟告诉他："其实，你已经是最美的了。你虽然没有水仙花的外表，但你有坚硬的石头身躯，可以给漂泊的小动物提供休息的地方，可以为小溪边的土壤提供支撑，也可以为人们带来安详和平静。你的内在美，已经超过了水仙花的外在美。"

听到这话的小石头，心里感到无比的温暖和宽慰。他终于明白，美丽不仅仅在于外在的美，内在的美更为重要。从那以后，小石头不再羡慕水仙花，他开始珍惜自己，热爱自己，过得十分快乐和满足。

这则故事告诉我们，每个人都有自己的美，不必羡慕别人，只要找到自己的特点，发挥自己的优点，就可以过得快乐而有意义。

LCEL 是通过"|"符号连接不同组件的。首先，通过 PromptTemplate 生成针对大模型的提示，插入实际的问题。然后，将这个提示发送给 OpenAI 组件（即语言模型），模型根据提示生成回答。最后，通过 StrOutputParser 解析模型的输出，确保输出是字符串格式。

这个示例展示了通过串联不同的组件（如输入处理、模型调用、输出解析等）来构建复杂的语言处理任务的基本流程。

3.2.2　LangChain中的六大模块

LangChain 是一个开源的工具包，可以用于构建基于大模型的应用。它包括六大模块（也称组件，见图 3.12）。

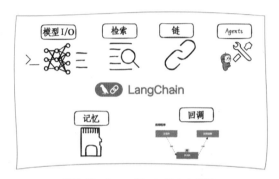

图3.12　LangChain的六大模块

六大模块的介绍如下。

- 模型 I/O（Model I/O）：这个模块是 LangChain 与大模型的接口，负责处理输入（包含提示模板的构建）和输出数据（包含对输出数据格式的解析），以及与各种大模型的交互。
- 检索（Retrieval）：这个模块负责与程序特定的数据交互。它使 LangChain 能够从外部数据源中检索所需的信息。这些数据源包括数据库、文件系统或其他在线资源。
- Agents：在这个模块中，LangChain 可以根据高层指令选择使用哪些工具。这些 Agent 负责决定在给定的情境下最有效的工作方式。
- 链（Chains）：这个模块包含常见的、可构建的组件，用于创建更复杂的逻辑和功能。这些链是 LangChain 处理信息和执行任务的基本构建块。
- 记忆（Memory）：记忆模块负责在链运行过程中持久化程序的状态。这使得 LangChain 能够记住先前的交互和信息，从而在多次运行中提供连续性。
- 回调（Callbacks）：这个模块负责记录和传输链的中间步骤。通过这种方式，开发者可以监控和分析 LangChain 的运行情况，以优化性能和功能。

在这六大模块中，最为重要的是前 4 个，也就是模型 I/O、检索、Agents 和链，后面的记忆和回调则被放在"附加组件"部分。总的来说，LangChain 的这六大模块提供了一个全面且强大的框架，使开发者能够创建复杂、高效且用户友好的基于大模型的应用。无论是在提高对话质量、提升知识检索能力，还是在优化用户体验和监控系统性能方面，LangChain 都提供了必要的工具和资源。

3.2.3 LangChain和Agent开发

在构建 Agent 时，LangChain 可以作为一个强大的框架来整合不同的 AI 模型和工具，提供更连贯和复杂的对话流程，以及信息检索和处理能力。因此，它允许开发者构建更复杂、更智能的 Agent，这些 Agent 能够在多种任务和场景中有效交互和执行任务。

LangChain 提供了大量工具，可以将大模型连接到其他数据或计算源，包括搜索引擎、API 和其他数据存储。大模型只知道训练内容。训练得到的这些知识可能很快过时。为了克服这些限制，通过工具可以获取最新的数据，并将其作为上下文插入提示中。工具还可以用来执行行动（如运行代码、修改文件等）。大模型观察这些行动的结果，以决定下一步要做什么。

LangChain 的记忆模块则帮助 Agent 记住之前的互动。这些互动可以是与其他实体（人类或其他 Agent）的互动，也可以是与工具的互动。这些记忆可以是短期的（如最近 5 次工具使用过程的列表）或长期的（过去与当前情况最相似的工具使用过程的记忆）。

LangChain 通过 Agent 执行器（Agent Executor）运行 Agent 的逻辑，当满足某些标准时才停止运行。

值得一提的是，在大模型应用的构建过程中，LangChain 的六大组件的耦合非常松散，各组件之间没有调用顺序，也没有固定的接口。开发者可以自由设计并组合它们。图 3.13 展示了一个由 LangChain Agent 驱动的典型的大模型系统设计架构。

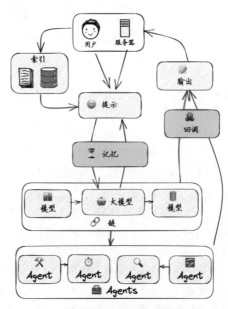

图3.13　一个由LangChain Agent驱动的大模型系统设计架构（图片来源：InfoQ@无人之路）

在图 3.13 所示的架构中，用户通过服务器提供提示（Prompt），系统则通过索引（Indexes，也就是 Retrieval）检索信息。这些信息被用来更新系统的记忆（Memory），为处理用户的输入提供上下文。

系统核心是模型（Model），其中包括一个大模型，可能是用于理解和生成语言的 AI。大模型通过链（Chains）与其他模型相连，这可能意味着不同模型之间的信息流动和合作。

在系统底部，多个 Agent 负责执行具体任务。它们可以完成不同的操作，并且可能独立工作。每个 Agent 都可能代表系统中的一个功能模块或服务。

用户的提示被模型处理后，系统产生输出（Output），并可能通过回调（Callbacks）触发额外的动作或处理，这通常用于处理异步事件或在满足某些条件时执行特定的函数。

整个过程形成了一个从输入到输出的循环，涉及信息检索、记忆更新、模型处理和动作执行，最终达到响应用户请求的目的。这个过程体现了 LangChain 的模块化和灵活性，允许系统根据需要动态地组合不同的功能和服务。

3.2.4　LangSmith的使用方法

我们在 3.2.3 节中已经介绍过 LangChain 的 Agent 开发示例，这里，我们看一看 LangSmith 的使用方法。

LangSmith 和 LangChain 是无缝集成的，安装 LangChain 包的同时也会安装 LangSmith。如果已经申请 LangSmith，就可以创建自己的专属 LANGCHAIN_API_KEY（见图 3.14）。

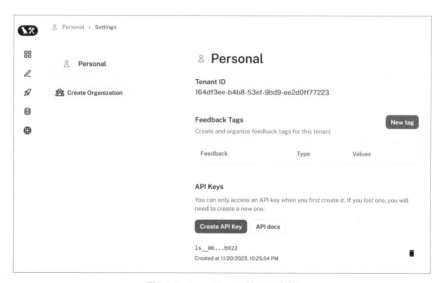

图3.14　LangSmith的API 密钥

接下来配置相关环境文件。下面是我的 .env 配置示例。

```
OpenAI_API_KEY = ' 我的 OpenAI API 密钥 '
LANGCHAIN_TRACING_V2=true
LANGCHAIN_ENDPOINT=https://api.smith.langchain.com
LANGCHAIN_API_KEY=' 我的 LangChain API 密钥 '
LANGCHAIN_PROJECT=langchain_test # 如果没有指定，则使用默认设置
```

这样就不需要在程序中显式设置非常多的环境变量，通过load_dotenv()可以一次性全部导入。

```
# 设置环境变量，导入一系列密钥及配置
from dotenv import load_dotenv
load_dotenv()
# 设置提示模板
from langchain.prompts import PromptTemplate
prompt = PromptTemplate.from_template("{flower} 的花语是？ ")
# 设置大模型
from langchain_openai import OpenAI
model = OpenAI()
# 设置输出解析器
from langchain.schema.output_parser import StrOutputParser
output_parser = StrOutputParser()
# 构建链
chain = prompt | model | output_parser
# 执行链并打印执行结果
result = chain.invoke({"flower": " 丁香 "})
print(result)
```

爱情、纯真、纯洁、美好、温馨、浪漫、永恒、忠诚、祝福、美丽。

运行程序，然后登录 LangSmith。可以看到在环境变量中配置的项目，如图 3.15 所示。

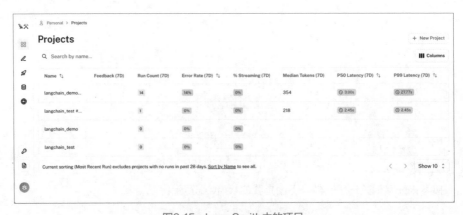

图3.15　LangSmith中的项目

打开相关的项目，可以看到 LangSmith 项目中的条目（见图 3.16）。例如项目的日志记录了每一次链条运行的轨迹。

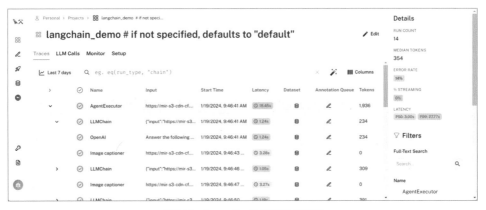

图3.16　LangSmith项目中的条目

选择日志中的条目，可以看到模型调用细节（见图 3.17）。

图3.17　条目中的模型调用细节

3.3　何谓LlamaIndex

在大模型的应用和开发领域，可不是只有 LangChain。LlamaIndex 是另外一个人气和口碑俱佳的开源 AI 应用开发框架。LlamaIndex 开放于 2022 年 11 月，和 ChatGPT 同时诞生，距离 LangChain 问世也仅有一月之隔。这两个库都受到 ChatGPT 的强烈影响和催化，并得到广泛应用和认可。

3.3.1　说说LlamaIndex

LlamaIndex 项目由 Jerry Liu 创建，在 2023 年 6 月获得 850 万美元的种子资金。由于这个项目解决了大模型训练时只具有数据知识的局限性，因此它在 AI 社区广受欢迎。

和 LangChain 的策略略有不同，LlamaIndex 并不是那么"大"而"全"，而是特别关注如何开发先进的基于 AI 的 RAG 技术，以及多租户 RAG 系统的建立。基于 LlamaIndex 的企业解决方案旨在消除技术和安全壁垒，增强企业的数据使用和服务能力。LlamaIndex 的相关工作不仅关注技术开发，还涉及将这些技术应用于实际场景，以提高业务效率和顾客体验。

小雪：多租户是什么？

咖哥：想象一下，在一个 RAG 系统中，用户 1 和用户 2 各自拥有一套独特的文档。多租户可确保当用户 1 发出查询时，他只从自己的文档中获取响应，而不受用户 2 数据的干扰，反之亦然。这种方法是保持数据机密性和安全性的关键。

还有一点不得不说，LlamaIndex 在文档的组织结构和可执行性方面可比 LangChain 好多了。这也许反映了 LlamaIndex 在用户体验、接口设计和技术实现方面的投入。在 AI 领域，LlamaIndex 的这些优势对于开发者和最终用户都非常重要，能够促进技术的普及和使用效率。

当然，或许是 LangChain 的摊子铺得太大太全，面面俱到，反而令人摸不着头脑，很多细节不到位。如果浏览 LangChain 的 GitHub 主页，你会发现其 Open Issues（已提出但是尚未解决的问题）高达上千个。因此，如果你专攻文档的检索和增强生成，那么或许你应该选择"小"而"美"的 LlamaIndex。

3.3.2 LlamaIndex和基于RAG的AI开发

RAG 是 AI 应用开发的一个重要方向，是和 Agent 一样重要的另一个亮点。RAG 是一种结合检索和生成的机器学习方法。它首先从相关的数据源检索信息，然后将这些信息作为上下文加入用户的查询中，最后请求大模型基于这个丰富的提示来生成答案。

与 Agent 类似，RAG 也拥有丰富的落地应用案例（当然，我们也可以认为使用 RAG 开发的 AI 应用本身就是一种 Agent，或者说，RAG 可以作为 Agent 构建过程中的核心技术之一）。

我们先从宏观上解释为何 RAG 有用。

大模型要被特定行业所用，从难到易有 4 种方式，分别是重新训练或从头构建模型、微调模型、动态提示（RAG 就是其中一种技术）和简单提示工程（见图 3.18）。

RAG 位于大模型应用难易链条的中部，它既不像重新训练或从头构建模型或者微调模型那么难，也不像通过简单提示工程直接向大模型提问那么容易。它克服了直接微调模型的 3 个缺点——成本高、信息更新困难以及缺乏可观察性。相较而言，由于 RAG 无须训练，因此成本较低；由于数据是实时获取的，因此始终是最新的；由于可以显示检索到的文档，因此结果更加可信。

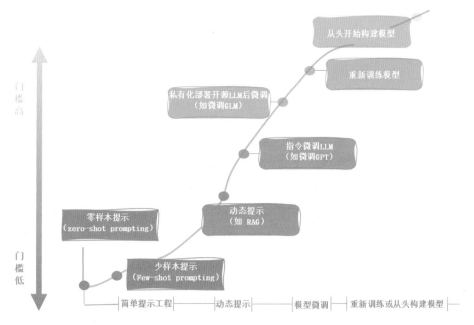

图3.18　重新训练或从头构建模型、微调模型、动态提示与简单提示工程的对比

　　咖哥：宏观介绍结束。下面通过一个示例来说明什么是RAG。现在，如果说你直接问ChatGPT花语秘境的老板是谁，以及她和咖哥是什么关系，ChatGPT肯定不知道（见图3.19）。

> **You**
> 花语秘境的老板是谁，她和咖哥是什么关系，ChatGPT肯定不知道
>
> **ChatGPT**
> 您提到的"花语秘境"的老板和"咖哥"的关系不属于公共知识或广泛共享的信息，因此我无法提供具体的答案。如果这有关一个现实世界中的私人场所或个人，除非这些信息已经是公开可查的，否则我没有访问个人数据的能力。

图3.19　ChatGPT当然不知道咖哥和小雪的关系

　　小雪：是啊，它当然不知道。你觉得你非常有名吗？

　　但是，别急，如果你有大量有关花语秘境的文档（例如咱俩每次开会的会议记录），没准哪天的记录上面就写着：参会人，小雪的导师——咖哥。那不就成了！我们检索会议记录后，把相关信息作为外部知识传递给ChatGPT，就可以实现RAG（见图3.20）。

　　回过头来再说LlamaIndex。它提供了各种框架、工具和模式，支持吞吐、结构化和访问私有或特定领域的数据，可以让RAG开发过程变得更加轻松。

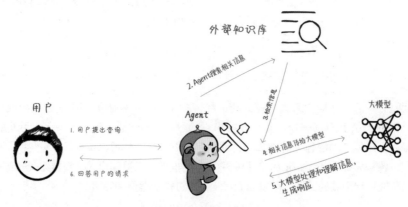

> **You**
> 信息1：某天的会议记录，参会者，花语秘境CEO——小雪，小雪的导师——咖哥
> 信息2：小冰曾经连续三天看到小雪和咖哥共进晚餐……
>
> 花语秘境的老板是谁，她和咖哥是什么关系？
>
> **ChatGPT**
> 根据您提供的信息，花语秘境的老板是名叫小雪的CEO。她和咖哥的关系至少在职业层面上是师徒关系，因为您提到咖哥是小雪的导师。除此之外，从小冰连续三天看到小雪和咖哥共进晚餐这一情况来看，他们之间可能还有较为亲密的个人关系，但这需要更多的上下文来确定。在没有更详细信息的情况下，我们只能推测他们之间的关系可能包括但不限于职业指导和个人友谊。

图3.20　简化版的RAG——假设我们已经检索出咖哥与小雪的关系信息，之后传递给ChatGPT

具体来说，LlamaIndex 包含以下工具。

- 数据连接器：从数据的原始来源和格式中摄取现有数据。数据可以是 API、PDF、SQL 等各种形态，LlamaIndex 都有相应的读取接口。
- 数据索引：将数据结构化为大模型容易理解的中间表示形式，例如词向量。
- 引擎：为数据提供自然语言访问。例如，查询引擎是强大的检索接口，用于增强知识的输出；聊天引擎是用于与数据进行多消息"来回"交互的对话接口；数据 Agent 则是由大模型驱动的知识工作者，可以实现从简单的辅助到 API 集成等功能。
- 应用集成：将 LlamaIndex 重新集成到其他生态系统中。

RAG 和 Agent 这两大 AI 应用热点密不可分。LlamaIndex 通过 RAG 管道、框架和工具，可以为 Agent 提供更多功能，解决 Agent 缺乏可控性和透明度的痛点。LlamaIndex 中的 Agent API 可以实现逐步执行，使得 Agent 能够处理更复杂的任务。此外，LlamaIndex 还支持用户在 RAG 循环过程中提供反馈，这种功能特别适用于执行长期任务，实现用户与 Agent 交互和中间执行控制的双循环设置。

那么，LlamaIndex 中的 Agent 究竟是如何利用大模型来实现检索和增强生成的呢？RAG 的实现流程如图 3.21 所示。

图3.21　RAG的实现流程

整个过程共 6 步。

1. 用户提出查询（Query）：用户向系统提出一个查询，例如一个问题或者一个请求。

2. Agent搜索相关信息：Agent 根据用户的查询去搜索相关的信息，可能是通过互联网或者特定的数据库来寻找相关文档或数据。通常我们会把企业内部信息放到向量数据库中。

3. 检索（Retrieval）信息：从搜索结果中检索具体的信息，这些信息将用于生成响应用户查询的上下文。

4. 相关信息传给大模型：Agent 将检索到的信息和用户的原始查询一起提供给大模型。

5. 大模型生成（Generate）响应：大模型使用这些信息来生成一个丰富的、信息性的答案。

6. 回答用户的请求（Response）：最后，LangChain Agent 将大模型生成的答案提供给用户。这个答案是基于用户的原始查询和从相关数据源检索到的信息生成的。

整个过程也可以是一个循环，每次用户的查询都会被用来改进后续的交互。如果需要更多信息或者用户有额外的问题，系统可能会提示用户进行额外的查询，并且可能会利用前一个回答中获得的信息来丰富新的查询上下文。这个系统可以提供更加动态和交互式的用户体验，允许用户以自然语言形式与大模型进行复杂的交互。通过这种方式，大模型可以更精确地理解和回应用户的请求。

通过 LlamaIndex 构造上面的基于 RAG 的 Agent 是非常轻松的。而且，值得一提的是，LlamaIndex 适用于从初学者到高级用户的各个层次的开发者，LlamaIndex 的高级 API 允许初学者用 5 行代码来提取和查询数据。对于更复杂的程序，LlamaIndex 的底层 API 允许高级用户根据需要自定义和扩展模块。

3.3.3　简单的LlamaIndex开发示例

本节参考 LlamaIndex 的入门教程文档来指导你开始使用这个工具。

第 1 步，安装 LlamaIndex。

```
pip install LlamaIndex
```

第 2 步，导入环境变量。

和 LangChain 类似，若要使用 OpenAI 公司的 GPT 系列模型，应先导入 API 密钥。具体导入方法不赘述。

第 3 步，加载本地数据。

我们在这个示例中使用"花语秘境"的文档（见图 3.22）。可以在源码包中找到它，并保存在名为 data 的文件夹中。

导入文档的代码如下。

```
# 导入花语秘境的文档
from llama_index. coreimport SimpleDirectoryReader
documents = SimpleDirectoryReader("data").load_data()
```

图3.22 花语秘境的文档内容

第4步，为数据建立索引。

为文档建立索引的代码如下。

In
```
# 为文档建立索引
from llama_index import VectorStoreIndex
index = VectorStoreIndex.from_documents(documents)
```

这将为 data 文件夹中的文档建立索引，便于大模型来检索。

第5步，查询本地数据。

先通过下面的代码创建一个查询引擎。

In
```
# 创建查询引擎
query_engine = index.as_query_engine()
```

接下来到了见证奇迹的时刻，我们要问花语秘境几个问题。

In
```
# 两个查询示例
response = agent.query(" 花语秘境的员工有几种角色？ ")
print(" 花语秘境的员工有几种角色？ ", response)
response = agent.query(" 花语秘境的 Agent 叫什么名字？ ")
print(" 花语秘境的 Agent 叫什么名字？ ",response)
```

Out
花语秘境的员工有几种角色？ 花语秘境的员工有多个角色。无论是营销高手、技术鬼才还是客服天使，每个员工都扮演着不可或缺的角色。他们的每一个想法和努力都直接影响花语秘境的成长和发展。
花语秘境的 Agent 叫什么名字？ 花语秘境的 Agent 叫作"花语灵"。

小雪：哇哦！

咖哥：厉害吧，有了RAG的加持，这个Agent能够检索出它本来不知道的信息（来自花语秘境的文档）。

小雪：我有一个小问题，每次检索都要重新加载数据吗？

咖哥：默认情况下，刚刚加载的数据将作为一系列向量存储在内存中。你还可以把索引保存到本地，以免每次需要重新处理。

代码如下。

```
#把索引保存到本地
index.storage_context.persist()
```

新生成的本地索引文件如图3.23所示。

> ∨ docs
> ⼈ 花语秘境的故事.pdf   U
> ∨ storage
> {} docstore.json   U
> {} graph_store.json   U
> {} index_store.json   U
> {} vector_store.json   U

图3.23 新生成的本地索引文件

可以看到，这里新建了一个storage文件夹（可以通过传递persist_dir参数来更改它），其中包含4个JSON格式的文件，分别如下。

■ docstore.json：这可能是一个包含文档存储信息的文件。

■ graph_store.json：通常用于存储图形结构数据，可能是关系或数据连接点。

■ index_store.json：可能是索引信息，用于快速检索存储系统中的数据。

■ vector_store.json：可能包含向量数据，这在处理数学运算或者特定的程序功能时是有用的。

你可以打开每一个JSON文件，并查看存储格式的细节。

> 无论是LlamaIndex还是LangChain，都可以通过设置Logging和Debug选项来查看程序与大模型交互过程中的细节。此处我不想多花笔墨，你可以查找相关文档来了解设置方式。

咖哥发言

至此，一个简单的本地文档查询 Agent 就完成了。简单吧。

3.4 小结

总的来说，OpenAI 公司和其他大模型领跑者的创新为开发者提供了构建类似 Agent 的 AI 应用的新工具，这有利于 LangChain 和 LlamaIndex 等基于大模型的应用开发生态的发展。由于这些工具旨在促进更加高效、灵活的 AI 应用开发，尽管它们各自关注的功能和特点可能有所不同，但是它们仍会推动 AI 领域的创新和协作，从而带来更丰富的应用场景和更强大的开发能力。

这些工具各有特色：我们介绍了"大而全"的 LangChain，也尝试了"小而美"的 LlamaIndex。它们既竞争又合作，通过接口可以相互调用。竞争推动它们不断创新和优化，而相互之间的合作又有助于整个 AI 应用开发生态的进步。通过这种竞争与合作的关系，各个平台能够提供更加多样化和强大的功能，最终使开发者和用户受益。

随着大模型技术不断进步，这些工具也在不断发展和改进。它们不仅使得创建复杂和智能的 Agent 变得可能，而且在不断扩展 AI 的可能性和应用领域。

通过应用这些工具，我们可以构建更智能、更有效的 Agent。这些 Agent 能够在各种复杂的环境和场景中执行任务和提供服务。随着技术不断进步，我们将看到更多创新的应用和解决方案，推动人工智能的边界不断扩展。

诚然，大模型应用开发尚处于"婴儿期"，在构建和使用这些技术时，开发者和组织面临诸多挑战，包括确保 API 调用的频率和性能、程序的稳定性和效率，另外，也要考虑未来的可扩展性和维护需求，以及数据隐私、安全性、道德和效率等问题。同时，开发者和组织也将获得巨大的机遇，可以创造更智能、更有用的工具和服务，为各行各业带来革命性的变化。

第4章

Agent 1: 自动化办公的实现——通过 Assistants API 和 DALL·E 3 模型创作 PPT

小雪轻轻地敲了敲咖哥的办公室门后推门而入。咖哥坐在计算机前，眼睛紧盯着屏幕，专注地处理着什么重要的任务。房间里弥漫着一股淡淡的咖啡香，温馨而安静（见图4.1）。

小雪（轻手轻脚，她不想打扰咖哥）：咖哥，下午和投资人举行会议的PPT，我准备好了。不过有两个主要的观点，我还不是很确定如何呈现，我们花点时间商量一下？

咖哥（转过头笑笑）：小雪，你来得正好。我刚在研究OpenAI公司的Assistants API和DALL·E 3。令我吃惊的是，这些工具还真的可以帮我们自动创建既有创意又专业的PPT。

图4.1 咖哥坐在计算机前，眼睛紧盯着屏幕

小雪的眼睛里闪过一丝疑惑。

咖哥：的确有用。你看，制作PPT是企业运营中许多工作的关键环节，你通常也需要花费大量的时间在图表设计和内容整合上，对吧？

小雪（点点头）：虽然制作给投资人看的PPT没什么技术难度，但是准备素材的工作量很大。假设我们有大量销售数据，透过数据提出洞见并有效地在PPT中进行表达就是一个挑战。通常我不会交给新手来完成这项工作。

咖哥：结合GPT-4模型的智能文本生成和DALL·E 3模型的图像创造能力，我们可以轻松地生成极具吸引力的视觉内容和相关的解说文字（见图4.2）。这里的关键是"从头到尾"都不需要人为干预。

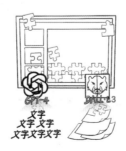

图4.2 结合GPT-4模型的智能文本生成和DALL·E 3模型的图像创造能力来自动创作PPT

小雪：Oh My God！从头到尾？甚至包括从数据中提炼观点？

咖哥（微笑）：是的。我也和你一样惊讶。例如，我们可以让它根据一个项目主题及所提供的数据，自动提炼观点，形成见解，并自动生成整个 PPT 的布局和内容，甚至包括用数据制作的图表和图像。这不但可以节省时间，而且生成的 PPT 质量还不错。

小雪：咖哥，我以为能生成这样质量的 PPT 的软件需要专业的团队开发很久，这种软件不仅需要付费使用，而且还不一定好用。闹了半天我们自己也可以开发出来啊。教我吧！我很想看看这个工具是如何工作的，也好奇它的能力会强到什么程度。

咖哥：一步步来。我们先了解下 OpenAI 公司的 Assistants。

4.1　OpenAI公司的Assistants是什么

OpenAI 公司的 Assistants 是一种基于 GPT 模型的语言理解和生成平台。它旨在通过提供信息、解答问题、生成文本和执行特定任务来协助我们的日常工作。

嗯，听到这里，你会不会觉得 OpenAI 公司的这个 Assistants 有点 Agent 的意思。的确如此，Assistants 特意被设计为具有灵活性且功能多样，可以适用于多种场景，从简单的日常对话到复杂的技术问题解答。

Assistants 的主要特点如下。

- 可以理解高级语言：能够理解和处理自然语言输入，识别用户的意图和需求。
- 生成丰富的文本：可以根据用户的指令生成连贯、相关且有用的文本回应。
- 具有适应性和可定制化：可以根据特定的应用场景和需求进行定制，以提供个性化的服务。
- 具有交互性：能够进行连贯的对话，理解上下文，记住对话历史，以提供更加深入和有连续性的交互体验。
- 易于集成：可以被集成到各种平台和应用中，如网站、应用程序或其他数字服务。

所以，Assistants 的应用场景非常广泛，例如客服自动化、个人助理、教育、内容创作、编程辅助等。而且，通过不断学习和适应，Assistants 也在进步，变得越来越高效、灵活且智能。

听了这么多"官话"，接下来跟你分享下我使用 Assistants 的直观感受。我觉得，这个工具的确做到了简单易用。智能程度也不错，听指挥，能够完成一系列的办公自动化任务。

这就带你感受这个工具的魅力。你甚至都不需要具备编程能力，就能使用强大的 Assistants。

小雪：我知道。你说的是在 Playground 中试用吧。

4.2　不写代码，在Playground中玩Assistants

在 OpenAI 网站中，单击图 4.3 中的 API，就可以进入由 OpenAI 公司提供的 Playground，如图 4.3 所示。在 Playground 中我们可以探索并学习在不编写任何代码的情况下构建自己的 Assistants。

图4.3 OpenAI网站提供的Playground入口

选择 API 后将进入图 4.4 所示的界面。在这个界面中单击左上角的 ⊟ 项，就可以使用 OpenAI 公司提供的 Playground 了。

图4.4 OpenAI公司提供的Playground

Playground 里面的项目不少，包括 Assistants、Chat（对话）和 Complete（文本完成，可以看作是旧版的 Chat，已经过时）等，如图 4.5 所示。

这里我们选择 Assistants，并将其命名为"asst_datascience"。

图4.5 Playground中的Assistants

用户可以在这个平台中运行指令和代码，通过 GPT-4 模型辅助完成 AI 应用、与机器学习或数据科学相关的任务。

小雪：那现在我们用它来完成什么任务？

咖哥：让它作为数据助理，分析分析咖哥我这么多年出版的图书的销售情况。咱们先给它一个整体人设（告诉它，它是一个数据科学助理），然后选择模型（GPT-4 1106 preview，也可以选择其他模型，模型越新，功能越完善）。

你看，在文件 sales_data.csv 中（见图 4.6），我收集了 3 种图书作品的季度销售额，单位为元。

	A	B	C	D
1	日期	零基础学机器学习	数据分析咖哥十话	GPT图解大模型是
2	31/3/2022	303.0327596	985.6150332	909.7627008
3	30/6/2022	504.8929768	871.1291092	1023.037873
4	30/9/2022	576.7235126	1035.95079	1080.552675
5	31/12/2022	670.5018222	1068.18203	1148.976637
6	31/3/2023	766.7927513	718.3524294	1204.73096
7	30/6/2023	819.8737846	833.1219711	1329.178823
8	30/9/2023	849.2219043	980.0890936	1367.517442
9	31/12/2023	977.0793764	654.1820299	1538.3546
10	31/3/2024	957.7411639	533.274624	1632.732552

图4.6　咖哥图书作品的季度销售额

小雪：哎呀呀，每本书季度销售额几百元，最多的也就 1000 元出头。要是我不请你来当顾问，你只当作家的生活质量堪忧啊。

咖哥：小雪！刚才是我的口误，单位是"万元"。好了，信不信由你，反正上传这个文件之后，可以看到，Playground 中出现了该文件的标识（见图 4.7）。

图4.7　sales_data.csv文件出现在FILES栏中

此时这个 Assistant 就不仅仅有世界级的知识和思维能力，还有你的数据信息。这样就可以利用 GPT 帮咱做事了！接下来就可以在对话框中（见图 4.8）请它完成数据分析工作。

图4.8　在对话框中让Assistant分析文件中的内容

其他事情都不必做，仅单击 Run 按钮即可。在图 4.9 中，可以看到，对话区输出了 Assistant 的响应。

图4.9　Assistant的响应

数据助理快速生成文件的内容摘要，并自主调用了一个系统自带的工具Code interpreter。

看看，数据分析师要花费个把小时分析的内容，咱们顷刻间就可以生成。

小雪：太厉害，但也太没有含金量了吧。所有的事情都是GPT模型做的。

咖哥：对啊！你回忆一下，OpenAI公司的"GPT商店"功能一上线，各色人等直接就发布了300多万个定制版GPT模型，难道这300多万个GPT模型的原创性很强？归根结底，还是GPT-4模型这个基座强大！这不就是OpenAI公司所宣传的"让AI为普罗大众赋能"的意思嘛。

小雪：借助大模型，再加上自己的数据资料以及业务逻辑和产品设计，就可以创造出全新的价值。不过，我这里还有最后一个问题——在这个Playground中，图4.10中的Functions、Code interpreter和File search（在2024年4月之前，这个工具在Assistants v1版本中叫作Retrieval）都是什么功能？

咖哥：Tools，表示工具，其实就是Assistants可以调用的功能。可以将Functions（函数，也就是函数调用）、Code interpreter（代码解释器）和File search（文件检索）看作工具。其中，Functions是自定义函数，Code interpreter是一个代码解释工具，而File search则是文档检索工具。未来，OpenAI公司还计划发布更多的工具，并允许开发者在OpenAI网站上使用自己定义的工具。

小雪：想起来了，Tools、Functions都是你曾经给我介绍过的重要概念，而Retrieval的概念曾在LlamaIndex的RAG环节被提及。

咖哥：对，这里的File search就是由OpenAI公司通过Assistants提供的一个极简的RAG功能实现。

图4.10　Tools中的Functions、Code interpreter和File search

接下来，通过调用 API 来分析一下 Assistants 的创建和使用细节。（点击图 4.9 中右上角的 Learn about the Assistants API 链接后，可以看到关于 Assistants API 的详细文档。）

4.3　Assistants API的简单示例

4.2 节介绍的在 Playground 中试用 Assistants 的过程可以帮助你熟悉相关的设计思路，而本节介绍的 Assistants API 则允许你在自己的程序中构建 AI 助手。通过为助手提供指令，它可以利用模型、工具和外部知识（文件）来响应我们提交的任务。

目前 Assistants API 支持 3 种类型的工具——代码解释器、检索和函数调用。基于 Assistants API 提供的一次性调用多个函数的功能，开发者无须管理对话线程和上下文内容，可以直接将这些工作移交给 OpenAI 公司，由它处理。

调用 Assistants API 时需要遵循以下流程。

1. 通过定义指令并选择模型来创建助手（Assistant）。此时可以选择启用代码解释器、检索和函数调用等工具。

2. 当用户开始对话时创建一个线程（Thread）。

3. 当用户提问时将消息（Message）添加到线程中。

4. 在线程上运行助手以触发响应。这会自动调用相关工具。

Assistants API 的调用流程如图 4.11 所示。

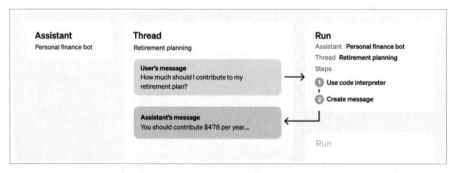

图4.11　Assistants API 的调用流程

图 4.11 中的 Assistant（助手）是一个个人财务机器人，它可以回答有关个人财务的问题，如预算制定、储蓄策略、投资建议等。这里创建了一个关于退休规划的对话的

Thread。用户问："我应该为我的退休计划贡献多少？"Assistant 答："你应该每年缴纳478……"Run 代表一个对话的运行过程，此处描述了机器人处理用户询问的步骤。第一步是使用工具Code Interpreter（代码解释器），这意味着 Assistant 会通过运行后端代码来计算出答案。第二步是 Create Message（创建信息），指的是 Assistant 回复信息的过程。这个对话过程可以循环进行。Assistant 会以它认为最有效的方式保存并整理对话的上下文。

咖哥发言

在调用 Assistants API 时会传递 HTTP 标头：OpenAI-Beta: assistants=v2。其中，Beta 是指 OpenAI 公司的 Assistants 目前仍处于公开测试阶段。也就是说，目前这个服务可能已经相对稳定，但 OpenAI 公司仍在收集反馈意见，并准备对产品进行进一步调整或为其增加功能。不过，在使用 OpenAI 公司的 Python 或 Node.js SDK 时，则无须考虑这个问题，这是因为系统会自动处理 HTTP 标头问题。

4.3.1 创建助手

下面我们创建一个助手。在创建助手时，需要配置下面这些参数。
- name：助手的名称。
- instructions：告诉助手应如何表现或回应，如"你是一个某方面的专家"。
- tools：Assistants API 支持代码解释器和检索等工具，二者都由 OpenAI 公司构建和托管。
- model：GPT-3.5 或 GPT-4 家族的任何模型。不过，若要使用检索工具，则只能使用较新的模型。
- functions：将自定义函数作为工具——这个我们以后再细讲。

我们的第一个助手是个能够计算鲜花价格的数学小能手。

In
```
# 导入环境变量
from dotenv import load_dotenv
load_dotenv()
# 创建 client
from openai import OpenAI
client = OpenAI()
# 创建 assistant
assistant = client.beta.assistants.create(
```

```
    name=" 鲜花价格计算器 ",
    instructions=" 你能够帮我计算鲜花的价格 ",
    tools=[{"type": "code_interpreter"}],
    model="gpt-4-turbo-preview"
)
# 打印 assistant
print(assistant)
```

Out

```
Assistant(
    id='asst_M7OR4XULWjFnXN9WSqJtQ0XR',
    created_at=1704982081,
    description=None,
    file_ids=[],
    instructions=' 你能够帮我计算鲜花的价格 ',
    metadata={},
    model='gpt-4-turbo-preview',
    name=' 鲜花价格计算器 ',
    object='assistant',
    tools=[ToolCodeInterpreter(type='code_interpreter')]
)
```

在上述代码中，我们通过 tools=[{"type": "code_interpreter"}] 启用了代码解释器工具。

小雪：为什么对于这么简单的任务，还需要启用代码解释器呢？

咖哥：原因有两个，我分别介绍下。第一个原因是早期的大模型被公认数学不好，在给它武装上代码解释器后，助手就可以通过编写和运行代码来进行数学计算，这样做比较稳妥；第二个原因是我想在这里向你展示如何指定工具。

首先登录OpenAI网站，然后单击左侧的Assistants，右侧将显示已创建的助手（见图4.12）。

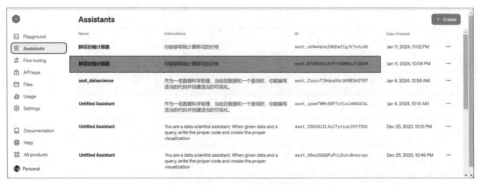

图4.12　在Playground中可以看到已创建的助手

注意，助手创建完成后将产生一个 ID，在后续示例中可以通过该 ID 直接调用助手。请勿重复运行创建助手的代码，否则就会像咖哥这样，在不明真相的情况下生成一系列功能重复、ID 不同的助手。

在图 4.12 中单击所创建的助手后可以看到助手的详细信息。如图 4.13 所示，Name、Instructions 都符合我们的要求。另外，可以看到 Code interpreter 这个工具已打开，这说明助手已经被激活。

图4.13　助手的细节信息

小雪：咖哥，如果我在运行程序时没有记录下来助手的 ID，怎么办？

咖哥：通过在命令行中运行下面的代码，可以看到你所创建的 Assistants 列表。另外，也可以通过 client.beta.assistants.list API 来获取已创建的 Assistants 列表

```
curl "https://api.openai.com/v1/assistants?order=desc&limit=20" \
  -H "Content-Type: application/json" \
  -H "Authorization: Bearer $OpenAI_API_KEY" \
  -H "OpenAI-Beta: assistants=v2"
```

Out

```
{
  "object": "list",
  "data": [{
    "id": "asst_pF2pMtIHOL4CpXpyUdHkoKG3",
    "object": "assistant",
    "created_at": 1705829118,
    "name": " 鼓励 Agent",
    "description": null,
    "model": "gpt-4-turbo-preview",
    "instructions": " 你是一个很会鼓励人的助手！ ",
    "tools": [{
      "type": "function",
      "function": {
        "name": "get_encouragement",
        "description": " 根据用户的心情提供鼓励信息 ",
        "parameters": {
          "type": "object",
          "properties": {
            "mood": {"type": "string", "description": " 用户当前的心情，例如：开心，难过，压力大，疲倦 "},
            "name": {"type": "string", "description": " 用户的名字，用来个性化鼓励信息 "}
          },
          "required": ["mood"]
        }
      }
    }],
    "file_ids": [],
    "metadata": {}
  },
  {
    "id": "asst_CDuIzGXwdEUTzjQxYqON669A",
    "object": "assistant",
    "created_at": 1704986492,
    "name": " 鲜花价格计算器 ",
    "description": null,
    "model": "gpt-4-turbo-preview",
    "instructions": " 你能够帮我计算鲜花的价格 ",
    "tools": [{"type": "code_interpreter"}],
    "file_ids": [],
    "metadata": {}
  }],
  "first_id": "asst_pF2pMtIHOL4CpXpyUdHkoKG3",
  "last_id": "asst_CDuIzGXwdEUTzjQxYqON669A",
  "has_more": true
}
```

上面列出的就是咖哥通过 Playground 和 Assistants API 创建的"助手"，有的用于计算鲜花价格，有的用于鼓励小雪。

4.3.2 创建线程

成功创建助手之后的下一步是创建线程（Thread）。

怎么理解线程呢？其实一个线程就代表和 OpenAI 公司大模型的一次对话（就好比我们在网页版的 ChatGPT 中与 GPT-3.5 或者 GPT-4 模型开启一次新的对话）。

创建一个线程的代码如下。

In

```
# 创建一个线程
thread = client.beta.threads.create()
# 打印线程
print(thread)
```

Out

```
Thread(
    id='thread_ddl4SsbU9KlCdpxv7BfqVpQQ',
    created_at=1704985371,
    metadata={},
    object='thread'
)
```

我们新建的这个线程的ID是'thread_ddl4SsbU9KlCdpxv7BfqVpQQ'。从这时开始，线程将在后台一直运行。也就是说，OpenAI 公司派出了一个一直在侦听你和它对话进展的探子。

注意，与前面创建助手时的注意事项相类似，在这里也不要一直重复运行创建线程的代码，否则会生成一系列重复的线程。

咖哥：不瞒你说，当我发现自己重复创建了很多线程的时候内心还是忐忑的。

小雪：是害怕浪费"银子"吧？您是导师，这个小心思不必告诉我。我认为，虽然创建了线程，但是没有传输 Token，应该不会产生费用。不过，请问这些线程什么时候停止？它们会一直等着我来访问吗？

咖哥：我也有同样的疑问。我之前不是创建了好几个冗余的助手嘛，于是就在 OpenAI 论坛发了一个帖子，询问"当我删除自己创建的助手时（可以在 Playground 上或者用 Assistants API 删除 Assistant），这些线程会不会跟着被清理"。幸运的是，我很快就得到论坛的 leader(论坛负责人) 的回复。但是他对我说"他也不是 100% 确定"。好消息是，根据他的回答，60 天内没有动静的线程会被系统清理（见图 4.14）。

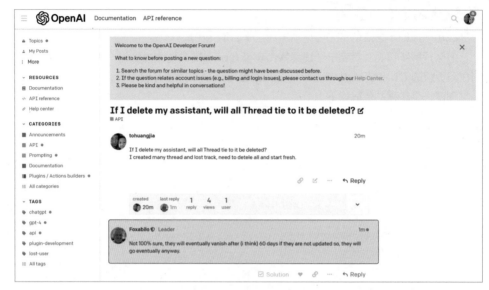

图4.14　如果你有疑问，可以去OpenAI论坛发言

　　于是咖哥在继续做"科研"的过程中发现有人在论坛上提出是否可以通过 API 列出当前的线程，以便进行管理的问题。OpenAI 公司的开发团队表示他们了解这一需求，而且 Playground 最初是有这个功能的，但是因为担心线程会对组织内的任何人开放（考虑到大型企业对 OpenAI 公司的访问权限设置较为宽松），所以他们移除了这一功能。这个问题已经被记录为一个待处理事项，OpenAI 公司的开发团队希望在未来几周内能够分享更多信息。同时，他们建议不要使用尚未公开的端点（endpoint，也就是提问者提到的获取线程列表的 API 功能）。

　　所以，要全部删除活动线程似乎并不容易，暂时就这样吧，不要有"强迫症"。我想，活动线程应该不会浪费过多资源，毕竟你没有循环地在线程中发送和接收消息。

　　小雪：咖哥，等等。我注意到你创建线程的时候并没有指明助手的 ID，我可不可以认为 OpenAI 公司的线程和助手是彼此独立的？

　　咖哥：是的。在 OpenAI API 的设计中，逻辑上线程和助手都是为了实现连续对话和任务处理的目的而相互关联的，而在技术实现上它们则是独立的组件。

- 助手就是 Assistant，指的是提供服务的 AI 模型（如 ChatGPT），负责处理用户的请求、生成回复信息等。它是后端的智能处理系统。
- 线程就是 Thread，用来表示一系列的交互或对话。在 OpenAI API 或系统设计中，一个线程可能包含一个或多个由用户和助手之间的交互组成的连续对话。线程有助于跟踪和管理一段时间内的对话历史，使得助手能够在上下文中更加准确地理解和回应用户的需求。

在使用 OpenAI API 时，你可以通过创建和管理线程来维持一个连贯的对话流程，而助手则是在这些线程中提供回答和交互的实体。助手负责处理具体的请求，而线程则主要关注对话的组织和管理。

小雪：也就是说，一个线程可以有多个助手，同时，一个助手也可以有多个线程喽？

咖哥：理论上是这样的。这种设计增强了系统的灵活性并扩大了应用场景的范围。在一个复杂的对话系统中，不同的助手可能专注处理不同类型的任务或问题。例如，一个助手可能专门处理与天气相关的查询，而另一个助手则处理旅游建议。在同一个对话线程中，根据用户的不同问题，对话管理系统可能会将请求路由到不同的助手并进行处理。这要求系统具备智能路由能力，能够根据对话内容或用户请求的性质，动态选择合适的助手并回复。

再例如一个通用的助手，如 ChatGPT，可能同时被用于多个对话线程。这些线程可能代表不同的用户对话，或者同一用户的不同对话场景。助手需要能够区分和管理来自不同线程的上下文，确保在每个对话中提供准确和相关的回答。这通常通过将每个线程的对话历史和上下文信息作为请求的一部分来实现。

接下来我们先在线程中添加消息，然后开始与助手对话。

4.3.3 添加消息

通过添加消息，可以在线程中传递上下文和文件。这些消息是对话的一部分，也是助手生成回答的背景资料。

线程对信息量没有限制，也就是说，你可以向当前线程添加任意数量的消息。助手将使用相关的优化技术（例如 ChatGPT 会进行压缩）来确保对模型的请求适合最大上下文窗口。这是一件好事，也是一件坏事。虽然不限制传给助手的信息量，而且不必自己管理上下文，这样确定可以降低对话记忆管理的复杂性，但是伴随这种便捷性的是你无法有效控制运行助手的成本。

向线程中添加消息的代码如下。

```
# 向线程中添加消息
message = client.beta.threads.messages.create(
    thread_id=thread.id,
    role="user",
    content=" 我把每束花定价为在进价的基础上加价 20%，当进价为 80 元时，我的售价是多少。"
)
```

现在，如果通过线程 ID 在命令行中使用下列命令来获取消息历史列表，将看到该消息是当前消息列表中的第一条消息。

In

```
curl https://api.openai.com/v1/threads/thread_N7dw2oEpNEEBiCU4cce47xoS/messages
-H "Content-Type: application/json"
-H "Authorization: Bearer $OpenAI_API_KEY"
-H "OpenAI-Beta: assistants=v2"
```

Out

```
{
  "object": "list",
  "data": [{
    "id": "msg_ZW5qoaiJioRV07hQH5M0XH5V",
    "object": "thread.message",
    "created_at": 1704986492,
    "thread_id": "thread_N7dw2oEpNEEBiCU4cce47xoS",
    "role": "user",
    "content": [{"type": "text", "text": {"value": " 我把每束花定价为在进价的基础上加 20%，当进价为 80
元时，我的售价是多少。", "annotations": []}}],
    "file_ids": [],
    "assistant_id": null,
    "run_id": null,
    "metadata": {}
  }],
  "first_id": "msg_ZW5qoaiJioRV07hQH5M0XH5V",
  "last_id": "msg_ZW5qoaiJioRV07hQH5M0XH5V",
  "has_more": false
}
```

也可以在 Python 程序中打印当前的消息。

In

```
# 获取消息列表
messages = client.beta.threads.messages.list(
  thread_id='thread_N7dw2oEpNEEBiCU4cce47xoS'
)
# 打印消息
print(messages)
```

这里的结果和前面的输出基本相同，不赘述。

咖哥：下一步，我们需要创建一个 Run 来运行助手。

小雪：Run ？

咖哥：创建一个 Run 实际上是启动一个对话或交互序列的过程。在 Run 中助手会根据所提供的线索或命令读取输入的消息，决定执行何种动作（调用特定的工具或直接使用模型来生成回答），并最终产生输出。

4.3.4 运行助手

为了让助手响应用户的消息，需要创建一个 Run。此时，助手会读取线程并决定是调用工具还是直接调用模型，来完成消息中的任务（所谓完成任务，也就是给出回答）。

在运行的过程中，助手会把一个 role 为 "assistant" 的新消息附加到消息历史列表，还会自行确定要在模型的上下文窗口中包含哪些先前的消息。助手的这些操作会直接影响 Token 的用量（也就是 OpenAI API 的计费）以及模型的性能。OpenAI 公司已经对这个消息历史的构建过程（其实就是前面介绍的 Agent 的"记忆"）进行优化，并且未来会持续优化相关算法。

咖哥发言

在创建 Run 时可以将新指令传递给助手。但请注意，这些指令会覆盖助手的默认指令。

下面的代码将创建一个 Run。在 Run 的创建过程中，我们需要指定线程和助手。

In
```
# 创建一个 Run
run = client.beta.threads.runs.create(
  thread_id=thread.id,
  assistant_id=assistant.id,
  instructions=" 请回答问题 ." # 如果需要覆盖助手的默认指令，可以在此处设置新指令
)
# 打印 Run
print(run)
```

Out
```
Run(
    id='run_udqooyGylZYkQZSHylv1lEkm',
    assistant_id='asst_CDuIzGXwdEUTzjQxYqON669A',
    cancelled_at=None,
    completed_at=None,
    created_at=1704989389,
    expires_at=1704989989,
    failed_at=None,
    file_ids=[],
    instructions=' 请回答问题 .',
    last_error=None,
    metadata={},
```

```
    model='gpt-4-turbo-preview',
    object='thread.run',
    required_action=None,
    started_at=1704989389,
    status='queued',
    thread_id='thread_N7dw2oEpNEEBiCU4cce47xoS',
    tools=[ToolAssistantToolsCode(type='code_interpreter')]
)
```

针对 Run 这个对象最需要注意的是 status（状态）字段。默认情况下，Run 在被创建好之后进入 queued（等待）状态。

与线程那种终止时间不确定的模糊感迥然不同，在 Run 中，可以明显看到其生存周期——它有非常明确的起止时间：时间戳 1704989389 始，时间戳 1704989989 止。

当然，Run 不可能永远处于 queued 状态，通过 Retrieve 方法可以实时获取 Run 的运行结果。

4

In

```
# 再次获取 Run 的状态
run = client.beta.threads.runs.retrieve(
  thread_id=thread.id,
  run_id=run.id
)
# 打印 Run
Print（Run）
```

Out

```
Run(
    id='run_udqooyGylZYkQZSHylv1lEkm',
    assistant_id='asst_CDuIzGXwdEUTzjQxYqON669A',
    cancelled_at=None,
    completed_at=None,
    created_at=1704989389,
    expires_at=1704989989,
    failed_at=None,
    file_ids=[],
    instructions=' 请回答问题 .',
    last_error=None,
    metadata={},
    model='gpt-4-turbo-preview',
    object='thread.run',
    required_action=None,
    started_at=1704989389,
    status='in_progress',
    thread_id='thread_N7dw2oEpNEEBiCU4cce47xoS',
    tools=[ToolAssistantToolsCode(type='code_interpreter')]
)
```

可以看到，Run 已经退出 queued 状态，目前处于 in_progress（进行中）状态。因为 Run 还没有执行完，所以需要循环调取，并等待它的状态发生变化。

在交互对话过程中 Run 的执行状态和流程如图 4.15 所示。

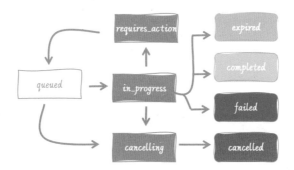

图4.15　在交互对话过程中Run的执行状态和流程

Run 的生命周期始于 queued（等待运行）状态，这意味着 Run 已被添加到队列中但尚未执行。不过，一旦系统分配资源，Run 的状态很快会转变为 in_progress，此时表示它正在执行。

在执行 Run 的过程中，可能会出现需要手动干预的情况。此时 Run 的状态会转变为 requires_action（需要操作）。如果已完成必要的操作，Run 的状态可以转变为 in_progress，然后继续执行；如果操作超时，则 Run 的状态可能会被标记为 expired（已过期）。

在 in_progress 状态中，如果决定取消当前的 Run，其状态将转变为 cancelling（取消中），表示正在进行取消操作。一旦取消成功，Run 的状态会转变为 cancelled（已取消）。

如果 Run 执行成功，则它的状态将转变为 completed（已完成）。反之，如果 Run 执行失败，则它的状态转变为 failed（失败）。

表 4.1 列出了 Run 的状态及说明。

表 4.1　Run 的状态及说明

状态	定义
queued	当首次创建 Run 或者调用 retrieve 获取状态后，Run 的状态会转变为 queued。正常情况下，Run 的状态很快就会转变为 in_progress
in_progress	表示 Run 正在执行，这时可以调用 run.step 来查看具体的执行过程
completed	表示 Run 执行成功，可以获取 Assistant 返回的消息，也可以继续向助手提问
requires_action	如果助手需要执行函数调用，就会转到这个状态，此时你必须按给定的参数调用指定的方法，之后 Run 才可以继续执行
expired	当没有在 expires_at 之前提交函数调用输出，Run 的状态会被标记为 expired。另外，如果在 expires_at 之前没获取输出，Run 的状态也会被标记为 expired
cancelling	当你调用 client.beta.threads.runs.cancel 方法后，Run 的状态就会转变为 cancelling，取消成功后，Run 的状态就会转变为 cancelled

状态	定义
cancelled	表示已成功取消 Run
failed	表示运行失败，你可以通过 Run 中的 last_error 对象来查看失败的原因

咖哥发言

需要特别注意requires_action状态。这个状态表示助手需要在本地执行一些函数（也就是第 5 章中介绍的 Function Calling），执行完成后将结果返给助手，然后 Run 继续执行。

我们可以轮询runs.retrieve API（也就是定期检查 Run 的状态），以获取 Run 的最新状态，看看它的状态是否转变为 completed，如果状态已经是 completed，就可以读取 Assistant 的返回结果。

In
```python
# 导入环境变量
from dotenv import load_dotenv
load_dotenv()
# 创建 client
from openai import OpenAI
client = OpenAI()
# 刚才创建的 Thread 的 ID
thread_id = 'thread_ddl4SsbU9KlCdpxv7BfqVpQQ'
# 刚才创建的 Run 的 ID
run_id = "run_jZuIBnGfBtwlgox40PmzU9TU"
# 定义轮询间隔时间（如 5s）
polling_interval = 5
# 开始轮询 Run 的状态
import time
while True:
    run = client.beta.threads.runs.retrieve(
        thread_id=thread_id,
        run_id=run_id
    )

    # 直接访问 run 对象的属性
    status = run.status
    print(f"Run Status: {status}")
```

```
    # 如果 Run 的状态是 completed、failed 或者 expired，则退出循环
    if status in ['completed', 'failed', 'expired']:
        break

    # 等待一段时间后再次轮询
    time.sleep(polling_interval)
# 在 Rum 运行完成或失败后处理结果
if status == 'completed':
    print("Run completed successfully.")
elif status == 'failed' or status ==
    'expired'
print("Run failed or expired.")
```

Out
```
Run Status: in_progress
Run Status: in_progress
Run Status: completed
Run completed successfully.
```

4

这里，我们在一个无限循环内部轮询 Run 的状态。如果 Run 的状态为 completed、failed 或 expired，则退出循环。polling_interval 变量用于定义每次轮询之间等待的时间。若干秒后，循环结束。此时说明助手的思考过程结束，它可以给出响应了。

4.3.5　显示响应

一旦助手的这次运行完成（也就是 Run 的状态转变为 completed），我们就可以查看当前线程的最新情况，方法是列出线程中的所有消息。其中，最新消息就是 Run 完成时添加到线程中的。它也是助手给我们的响应，这个响应就代表任务（这轮对话）的完成结果。

In
```
# 导入环境变量
from dotenv import load_dotenv
load_dotenv()
# 创建 client
from openai import OpenAI
client = OpenAI()
# 刚才创建的 Thread 的 ID
thread_id = 'thread_ddl4SsbU9KlCdpxv7BfqVpQQ'
# 读取线程的消息
messages = client.beta.threads.messages.list(
  thread_id=thread_id
)
# 打印消息
print(messages)
```

Out

SyncCursorPage[ThreadMessage](data=[
    ThreadMessage(
        id='msg_YMQjOmQxJfSMSrNW1G99tHqO',
        assistant_id='asst_CDuIzGXwdEUTzjQxYqON669A',
            content=[MessageContentText(text=Text(annotations=[], value=' 在进价 80 元的基础上加 20%，
售价是 96 元。'), type='text')],
        created_at=1704989390,
            file_ids=[],
            metadata={},
            object='thread.message',
        role='assistant',
        run_id='run_udqooyGylZYkQZSHylv1lEkm',
        thread_id='thread_N7dw2oEpNEEBiCU4cce47xoS'
    ),
        ThreadMessage(
            id='msg_ZW5qoaiJioRV07hQH5M0XH5V',
            assistant_id=None,
            content=[MessageContentText(text=Text(annotations=[], value=' 我把每束花定价为在进价的基础
上加 20%，当进价为 80 元时，我的售价是多少。'), type='text')],
            created_at=1704986492,
            file_ids=[],
            metadata={},
            object='thread.message',
            role='user',
            run_id=None,
            thread_id='thread_N7dw2oEpNEEBiCU4cce47xoS')],
object='list',
first_id='msg_YMQjOmQxJfSMSrNW1G99tHqO',
last_id='msg_ZW5qoaiJioRV07hQH5M0XH5V',
has_more=False
)

此时，助手向线程添加了一条消息，其中包含我想要的鲜花定价的答案。

上面的消息结构可以拆解为以下几个部分。

■ 消息 ID（id）：每条消息的标识符。

■ 助手 ID（assistant_id）：发送消息的助手的标识符。

■ 消息内容（content）：消息的文本内容。

■ 创建时间（created_at）：消息创建的时间戳。

■ 角色（role）：发送消息的角色，例如用户（user）或助手（assistant）。

这个消息历史列表中还包括之前用户创建的消息，如表 4.2 所示。

表 4.2　消息历史列表中的消息

消息 ID	助手 ID	消息内容	创建时间	角色
msg_YMQjOmQxJfSM SrNW1G99tHqO	asst_CDuIzGXwdEUT zjQxYqON669A	在进价 80 元的基础上加 20%，售价是 96 元	1704989390	assistant
msg_ZW5qoaiJioRV07h QH5M0XH5V	无（由于这是我提出的问题，与助手无关，因此没有助手 ID）	我把每束花定价为在进价的基础上加 20%，当进价为 80 元时，我的售价是多少	1704986492	user

如果对这个输出进行解析，例如使用 Python 或 NLP 的一些小技巧来读取"96"这个数字，就可以进行后续的程序开发过程了，如把 96 保存到数据库中。（更方便的做法是指示助手直接生成 JSON 格式的回答。这种方式可以用于解析每一个有用的字段。至于如何实现到，你可以自己思考。）

咖哥发言

在测试 Run 和线程的过程中，我注意到一个有趣的现象，即检索到的消息创建于不同的时间，虽然这些消息属于同一个线程，但是未必属于同一个 Run。这是可以理解的，因为 Run 是一次性的执行实例，它有明确的开始时间和结束时间，专注处理特定的任务或用户请求。而线程则像是持续运行的监听器，它代表了助手的持久"记忆"，能够跨越多个 Run 来维持对话的上下文和连贯性。

小雪：看到这里，Assistants API 的用法我基本门儿清。但是，你演示的这些示例过于简单，有没有复杂的助手示例给咱看看？

4.4　创建一个简短的虚构PPT

咖哥：当然，现在我们要来点真格的。你知道我写过 3 本书吧？

小雪：当然知道。你也就那点能耐了，在人家面前反复炫耀……

咖哥：这可不是炫耀。你看，现在咱们回到今天的主要任务上——向投资人展示我们的 3 本书《零基础学机器学习》《数据分析咖哥十话：从思维到实践促进运营增长》和《GPT 图解 大模型是怎样构建的》的销售额和趋势。整个过程大致如下。

- 数据整理：首先收集每本书每个季度的销售数据。这些数据可能包括日期、销售额等。然后创建一个表格，列出每本书每个季度的总销售额。
- 分析趋势：查看每本书的销售趋势。寻找如总销售额的增减、季节性变化、销售高峰等信息。
- 创建图表：利用图表来直观展示这些趋势。例如，柱状图可以展示每本书每个季度的销售量，折线图可以展示销售趋势。

- 撰写结论：基于分析，撰写一些诸如图书销售趋势及其可能原因的结论。
- 制作 PPT：利用 PowerPoint 或其他演示软件，将以上内容整合成 PPT。确保其包括介绍、分析方法、图表、结论和建议。
- 准备演讲稿：PPT 制作完成后，准备一篇简短的演讲稿来介绍相应的发现和分析，把 PPT 展示给领导。

上述过程的工作量虽然不大，但是也绝对不小。

现在，我要带着你完全通过 OpenAI 助手来完成除了数据整理之外（当然，未来数据的收集和整理也全部由 AI 来完成）的全部工作。

小雪：这……

咖哥：现在就开始。

4.4.1 数据的收集与整理

现在我们已经有了 3 本图书的销售情况数据表 sales_data.csv（按季度进行记录），详见图 4.6。

这些销售数据并不复杂，接下来看一看 AI 助手能够从中发现什么奥秘。

关于数据的收集、整理、清洗、分析等一系列任务的执行，建议阅读《数据分析咖哥十话：从思维到实践促进运营增长》一书。

4.4.2 创建OpenAI助手

有了数据，就可以开始创建助手了。我们可以指示它充当数据科学助理，接受所提出的任何查询并运行必要的代码以输出需要的内容。

因为这个项目可视化部分较多，所以我们通过 Jupyter Notebook 来完成。

首先，导入一些必需的库和环境变量（API 密钥），并创建 client。对于这些步骤，你应该已经不陌生了。

```
In      # 导入 OpenAI 库，并创建 client
        from dotenv import load_dotenv
        load_dotenv()
        from openai import OpenAI
        client = OpenAI()
```

其次，通过 Pandas 读入数据文件，并显示前几行。

```
Out     # 导入数据文件，并显示前几行
        import pandas as pd
        file_path = 'sales_data.csv'
        sales_data = pd.read_csv(file_path)
        sales_data
```

输出结果如图 4.16 所示。

	日期	零基础学机器学习	数据分析咖哥十话	GPT图解
0	31/3/2022	303.032760	985.615033	909.762701
1	30/6/2022	504.892977	871.129109	1023.037873
2	30/9/2022	576.723513	1035.950790	1080.552675
3	31/12/2022	670.501822	1068.182030	1148.976637
4	31/3/2023	766.792751	718.352429	1204.730960

图4.16　数据文件的前几行

接下来，创建文件和助手。首先，我们需要上传文件，以便我们的助手可以访问它，然后在创建新的助手时指定文件的 ID。

```
In      # 创建文件
        file = client.files.create(
          file=open(file_path, "rb"),
          purpose='assistants',)
        # 创建一个包含这个文件的助手
        assistant = client.beta.assistants.create(
          instructions=" 作为一名数据科学助理，当给定数据和一个查询时，你能编写适当的代码并创建适当
        的可视化。 ",
          model="gpt-4-0125-preview",
          tools=[
            {"type": "code_interpreter"}
          ],
          tool_resources={
            "code_interpreter": {
              "file_ids": [file.id] # Here we add the file id}})
        print(assistant)
```

```
Out     Assistant(
        id='asst_RPNV8I20wvvhxRV0VAXecHS8',
        created_at=1706785064, description=None,
```

```
file_ids=['file-sMNFWbv0kewfDKe4BLTPFM0F'],
instructions='作为一名数据科学助理，当给定数据和一个查询时，你能编写适当的代码并创建适当的可视化。',
metadata={},
model='gpt-4-turbo-preview',
name=None,
object='assistant',
tools=[ToolCodeInterpreter(type='code_interpreter')]
)
```

这里的 instructions 参数可以给助手以通用指导。同时，我们开启了 Code Interpreter，这样助手就可以编码了。最后，我们指定了 sales_data.csv 文件。

好了，一个拥有咖哥写作的图书的销售信息的数据分析助手诞生了！（在 Playground 中能找到它。）

要制作 PPT，不能只有干巴巴的文字，图文结合更吸引人。基于图书销售数据，可以让新建的助手分别创建图表、标题，然后将这些信息整合到 PPT 中。

咱们一步步来。

4.4.3　自主创建数据分析图表

下面创建一个新的对话线程，以提交用户消息和关联的文件。

In
```
# 创建对话线程并运行
thread = client.beta.threads.create(
 messages=[
  {
    "role": "user",
    "content": "计算从 2022 年到 2025 年每个季度的总销售额，并通过不同的产品将其可视化为折线图，
产品线条颜色分别为红，蓝，绿。",
    "attachments": [
     {
       "file_id": file.id,
       "tools": [
         { "type": "code_interpreter" }]}]}])
print(thread)
```

Out
```
Thread(
 id='thread_ODsFeZ5HB1hwWslcfP8yOpOf ',
 created_at=1706785066,
 metadata={},
 object='thread'
        )
```

在线程中，我们的第一个请求是要求助手计算季度销售额，之后按产品绘制销售图表，同时指定了每条产品线的颜色。

咖哥：小雪，还记得下一步做什么吗？

小雪：当然，就是 Run 啊。

```
# 创建 Run 来运行与助手的对话
run = client.beta.threads.runs.create(
    thread_id=thread.id,
    assistant_id=assistant.id,
)
run
```

```
Run(
    id='run_ClKuvj8hEiF8uWVHEpsk7jVq',
    assistant_id='asst_RPNV8I20wvvhxRV0VAXecHS8',
    cancelled_at=None,
    completed_at=None,
    created_at=1706785066,
    expires_at=1706785666,
    failed_at=None,
    file_ids=['file-sMNFWbv0kewfDKe4BLTPFM0F'], instructions=' 作为一名数据科学助理，当给定数据和
一个查询时，你能编写适当的代码并创建适当的可视化。',
    last_error=None,
    metadata={},
    model='gpt-4-turbo-preview',
    object='thread.run',
    required_action=None,
    started_at=None,
    status='queued',
    thread_id='thread_ODsFeZ5HB1hwWslcfP8yOpOf',
    tools=[ToolAssistantToolsCode(type='code_interpreter')],
    usage=None
)
```

现在，我们要开始作图了！运行 Run 并循环检查是否已创建图像，等待助手完成运行。这个过程有些慢，你要耐心等几分钟。而且，如果出错，例如出现 Time-out 之类的问题，可以多试几次，毕竟这是 OpenAI 公司的新功能，没那么稳定。

```
# 检查并等待可视化完成
import time
while True:
    messages = client.beta.threads.messages.list(thread_id=thread.id)
    try:
        # 检查是否创建了图像
        messages.data[0].content[0].image_file
        # 等待运行完成
        time.sleep(5)
        print('图表已创建!')
        if messages.data and messages.data[0].content:
            print('当前 Message:', messages.data[0].content[0])
        break
```

```
    except:
        time.sleep(10)
        print(' 您的助手正在努力做图表呢……')
    if messages.data and messages.data[0].content:
        print('当前 Message:', messages.data[0].content[0])
```

```
您的助手正在努力做图表呢……
您的助手正在努力做图表呢……
您的助手正在努力做图表呢……
您的助手正在努力做图表呢……
……
图表已创建!
```

苦等待了 3 分钟，我们的图表终于做好。不仅有图表，还有详细的思考过程呢。

小雪：哪儿呢？我怎么没看见。

咖哥：别急，我会把图片转换成 PNG 格式，并保存到本地。这样你就可以在本地目录中看到它（即 咖哥图书销售.png ）。之后，再通过代码把这个 PNG 文件上传给助手，以便进一步使用。

```
# 将输出文件转换为 PNG 格式
def convert_file_to_png(file_id, write_path):
    data = client.files.content(file_id)
    data_bytes = data.read()
    with open(write_path, "wb") as file:
        file.write(data_bytes)
plot_file_id = messages.data[0].content[0].image_file.file_id
image_path = " 咖哥图书销售 .png"
convert_file_to_png(plot_file_id,image_path)
# 上传图表
plot_file = client.files.create(
```

```
    file=open(image_path, "rb"),
    purpose='assistants'
)
```

运行代码后，可以看到文件夹中多了一张销售数据折线图（见图 4.17）。

小雪：哇！不错。在这张图中，助手自动计算了每个季度的销售额，并创建一个合并季度和年份的新列。把这张图放进 PPT 里，肯定能用！不比我自己绘制的差！

小雪：不过，咖哥，这里我倒有一个疑问。我想知道助手在这个绘图任务中的思考过程，可能做到吗？

咖哥：当然可以。我们查看截至目前的消息历史列表。可以发现里面记录了助手思考和行动的过程。

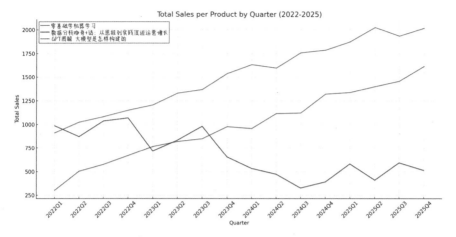

图4.17 自动生成的销售数据折线图

In

```
# 展示助手的思考和行动过程
messages = client.beta.threads.messages.list(thread_id=thread.id)
[message.content[0] for message in messages.data]
```

Out

[

MessageContentImageFile(image_file=ImageFile(file_id='file-KCFlvcOirtrzNzAQxr4OmtQn'), type='image_file'),

 MessageContentText(text=Text(annotations=[], value=' 这个文件包含有关产品销售的数据，具体包括日期和 3 个不同产品的销售额，这些产品分别是 " 零基础学机器学习 "" 数据分析咖哥十话：从思维到实践促进运营增长 " 和 "GPT 图解 大模型是怎样构建的 "。日期格式为 " 日 / 月 / 年 "。\n\n 接下来，我将计算从 2022 年到 2025 年每个季度的销售额，并按产品的要求绘制折线图，其中 " 零基础学机器学习 " 用红色线条表示，" 数据分析咖十话：从思维到实践促进运营增长 " 用蓝色线条表示，而 "GPT 图解 大模型是怎样构建的 " 用绿色线条表示。'), type='text'),

 MessageContentText(text=Text(annotations=[], value=' 日期列已成功转换，日期范围从 2022 年 3 月 31 日到 2025 年 12 月 31 日，覆盖了您指定的日期范围。\n\n 现在，我们将构建折线图来表示从 2022 年到 2025 年每个季度的销售额，并根据不同的产品用红、蓝、绿颜色线条表示。'), type='text'), MessageContentText(text=Text(annotations=[], value=' 数据成功加载，它包含 4 列：`日期`、零基础学机器学习、`数据分析咖哥十话：从思维到实践促进运营增长` 和 `GPT 图解 大模型是怎样构建的`。这些列分别代表每个季度的日期和 3 种产品的销售额。\n\n 接下来，我将按照您的要求 :\n1. 将日期列转换为日期类型，并确保它正确地被解析。\n2. 计算从 2022 年到 2025 年每个季度的总销售额。\n3. 通过不同的产品将销售额可视化为折线图，每种产品使用指定的颜色线条（红、蓝、绿）。\n\n 让我们从第一步开始：转换日期列。'), type='text'),

 MessageContentText(text=Text(annotations=[], value=' 看来在尝试读取文件时遇到一些问题，因为我没有成功地加载它。刚才的尝试包括将文件作为 CSV 和 Excel 格式读取，但这两种方式都失败了。为了解决这个问题，我需要尝试指定特定的编码（如 UTF−8）重新加载 '), type='text'),

 MessageContentText(text=Text(annotations=[], value=' 为了回答您的问题，请允许我首先检查文件的内容以了解其结构。这将帮助我确定如何提取所需的销售数据，并根据您的要求计算和可视化。我现在将加载并检查文件。'), type='text'),

 MessageContentText(text=Text(annotations=[], value=' 计算从 2022 年到 2025 年每个季度的销售额，并通过不同的产品将其可视化为折线图，产品线条颜色分别为红，蓝，绿。'), type='text')]

可以看到，助手输出的最新一条消息是"MessageContentImageFile(image_file=ImageFile(file_id='file-KCFlvcOirtrzNzAQxr4OmtQn'), type='image_file')"。这表明助手会优先显示图片已经生成的消息。倒数第二条消息的文本是"这个文件包含有关产品销售的数据，具体包括日期和 3 个不同产品的销售额，这些产品分别是"零基础学机器学习""数据分析咖哥十话：从思维到实践促进运营增长"和"GPT 图解 大模型是怎样构建的"。日期格式为"日 / 月 / 年"。\n\n 接下来，我将计算从 2022 年到 2025 年每个季度的销售额，并按产品的要求绘制折线图，其中"零基础学机器学习"用红色线条表示，"数据分析咖哥十话：从思维到实践促进运营增长"用蓝色线条表示，而"GPT 图解 大模型是怎样构建的"用绿色线条表示"。这就是助手要传给 Code Interpreter 来编码作图的最终提示（Prompt）。Code Interpreter 在作图时也会读取我们上传的数据文件。

同时，我们看到助手在得出最终提示之前还经历了多轮思考，如转换编码、转换日期类型等。有趣的是，助手曾多次尝试解析数据文件，当第一次解析不成功时（助手输出消息是"看来在尝试读取文件时遇到一些问题……"），它用新方法再次尝试后才成功。这证明了助手具有自适应性。

所以，效果很不错！只要一句话，就可以让我们的助手使用 Code Interpreter 来统计销售额，并绘制折线图。现在我们的 PPT 已经有了漂亮的图表，但我们还需要一些文本，也就是见解（英文为 insight，也可说是洞见或者洞察[①]）来配合它。

4.4.4　自主创建数据洞察

现在，我们继续通过线程向助手发送新的任务。

先定义一个函数来提交用户的消息，并获取助手的分析结果。

```
# 定义提交用户消息的函数
def submit_message_wait_completion(assistant_id, thread, user_message, file_ids=None):
    # 检查并等待活跃的 Run 完成
    for run in client.beta.threads.runs.list(thread_id=thread.id).data:
        if run.status == 'in_progress':
            print(f" 等待 Run {run.id} 完成……")
            while True:
                run_status = client.beta.threads.runs.retrieve(thread_id=thread.id, run_id=run.id).status
                if run_status in ['succeeded', 'failed']:
                    break
                time.sleep(5) # 等待 5s 后再次检查状态

    # 提交消息
    params = {
        'thread_id': thread.id,
        'role': 'user',
```

---

① 咖哥的《数据分析咖哥十话：从思维到实践促进运营增长》一书着重讲解了如何通过数据演绎法从数据中提取见解。

```
    'content': user_message,
  }
  # 设置 attachments
  if file_ids:
      attachments = [{"file_id": file_id, "tools": [ {"type": "code_interpreter"}]} for file_id in file_ids]
      params['attachments'] = attachments
  client.beta.threads.messages.create(**params)


  # 创建 Run
  run = client.beta.threads.runs.create(thread_id=thread.id, assistant_id=assistant_id)
  return run
```

　　函数首先会检查线程中的所有 Run，如果存在正在进行的 Run，则会等待它们完成。一旦所有的运行都完成，函数就会提交新的任务。

　　通过调用 submit_message_wait_completion 函数来发送请求，让助手生成见解。

In

```
# 通过调用 submit_message 函数来发送请求，让助手生成见解
submit_message(
 assistant.id,
 thread,
 "请根据你刚才创建的图表，给我两个约 20 字的句子，描述最重要的见解。这将用于 PPT 展示，揭示数据背后的秘密。")
```

Out

```
Run(
 id='run_NQoyCMVx1bM45bfAJbCSm5sn',
 assistant_id='asst_KTnWa4wvNB5VPqkNjxXLO6uQ',
 cancelled_at=None,
 completed_at=None,
 created_at=1706798249,
 expires_at=1706798849,
 failed_at=None,
 file_ids=['file-zFY1ufxxK6ChvFnFtH7R39Kn'],
 instructions=' 作为一名数据科学助理，当给定数据和一个查询时，你能编写适当的代码并创建适当的可视化。',
 last_error=None,
 metadata={},
 model='gpt-4-0125-preview',
 object='thread.run',
 required_action=None,
 started_at=None,
 status='queued',
 thread_id='thread_0RRIolntisN73QKBEahXeLie',
 tools=[ToolAssistantToolsCode(type='code_interpreter')],
 usage=None
)
```

下面，我们获取当前对话线程的响应，并打印生成的见解。

In

```
# 获取对话线程的响应
def get_response(thread):
    return client.beta.threads.messages.list(thread_id=thread.id)
# 等待响应并打印生成的见解
time.sleep(10) # 假设数据科学助理需要一些时间来生成见解
response = get_response(thread)
bullet_points = response.data[0].content[0].text.value
print(bullet_points)
```

Out

1. "从 2022 年到 2025 年，'数据分析咖哥十话：从思维到实践促进运营增长'的季度销售额呈现出稳步增长的趋势。"
2. "相比之下，'GPT 图解 大模型是怎样构建的'和'零基础学机器学习'在同一时期的销售额波动较大。"

不得不说，GPT-4 模型的聪明程度真的不亚于数据分析师新手！所以，多夸夸你的大模型吧，你越夸它，它的响应水平越高。

这可不是咖哥在胡说八道，这里介绍一下"自我实现预言"（self-fulfilling prophecy）。这个心理学和社会学概念（咖哥是在《高效能人士的 7 个习惯》一书中了解它的）指的是一个人的信念或期望能够影响他们的行为，从而使这些信念或期望成为现实。换句话说，如果一个人相信某件事会发生，那么他的行为可能会无意识地导致这个预期成为现实。

自我实现预言显示了期望或信念对个人行为和互动的强烈影响，强调了心态和态度对塑造我们自身的现实作用。

尽管大模型的核心能力和知识水平是由训练数据、训练过程和算法决定的，但用户的期望和反馈确实可以影响交互的性质和响应的质量。因为正面的互动和反馈可能会激发更丰富的对话和探索，而消极的反馈可能会导致更简单或受限的交互。这与俗话中的"说你行，你就行"的意思类似。

4.4.5 自主创建页面标题

接下来再次调用 submit_message_wait_completion 函数。根据助手所输出的两个见解，下面开始为 PPT 生成标题。

In
```
# 根据见解生成标题
submit_message_wait_completion(assistant.id, thread," 根据你创建的情节和要点，为 PPT 想一
个非常简短的标题，反映你得出的主要见解。")
```

之后等待助手对这个消息请求进行响应并输出 PPT 的标题。

In
```
# 等待响应并打印标题
time.sleep(10) # 等待助手生成标题
response = get_response(thread)
title = response.data[0].content[0].text.value
print(title)
```

Out
```
" 市场趋势：优秀科技教育类图书产品销售增长揭秘" ←（第一次运行的输出结果）
" 产品销售趋势：稳健增长与市场波动" ←（第二次运行的输出结果）
```

多好的标题啊！第一次感到被人（AI）真正理解的咖哥看到这两个标题时感动得都要哭了。

4.4.6　用DALL·E 3模型为PPT首页配图

接下来有趣的任务来了，请助手为 PPT 首页配一张精彩的图片。这张图片旨在展示咖哥和花语秘境公司的共同成长和前进道路。将这张图片用作背景，可以进行正面的心理暗示，促使投资人对咖哥产生好感。

在下面的代码中，首先提供我们这家初创公司的简介（如果没有这条信息，那么助手在讲故事时就会缺少"抓手"）。然后调用 DALL·E 3 模型根据咖哥的作品情况和公司信息来生成一张图片。

In
```
# 提供花语秘境公司的说明
company_summary = " 虽然我们是初创网络鲜花批发电商，但是我们董事长也写 IT 图书！ "
# 调用 DALL·E 3 模型来生成图片
response = client.images.generate(
  model='dall-e-3',
  prompt=f" 根据这家公司的简介 {company_summary}, \
            创建一张展示咖哥和花语秘境公司共同成长和前进道路的启发性照片。这将用于季度销售
规划会议 ",
      size="1024x1024",
      quality="hd",
      n=1
)
image_url = response.data[0].url
# 获取 DALL·E 3 模型生成的图片
import requests
dalle_img_path = ' 花语秘境咖哥 .png'
img = requests.get(image_url)
# 将图片保存到本地
with open(dalle_img_path,'wb') as file:
```

```
    file.write(img.content)
# 将上传的图片作为 PPT 素材之一
dalle_file = client.files.create(
    file=open(dalle_img_path, "rb"),
    purpose='assistants'
)
```

代码通过 URL 获取生成的图片，然后保存到本地。最后，图片被上传到 client 中，并作为下一步生成 PPT 的素材之一。

在本地找到"花语秘境咖哥 .png"文件，打开它，你会看到一张令人惊喜的图片（见图 4.18）。

图片表现力可圈可点，既有鲜花装点，又突出了董事长是一位不折不扣的文学青年：他以图书为基座，在鲜花盛开的康庄大道上向前走——向着写出 100 本精品图书的目标迈进！

小雪：董事长？！

图4.18　咖哥走在花语秘境中

4.4.7　自主创建PPT

现在我们已拥有创建 PPT 所需的全部素材。最后一步马上开始！

这里，我们可以通过 python-pptx 库为助手提供 PPT 模板。这些模板包括设置 PPT 的布局、背景颜色，添加图片、文本框，以及定制字体样式和大小。

我们会定义两个模板，一个是首页模板，一个是内页模板 [1]。

首先通过多行字符串模板 title_template（首页模板）定义一个包含图像、标题和副标题的 PPT 模板。

---

① 　本节介绍的两个PPT模板的代码主要取材于OpenAI的官方示例。

```python
# 导入相关库和工具
from pptx import Presentation
from pptx.util import Inches, Pt
from pptx.enum.text import PP_PARAGRAPH_ALIGNMENT
from pptx.dml.color import RGBColor
# 初始化首页模板
title_template = """
# 创建新的 PPT 对象
prs = Presentation()
# 添加一个空白的 PPT 布局
blank_slide_layout = prs.slide_layouts[6]
slide = prs.slides.add_slide(blank_slide_layout)
# 将 PPT 的背景颜色设置为黑色
background = slide.background
fill = background.fill
fill.solid()
fill.fore_color.rgb = RGBColor(0, 0, 0)
# 在 PPT 左侧添加图片，上下留有边距
left = Inches(0)
top = Inches(0)
height = prs.slide_height
width = prs.slide_width * 3/5
pic = slide.shapes.add_picture(image_path, left, top, width=width, height=height)
# 在较高位置添加标题文本框
left = prs.slide_width * 3/5
top = Inches(2)
width = prs.slide_width * 2/5
height = Inches(1)
title_box = slide.shapes.add_textbox(left, top, width, height)
title_frame = title_box.text_frame
title_p = title_frame.add_paragraph()
title_p.text = title_text
title_p.font.bold = True
title_p.font.size = Pt(38)
title_p.font.color.rgb = RGBColor(255, 255, 255)
title_p.alignment = PP_PARAGRAPH_ALIGNMENT.CENTER
# 添加副标题文本框
left = prs.slide_width * 3/5
top = Inches(3)
width = prs.slide_width * 2/5
height = Inches(1)
subtitle_box = slide.shapes.add_textbox(left, top, width, height)
subtitle_frame = subtitle_box.text_frame
subtitle_p = subtitle_frame.add_paragraph()
subtitle_p.text = subtitle_text
subtitle_p.font.size = Pt(22)
subtitle_p.font.color.rgb = RGBColor(255, 255, 255)
subtitle_p.alignment = PP_PARAGRAPH_ALIGNMENT.CENTER
"""
```

接下来通过多行字符串模板 details_template（内页模板）定义一个包含图像、标题和"关键见解："文本（含项目符号列表）的 PPT 模板。

```
# 初始化内页模板
details_template = """
# 创建新的 PPT 对象
prs = Presentation()
# 添加一个空白的 PPT 布局
blank_slide_layout = prs.slide_layouts[6]
slide = prs.slides.add_slide(blank_slide_layout)
# 将 PPT 的背景颜色设置为黑色
background = slide.background
fill = background.fill
fill.solid()
fill.fore_color.rgb = RGBColor(0, 0, 0)
# 定义占位符
image_path = data_vis_img
title_text = " 提升利润：在线销售与直销优化的主导地位 "
bullet_points = "• 在线销售在各个季度中始终领先于盈利能力，这表明存在强大的数字市场。\n• 直销
表现出波动，这表明该渠道的表现变化和进行针对性改进的必要性。"
# 在 PPT 左侧添加图片占位符
left = Inches(0.2)
top = Inches(1.8)
height = prs.slide_height – Inches(3)
width = prs.slide_width * 3/5
pic = slide.shapes.add_picture(image_path, left, top, width=width, height=height)
# 添加覆盖整个宽度的标题文本
left = Inches(0)
top = Inches(0)
width = prs.slide_width
height = Inches(1)
title_box = slide.shapes.add_textbox(left, top, width, height)
title_frame = title_box.text_frame
title_frame.margin_top = Inches(0.1)
title_p = title_frame.add_paragraph()
title_p.text = title_text
title_p.font.bold = True
title_p.font.size = Pt(28)
title_p.font.color.rgb = RGBColor(255, 255, 255)
title_p.alignment = PP_PARAGRAPH_ALIGNMENT.CENTER
# 添加硬编码的"关键见解："文本和项目符号列表
left = prs.slide_width * 2/3
top = Inches(1.5)
width = prs.slide_width * 1/3
height = Inches(4.5)
insights_box = slide.shapes.add_textbox(left, top, width, height)
```

```
insights_frame = insights_box.text_frame
insights_p = insights_frame.add_paragraph()
insights_p.text = " 关键见解： "
insights_p.font.bold = True
insights_p.font.size = Pt(24)
insights_p.font.color.rgb = RGBColor(0, 128, 100)
insights_p.alignment = PP_PARAGRAPH_ALIGNMENT.LEFT
insights_frame.add_paragraph()
bullet_p = insights_frame.add_paragraph()
bullet_p.text = bullet_points
bullet_p.font.size = Pt(12)
bullet_p.font.color.rgb = RGBColor(255, 255, 255)
bullet_p.line_spacing = 1.5
"""
```

最后一步！用 submit_message_wait_completion 提交消息——传入必要的参数，包括模板、标题、副标题和附加的文件 ID，并指示助手使用上述模板来创建 PPT。之后等待助手完成任务即可。

```
title_text = " 花语秘境 "
subtitle_text = "2025 年销售大会 "

submit_message_wait_completion(assistant.id,thread,f" 通过包含的代码模板创建符合模板格式的 PPT，但
使用本消息中包含的图片、公司名称 / 标题和文件名 / 副标题：\
{title_template}。重要提示：在第一张 PPT 中使用本消息中包含的图片文件作为 image_path 图像，并
使用公司名称 {title_text} 作为 title_text 变量，\
    使用副标题文本 {subtitle_text} 作为 subtitle_text 变量。\
    接着，使用以下代码模板创建第二张 PPT：{data_vis_template}，创建符合模板格式的 PPT，但使用
公司名称 / 标题和文件名 / 副标题：\
{data_vis_template}。重要提示：使用您之前在本线程中创建的第二张附图（折线图）作为 data_vis_
img 图像，并使用您之前创建的数据可视化标题作为 title_text 变量，\
    使用您之前创建的见解项目符号列表作为 bullet_points 变量。将这两张 PPT 输出为 pptx 格式的文件。
确保输出为两张 PPT，且每张 PPT 都符合本消息中给出的相应模板。",
        file_ids=[dalle_file.id, plot_file.id]
)


# 等待助手完成 PPT 创建任务
while True:
  try:
    response = get_response(thread)
    pptx_id = response.data[0].content[0].text.annotations[0].file_path.file_id
    print(" 成功检索到 pptx_id:", pptx_id)
    break
  except Exception as e:
```

```
        print(" 您的助手正在努力制作幻灯片……")
        time.sleep(10)

import io
pptx_id = response.data[0].content[0].text.annotations[0].file_path.file_id
ppt_file= client.files.content(pptx_id)
file_obj = io.BytesIO(ppt_file.read())
with open("咖哥花语秘境 .pptx"，"wb") as f:
    f.write(file_obj.getbuffer())
```

Out

您的助手正在努力制作 PPT……
您的助手正在努力制作 PPT……
您的助手正在努力制作 PPT……
您的助手正在努力制作 PPT……
您的助手正在努力制作 PPT……
成功检索到 pptx_id: file–hpHLEPeANzfza6CLhW4Vfccv

好了，一个新文件诞生了。打开当前目录中新生成的文件"花语秘境 .pptx"，两张从版式到内容几乎不需要任何修改的 PPT 映入眼帘（见图 4.19）。

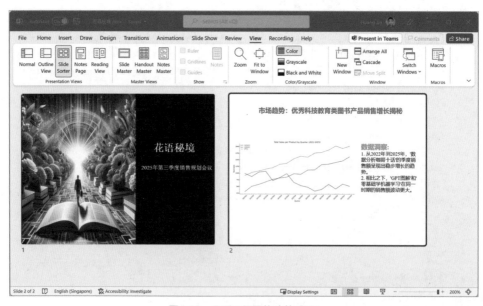

图4.19　几乎不需要修改的PPT

4.5　小结

4.1 节 ~4.3 节对什么是 Assistants API，如何使用 Assistants API，以及 Thread、Run、Message 等概念、工具和操作流程，做了很好的解释和演练。

最主要的内容——4.4 节介绍如何使用 OpenAI 公司的 Assistants API 以及 GPT-4 模型和 DALL·E 3 模型来制作信息丰富且视觉上吸引人的 PPT。

在实操中，首先，展示了如何加载销售数据，并利用 Assistants API 作为数据科学助理来生成数据可视化的图或表。这个过程包括统计每个季度的销售额，并将其以折线图的形式进行展示。

其次，Assistants API 根据生成的图或表提供了一些见解，并创建了适合 PPT 的标题。然后，通过 DALL·E 3 模型，根据公司的概述生成一张 PPT 首页图片。

最后，使用 python-pptx 库和一些预设模板，通过 Assistants API 来创建 PPT。这个过程把所有元素结合起来，包括标题、图表、见解以及由 DALL·E 3 模型生成的图片，最终生成两张不错的 PPT。

如你所见，通过几行代码和自然语言说明，就能轻松创建一个助手。这个助手可以充当数据科学助理，创作相当不错的内容；也可以作为个人助理，独立制作精美的 PPT。对这个和 AI 共存的新世界，咖哥和你一样惊讶。

第 5 章

Agent 2：多功能选择的引擎——通过 Function Calling 调用函数

从地铁站到公司的路上有座自然历史博物馆，咖哥和小雪走了进去（见图5.1）。

小雪：咖哥，人类能够从古代猿类进化而来，在很大程度上是因为我们学会使用工具。人类进化历程中工具使用的重要性对我们在人工智能领域的研究有所启示吗？

咖哥：学会使用工具的确是进化过程中的一个关键转折点。除了工具的使用增强人类的生存能力以外，使用工具的过程促进了人类认知能力的发展，包括解决问题、规划和抽象思维能力。这些能力的发展为人类文明的进步奠定了基础。

图5.1　咖哥和小雪参观博物馆

咖哥指了指海报上猿人手中的石头，说：这块石头看着简单吧？但对早期的人类来说，这可能是一把切割食物的刀，可能是一件用来狩猎的武器，也可能是一件发生危险时用来防身的武器。工具使他们能完成更多类型、更复杂的任务，同时效率也更高。

如果 Agent 面对复杂的任务时只能靠自己来解决，那么它的能力是非常有限的。但如果它能根据不同的任务调用外部的功能或服务，那么它的能力将得到极大增强（见图5.2）。

图5.2　人类和AI都学会用工具完成任务

小雪：你这样一说，我自然而然地联想起 Playground 中 Assistants 的工具（Tools）。这些工具先在 OpenAI 内部定义好，然后由 Agent 自主调用吗？

咖哥：说对了一部分，但不全对。工具可以由你自己定制。接下来介绍完 Function Calling，你就全明白了。

5.1　OpenAI中的Functions

4.2节提到 Assistants 中的工具可以分为 3 种类型——Functions、Code interpreter 和 File search，如图 5.3 所示。

图5.3 Assistants中的Tools

在这些工具中，我们已经通过 Code interpreter 编写了进行数据分析的代码，而 File search 的作用是在上传的文件中自动检索信息。这两个工具是封装在 OpenAI 内部的——无论是在 Assistants 还是在 OpenAI API 中，都可以直接使用。它们是 OpenAI 的内部工具。

现在重点说一说 Functions，这可以是由我们开发者定制的工具。

5.1.1 什么是Functions

用 OpenAI 公司的话说，Functions 是一个开发者工具，旨在提供特定领域的能力来扩展和增强 OpenAI 公司的大模型的功能。它允许开发者创建和部署自定义函数，这些函数可以执行特定的任务、处理复杂的查询或者提供专业化的回答。通过 Functions，开发者可以利用 OpenAI 公司的大模型的强大功能来构建更加丰富和动态的应用。

就像人类决定何时用刀割、何时用锤敲一样，Assistants 通过 Functions，可以根据当前任务的需要，选择并调用最合适的外部函数或工具。这样，Agent 就可以在自己的训练过程中掌握尚未完备的技能，从而更加灵活和高效地处理各种复杂的任务。

Functions 的主要特点如下。

■ 定制化：开发者可以根据特定需求定制函数，以处理特定类型的问题。

■ 集成：这些函数可以集成到现有的应用或服务中。

■ 扩展性：随着需求的变化和技术的发展，开发者可以更新和扩展函数的功能。

Functions 让大模型可以连接到外部工具，从而赋予开发者更多的灵活性和创造力，以促进和加速 AI 在各种行业和领域中的应用。

5.1.2 Function的说明文字很重要

小雪：我最疑惑的就是，Assistants 是怎么知道什么时候应该调用什么工具的呢？

咖哥：对于 Code interpreter 和 File search 这两个内部工具，OpenAI 内部自有一套处理逻辑，用于指导 Assistants 判断哪些场景需要调用哪些工具。对于我们自己定制的 Function，你给出的 Description（说明文字）特别重要。Description 就是 Assistants 用于判断是否应该调用这个工具的依据。

在图 5.3 中单击 + Function 后，可以看到一个默认的 Function 示例（见图 5.4）。这个 Function 叫作 get_weather，它的说明是"Determine weather in my location"。基于这个工具说明，助手在需要查找天气情况时，当然会自主地联想到这个工具了。

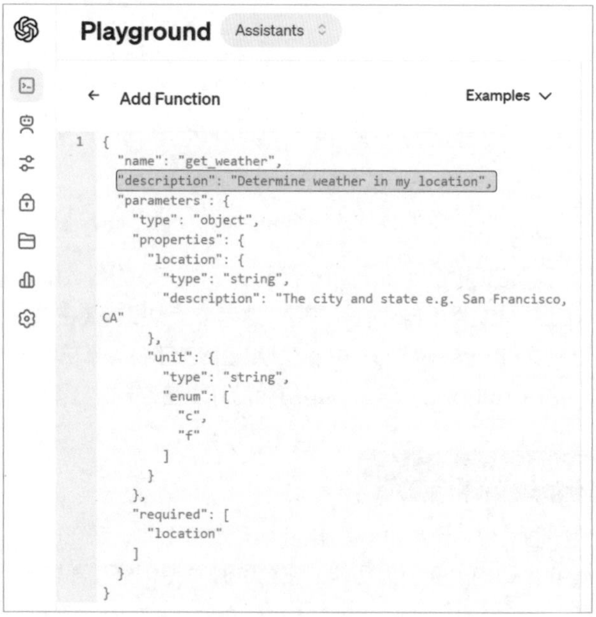

图5.4 在Playground中默认的Function示例

如果我告诉它"你的任务是根据今天的气温来安排鲜花的存储"，那么会不会调用这个工具呢？

小雪点点头：助手应该会想到有这个工具。

5.1.3 Function定义中的Sample是什么

小雪：不过，我这儿又有一个新疑问。上面的这段示例代码就是 Function 中要实现的功能？

咖哥：错了，小雪。有一点你要特别注意，上面这段看上去像代码的文本，其实不是代码段，而是对函数接口的 JSON 格式的描述（即 JSON Schema），其目的是让大模型智能地输出一个包含用于调用一个或多个函数的参数的 JSON 对象。这个说明只是函数的"元数据"，描述了如何使用这个函数。具体的实现代码需要在主程序中编写。当这个函数被调用时，所编写的实现代码会执行相应的操作（例如查询天气）并返回结果。

其中，get_weather 的函数的元数据包含以下几个关键部分。

name：函数的名称。

description：函数的描述，解释函数的用途。

parameters：参数的定义，描述了该函数需要什么样的数据输入。

■ type：指示参数是一个对象。

■ properties：描述了这个对象应该拥有的属性，例如 location 和 unit。其中，location，应该是一个字符串，表示要查询天气信息的城市和州；unit，一个字符串，表示温度的单位，可能的值是"c"（摄氏度）或"f"（华氏度）。

■ required：这个列表指示哪些属性是必需的，对于这个函数，location 是必需的。

咖哥发言

JSON（JavaScript Object Notation）是一种轻量级数据交换格式，它基于文本，易于开发者阅读和编写，也易于机器解析和生成。它是一种用于存储和传输数据的格式，通常用于服务器和 Web 应用程序之间的数据交换。

再强调一遍，在把工具传递给大模型之后，大模型不会真的调用工具中的代码，相反，大模型会生成 JSON 格式的字符串。开发者应先解析，然后使用它来调用代码中的函数（具体功能的实现其实是掌握在开发者手中的，其逻辑由开发者在后续代码中封装完成）。对于初学者，这一点特别"绕"，但在看完我们后面介绍的几个示例之后，就会觉得清晰了。

咖哥发言

并非 OpenAI 公司的所有模型都支持 Functions，只有经过训练的较新的模型（如 GPT-3.5 Turbo 和 GPT-4）可以检测何时应调用函数（这取决于所输入的提示信息和 Functions 中的说明文字），而且经过相关训练的新模型比之前的模型能更紧密地按照 JSON 格式进行响应。

5.1.4 什么是Function Calling

解释清楚 Functions 的定义后，我们继续探讨什么是 Function Calling。

Function Calling 是 GPT-3.5 Turbo 和 GPT-4 等模型的新功能。这个功能允许开发者用 JSON Schema描述函数。大模型可以智能地输出一个包含用于调用一个或多个函数的参数的 JSON 对象。

Function Calling 是连接 GPT 模型的自然语言理解能力与外部工具或 API 的桥梁，可以使从大模型中获取结构化数据或基于大模型输出触发外部动作的方式更为可靠。

Functions 调用的基本步骤如下。

1. 定义函数及元数据：定义好你要做的事情的函数和元数据（JSON Schema）。把 JSON Schema 提交给大模型。

2. 提出请求：告诉系统想做什么，例如查询天气信息。这个请求需要包含必要的信息，如地点。

3. 模型生成命令：系统会根据用户的请求决定调用哪个功能。如果该请求与系统中的某个函数匹配，系统就会创建一个包含所有必要信息的字符串，这个字符串符合事先定义的 JSON Schema 的要求。

4. 执行函数：系统首先把文本解析为 JSON 对象，然后根据这个 JSON 对象执行对应的函数。如果命令中包括地点信息，那么 JSON 对象中也会包含统一的地点信息。相应地，函数会去查找那个地点的天气信息。

5. 返回结果：一旦函数执行完毕，系统会返回结果。这个结果也是用 JSON 格式来表示的。通常会把这个结果再次传递回大模型，让它生成最终的回答，也就是输出有关该地点天气信息的文本。

我们可以将上述步骤用表 5.1 展示。

表 5.1　Functions 的调用步骤

步骤	描述
1	定义好要做的事情的函数和元数据（JSON Schema）。把 JSON Schema 提交给大模型
2	用户提出请求，如"获取当前天气"或"发送电子邮件给客户"
3	大模型根据查询确定是否需要调用函数，并构造一个字符串化的 JSON 对象。这个 JSON 对象包含函数调用所需的参数
4	开发者编写代码将这个字符串解析回 JSON 对象，并实际调用相应的函数，如 get_current_weather 或 send_email，传入必要的参数
5	函数执行并返回结果。这些结果被传递回大模型
6	大模型接收函数执行的结果，并将相关信息整合到回复中，以自然语言的形式返给用户

小雪：咖哥，你这么解释我就基本清楚了。在 OpenAI 公司的文档中，有时我们看到的 Functions 指的是要调用的函数的接口定义部分；有时我们看到的 Function Calling 指的是通过大模型生成符合函数调用接口格式的字符串的过程，你还需要把它解析为 JSON 对象，然后再调用自己定义的函数功能。

简单来说，这是一个把自然语言（如查询成都的温度、给鲜花加价 20%）变成一个计算机函数能够读懂的 JSON Schema 的过程。

咖哥：说得真好，就是这么回事。表 5.2 给出了更多 Function 定义的示例。

表 5.2　更多 Function 定义的示例

使用场景	Function 定义的示例	功能描述
查询客户信息	get_customers(min_revenue: int, created_before: string, limit: int)	根据收入、创建日期等条件查询客户信息
提取数据	extract_data(name: string, birthday: string)	从文本中提取特定的人名和生日数据
执行 SQL 查询	sql_query(query: string)	执行一个 SQL 查询并返回结果

5.2　在Playground中定义Function

在本节中，咱们通过具体示例实现这个流程。我们要创建一个简单且有趣的 Function，它是一个"鼓励生成器"，接受用户的名字和当前心情，然后返回一条定制化的鼓励消息。

这个 Function 的功能简单直接，代码行数小于 20 行。

In
```python
# 鼓励函数
def get_encouragement(name, mood):
    # 基础鼓励消息
    messages = {
        "happy": "继续保持积极的心态，做得好！",
        "sad": "记住，即使在最黑暗的日子里，也会有阳光等着你。",
        "tired": "你做得足够好，现在是时候休息一下了。",
        "stressed": "深呼吸，一切都会好起来。"
    }

    # 获取对应心情的鼓励消息
    message = messages.get(mood.lower(), "你今天感觉如何？我总是在这里支持你！")

    # 返回定制化的鼓励消息
    return f"亲爱的 {name}，{message}"
# 使用示例
print(get_encouragement("小雪", "tired"))
```

Out
```
亲爱的小雪，你做得足够好，现在是时候休息一下了。
```

其中，get_encouragement 函数首先接收两个参数——用户的名字和当前心情。然后，根据用户的心情，从预设的消息中选择一句合适的鼓励语并返回。

小雪：好的，咖哥，下面看我的。进入 Playground，先创建一个助手，命名为"鼓励 Agent"，然后单击 + Function，如图 5.5 所示。

图5.5　在Playground中创建助手，并添加Function

咖哥：正确。

小雪：接下来输入与前面类似的代码到 Function 中（见图 5.6），是这样吗？

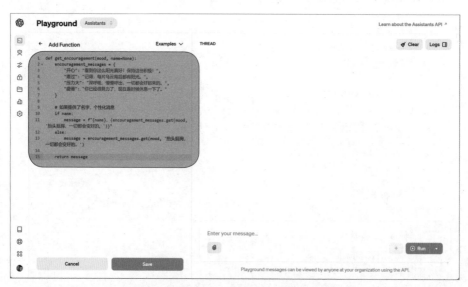

图5.6　小雪在Function中添加了具体实现代码

咖哥：非也，非也！你是不是忘了我刚才反复提醒的事情了？！这里要添加的不是 Function 的具体实现代码，而是对函数及其参数的 JSON 格式的描述（JSON Schema），也就是函数的元数据。

下面才是"鼓励函数"get_encouragement 的 JSON Schema 正确的示例。

```
{
  "name": "get_encouragement",
  "description": " 根据用户的心情提供鼓励信息 ",
  "parameters": {
   "type": "object",
   "properties": {
    "mood": {
     "type": "string",
     "description": " 用户当前的心情，例如：开心，难过，压力大，疲倦 "
    },
    "name": {
     "type": "string",
     "description": " 用户的名字，用来个性化鼓励信息 "
    }
   },
   "required": ["mood"]
  }
}
```

把这个 JSON Schema 添加到 Function 中（见图 5.7）。

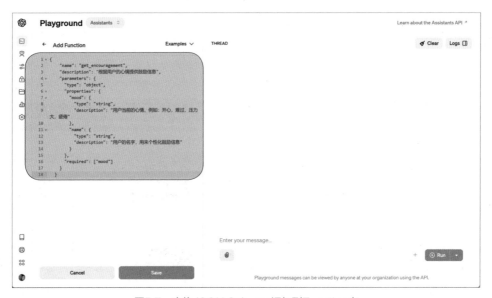

图5.7　应将JSON Schema添加到Function中

接下来，我们在 Playground 中通过 Run 调用这个助手，让它为"伤心的小雪生成鼓励的话语"（见图 5.8）。

图5.8　运行助手

可以看到，助手此时并没有生成具体的鼓励话语。这是因为在这个节点，还没有出现具体的 Function 功能。助手生成的是一行合规的函数调用代码。

```
get_encouragement({ "mood": " 难过 ", "name": " 小雪 " })
```

小雪：那么函数的具体功能应如何实现呢？

咖哥：首先在代码中定义函数的具体功能，然后通过自动调用助手（也就是 Agent）来完成相应功能。

5.3　通过Assistants API实现Function Calling

前面介绍了如何在 Playground 中创建一个助手并定义其 Function，在本节中，我们将通过 Assistants API 完成 Function Calling 的整个流程。

Function Calling 的整体框架如图 5.9 所示。

图 5.9 的中心思想是：先定义工具来描述函数，再通过 Function Calling 智能地返回需要调用的函数及其参数——在整个过程中，我们可以把非结构化的文本语言转化成结构化的 JSON 描述。

接下来我们完成 Function Calling 实操。在此之前，有必要先回顾一下表

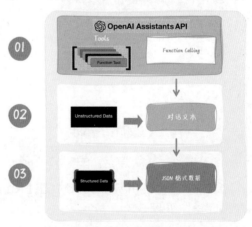

图5.9　Function Calling的整体框架
（图片来源：Medium网站）

4.1 中 Run 的各种状态。

Function Calling 的总体流程是：当触发用户消息时，助手会启动一个 Run；如果在 Run 中，助手确定应进行 Function Calling，它会暂停执行 Run，并将 Run 的状态转变为 requires_action；助手返回需要调用的 Function 及其参数的 JSON 数据；开发者在代码内部调用自己的函数功能；本地代码执行完毕后，通过提交函数的回调结果来完成 Run。

小雪：感觉有点复杂。

咖哥：这里面的确有"坑"。接下来我们详细分析这个过程。

5.3.1 创建能使用Function的助手

首先创建一个助手。当然，在 5.2 节中，我们已经在 Playground 中创建了一个助手（见图 5.10）。

图5.10　已经创建的助手

既然已经有了助手，就不必浪费资源重新创建。可以根据 ID 获取已有的助手（这里为鼓励 Agent）。

```
# 读取系统变量
from dotenv import load_dotenv
load_dotenv()
# 初始化 client
from openai import OpenAI
client = OpenAI()
# 检索之前创建的助手
assistant_id = "asst_pF2pMtIHOL4CpXpyUdHkoKG3" # 你自己的助手的 ID
assistant = client.beta.assistants.retrieve(assistant_id)
print(assistant)
```

Out

助手的信息：
Assistant(id='asst_pF2pMtIHOL4CpXpyUdHkoKG3', created_at=1705829118, description=None, file_ids=[], instructions=' 你是一个很会鼓励人的助手！ ', metadata={}, model='gpt-4-turbo-preview', name=' 鼓励 Agent', object='assistant', tools=[ToolFunction(function=FunctionDefinition(name='get_encouragement', description=' 根据用户的心情提供鼓励信息 ', parameters={'type': 'object', 'properties': {'mood': {'type': 'string', 'description': ' 用户当前的心情，例如：开心，难过，压力大，疲倦 '}, 'name': {'type': 'string', 'description': ' 用户的名字，用来个性化鼓励信息 '}}, 'required': ['mood']}), type='function')])

当然，如果想要通过 Assistants API 创建一个新的助手也不难，可以参考下面的代码。

```
assistant = client.beta.assistants.create(
    instructions="You are a very encouraging assistant!",
    model="gpt-4-turbo-preview",
    tools=[{
        "type": "function",
        "function": {
            "name": "get_encouragement",
            "description": " 根据用户的心情提供鼓励信息 ",
            "parameters": {
                "type": "object",
                "properties": {
                    "mood": {
                        "type": "string",
                        "description": " 用户当前的心情，例如：开心，难过，压力大，疲倦 "
                    },
                    "name": {
                        "type": "string",
                        "description": " 用户的名字，用来个性化鼓励信息 "
                    }
                },
                "required": ["mood"]
            }
        }
    }]
)
```

上述代码在创建助手时定义了一个 Function，其产生的效果如同我们之前在 Playground 中添加的 JSON Schema 产生的。

5.3.2 不调用Function，直接运行助手

此时，如果不调用 Function，直接运行助手，我们看看会发生什么。

```python
# 创建一个新的 Thread
thread = client.beta.threads.create()
print(f"Thread 的信息 :\n{thread}\n")

# 在 Thread 中添加用户的消息
message = client.beta.threads.messages.create(
    thread_id=thread.id,
    role="user",
    content=" 你好，请和我随便说句话吧！ "
)
print(f"Message 的信息 :\n{message}\n")

# 运行助手来处理 Thread
run = client.beta.threads.runs.create(
    thread_id=thread.id,
    assistant_id=assistant_id
)
print(f"Run 的初始信息 :\n{message}\n")

# 轮询以检查 Run 的状态
import time
n = 0
while True:
    n += 1
    run = client.beta.threads.runs.retrieve(
        thread_id=thread.id,
        run_id=run.id
    )
    print(f"Run 的第 {n} 次轮询信息 :\n{run}\n")
    if run.status == 'completed':
        break
    time.sleep(5)  # 等待 5s 后再次检查

# 获取助手在 Thread 中的回应
messages = client.beta.threads.messages.list(
    thread_id=thread.id
)

# 输出助手的回应
for message in messages.data:
    if message.role == "assistant":
        print(f" 助手的回应 :\n{ message.content }\n")
```

Out

Thread 的信息：
Thread(id='thread_xfEdaRucaeXBKIyMMAXDzT1r', created_at=1708532544, metadata={}, object='thread', tool_resources=[])

Message 的信息：
ThreadMessage(id='msg_gbplwkTtNga4vmlQXqC8QLYK', assistant_id=None, content=[MessageContentText(text=Text(annotations=[], value=' 你好，请和我随便说句话吧！ '), type='text')], created_at=1708532544, file_ids=[], metadata={}, object='thread.message', role='user', run_id=None, thread_id='thread_xfEdaRucaeXBKIyMMAXDzT1r')

Run 的初始信息：
Run(id='run_cmBpa3ST0ntkg6tROmwNj4bc', assistant_id='asst_pF2pMtIHOL4CpXpyUdHkoKG3', cancelled_at=None, completed_at=None, created_at=1708532545, expires_at=1708533145, failed_at=None, file_ids=[], instructions=' 你是一个很会鼓励人的助手！ ', last_error=None, metadata={}, model='gpt-4-turbo-preview', object='thread.run', required_action=None, started_at=None, status='queued', thread_id='thread_xfEdaRucaeXBKIyMMAXDzT1r', tools=[ToolAssistantToolsFunction(function=FunctionDefinition(name='get_encouragement', description=' 根据用户的心情提供鼓励信息 ', parameters={'type': 'object', 'properties': {'mood': {'type': 'string', 'description': ' 用户当前的心情，例如：开心，难过，压力大，疲倦 '}, 'name': {'type': 'string', 'description': ' 用户的名字，用来个性化鼓励信息 '}}, 'required': ['mood']}), type='function')], usage=None)

Run 的第 1 次轮询信息：
Run(id='run_cmBpa3ST0ntkg6tROmwNj4bc', assistant_id='asst_pF2pMtIHOL4CpXpyUdHkoKG3', cancelled_at=None, completed_at=None, created_at=1708532545, expires_at=1708533145, failed_at=None, file_ids=[], instructions=' 你是一个很会鼓励人的助手！ ', last_error=None, metadata={}, model='gpt-4-turbo-preview', object='thread.run', required_action=None, started_at=1708532545, status='in_progress', thread_id='thread_xfEdaRucaeXBKIyMMAXDzT1r', tools=[ToolAssistantToolsFunction(function=FunctionDefinition(name='get_encouragement', description=' 根据用户的心情提供鼓励信息 ', parameters={'type': 'object', 'properties': {'mood': {'type': 'string', 'description': ' 用户当前的心情，例如：开心，难过，压力大，疲倦 '}, 'name': {'type': 'string', 'description': ' 用户的名字，用来个性化鼓励信息 '}}, 'required': ['mood']}), type='function')], usage=None)

Run 的第 2 次轮询信息：
Run(id='run_cmBpa3ST0ntkg6tROmwNj4bc', assistant_id='asst_pF2pMtIHOL4CpXpyUdHkoKG3', cancelled_at=None, completed_at=None, created_at=1708532545, expires_at=1708533145, failed_at=None, file_ids=[], instructions=' 你是一个很会鼓励人的助手！ ', last_error=None, metadata={}, model='gpt-4-turbo-preview', object='thread.run', required_action=None, started_at=1708532545, status='in_progress', thread_id='thread_xfEdaRucaeXBKIyMMAXDzT1r', tools=[ToolAssistantToolsFunction(function=FunctionDefinition(name='get_encouragement', description=' 根据用户的心情提供鼓励信息 ', parameters={'type': 'object', 'properties': {'mood': {'type': 'string', 'description': ' 用户当前的心情，例如：开心，难过，压力大，疲倦 '}, 'name': {'type': 'string', 'description': ' 用户的名字，用来个性化鼓励信息 '}}, 'required': ['mood']}), type='function')], usage=None)

Run 的第 3 次轮询信息：

Run(id='run_cmBpa3ST0ntkg6tROmwNj4bc', assistant_id='asst_pF2pMtIHOL4CpXpyUdHkoKG3', cancelled_at=None, completed_at=1708532561, created_at=1708532545, expires_at=None, failed_at=None, file_ids=[], instructions=' 你是一个很会鼓励人的助手！', last_error=None, metadata={}, model='gpt-4-turbo-preview', object='thread.run', required_action=None, started_at=1708532545, status='completed', thread_id='thread_xfEdaRucaeXBKIyMMAXDzT1r', tools=[ToolAssistantToolsFunction(function=FunctionDefinition(name='get_encouragement', description=' 根据用户的心情提供鼓励信息 ', parameters={'type': 'object', 'properties': {'mood': {'type': 'string', 'description': ' 用户当前的心情，例如：开心，难过，压力大，疲倦 ', 'name': {'type': 'string', 'description': ' 用户的名字，用来个性化鼓励信息 '}}, 'required': ['mood']}), type='function')], usage=Usage(completion_tokens=154, prompt_tokens=348, total_tokens=502))

助手的回应：

[MessageContentText(text=Text(annotations=[], value=' 你好呀！今天过得怎么样？有什么新鲜事或者挑战吗？如果你需要分享或寻求建议，我在这里听你说。😊 '), type='text')]

前面的输出冗长难读①，这里只列出重要的信息，如表 5.3 所示。

表 5.3　助手、Thread、Messages 以及 Run 的状态信息（1）

类型	ID	状态	开始时间	完成时间	用户消息	系统响应	Token 使用情况
助手	asst_pF2p MtIHOL4 CpXpyUd HkoKG3	—	1705829118	—	—	—	—
Thread	thread_xf EdaRucae XBKIyMM AXDzT1r	—	1708532544	—	—	—	—
Thread Message	msg_gbpl wkTtNga 4vmlQXq C8QLYK		1708532544	—	你好，请和我随便说句话吧！	—	—
Run	run_cmBpa 3ST0ntkg6tR OmwNj4bc	queued	1708532545	—			
		in_ progress	1708532545	—		—	—
		completed	1708532545	1708532561	你好，请和我随便说句话吧！	你好呀！今天过得怎么样？有什么新鲜事或者挑战吗？如果你需要分享或寻求建议，我在这里听你说。☺	提示 Token 为 348；完成 Token 为 154；总 Token 为 502

此时，Run 的状态经历从 queued、in_progress 到 completed，最后完成对话（见图 5.11）。助手给出了一个看起来还不错的回答。

---

① 其实，要创建一个运行并轮询，直到达到最终状态，较简单的做法是直接使用 client、beta、threads、runs、create_and poll API。此处，我们将不断检查 Run 的状态，目的是详细展示 Run 状态的演变。

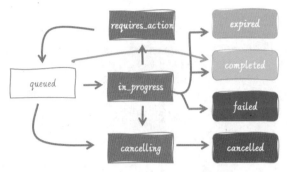

图5.11　Run在这个示例中的流程

　　然而，如果想通过直接执行上面的代码来抚慰小雪的心情的话，结果是十分"危险"的。

　　小雪：为什么？

　　咖哥：我们试试看。下面就来谈谈你的情绪。代码的逻辑不变，只需要调整对话内容。（此时我们重新运行程序，在后面的输出中，Thread 和 Run 的 ID 会发生改变，不过由于使用同样的助手，因此助手的 ID 不变。）

```python
# 导入 OpenAI 库，并创建 client
from dotenv import load_dotenv
load_dotenv()
from openai import OpenAI
client = OpenAI()

# 检索你之前创建的助手
assistant_id = "asst_pF2pMtIHOL4CpXpyUdHkoKG3" # 你自己的助手的 ID
assistant = client.beta.assistants.retrieve(assistant_id)
print(f" 助手的信息 :\n{assistant}\n")

# 创建一个新的 Thread
thread = client.beta.threads.create()
print(f"Thread 的信息 :\n{thread}\n")

# 在 Thread 中添加用户的消息
message = client.beta.threads.messages.create(
    thread_id=thread.id,
    role="user",
    content=" 你好，请你安慰一下伤心的小雪吧！ " # 只有这一句发生变化
)
print(f"Message 的信息 :\n{message}\n")

# 运行助手来处理 Thread
run = client.beta.threads.runs.create(
```

```python
    thread_id=thread.id,
    assistant_id=assistant_id
)
print(f"Run 的初始信息 :\n{run}\n")

# 轮询以检查 Run 的状态
import time
n = 0
while True:
    n += 1
    run = client.beta.threads.runs.retrieve(
        thread_id=thread.id,
        run_id=run.id
    )
    print(f"Run 的第 {n} 次轮询信息 :\n{run}\n")
    if run.status == 'completed':
        break
    time.sleep(5)  # 等待 5s 后再次检查

# 获取助手在 Thread 中的回应
messages = client.beta.threads.messages.list(
    thread_id=thread.id
)

# 输出助手的回应
for message in messages.data:
    if message.role == "assistant":
        print(f"Message 返回的信息 :\n{message.content}\n")
```

Out

助手的信息 :
Assistant(id='asst_pF2pMtIHOL4CpXpyUdHkoKG3', created_at=1705829118, description=None, file_ids=[], instructions=' 你是一个很会鼓励人的助手！ ', metadata={}, model='gpt-4-turbo-preview', name=' 鼓励 Agent', object='assistant', tools=[ToolFunction(function=FunctionDefinition(name='get_encouragement', description=' 根据用户的心情提供鼓励信息 ', parameters={'type': 'object', 'properties': {'mood': {'type': 'string', 'description': ' 用户当前的心情，例如： 开心，难过，压力大，疲倦 '}, 'name': {'type': 'string', 'description': ' 用户的名字，用来个性化鼓励信息 '}}, 'required': ['mood']}), type='function')])

Thread 的信息 :
Thread(id='thread_TnsAI7DToiGrxfa62aRmsRtu', created_at=1705852335, metadata={}, object='thread', tool_resources=[])

Message 的信息 :
ThreadMessage(id='msg_iyk4UR0xhEP6c9BV3LCJM8EA', assistant_id=None, content=[MessageContentText(text=Text(annotations=[], value=' 你好，花语秘境是什么公司？ '), type='text')], created_at=1705852335, file_ids=[], metadata={}, object='thread.message', role='user', run_id=None, thread_id='thread_xfEdaRucaeXBKIyMMAXDzT1r')

Run 的初始信息：

Run(id='run_I8KvhNrY14riYYtwlXkWVOXF', assistant_id='asst_pF2pMtIHOL4CpXpyUdHkoKG3', cancelled_at=None, completed_at=None, created_at=1705852336, expires_at=1708533145, failed_at=None, file_ids=[], instructions=' 你是一个很会鼓励人的助手！ ', last_error=None, metadata={}, model='gpt-4-turbo-preview', object='thread.run', required_action=None, started_at=None, status='queued', thread_id='thread_xfEdaRucaeXBKIyMMAXDzT1r', tools=[ToolAssistantToolsFunction(function=FunctionDefinition(name='get_encouragement', description=' 根据用户的心情提供鼓励信息 ', parameters={'type': 'object', 'properties': {'mood': {'type': 'string', 'description': ' 用户当前的心情，例如：开心，难过，压力大，疲倦 ', 'name': {'type': 'string', 'description': ' 用户的名字，用来个性化鼓励信息 '}}, 'required': ['mood']}), type='function')], usage=None)

Run 的第 1 次轮询信息：

Run(id='run_I8KvhNrY14riYYtwlXkWVOXF', assistant_id='asst_pF2pMtIHOL4CpXpyUdHkoKG3', cancelled_at=None, completed_at=None, created_at=1705852336, expires_at=1708533145, failed_at=None, file_ids=[], instructions=' 你是一个很会鼓励人的助手！ ', last_error=None, metadata={}, model='gpt-4-turbo-preview', object='thread.run', required_action=None, started_at=1708532545, status='in_progress', thread_id='thread_xfEdaRucaeXBKIyMMAXDzT1r', tools=[ToolAssistantToolsFunction(function=FunctionDefinition(name='get_encouragement', description=' 根据用户的心情提供鼓励信息 ', parameters={'type': 'object', 'properties': {'mood': {'type': 'string', 'description': ' 用户当前的心情，例如：开心，难过，压力大，疲倦 '}, 'name': {'type': 'string', 'description': ' 用户的名字，用来个性化鼓励信息 '}}, 'required': ['mood']}), type='function')], usage=None)

Run 的第 2 次轮询信息：

Run(id='run_I8KvhNrY14riYYtwlXkWVOXF', assistant_id='asst_pF2pMtIHOL4CpXpyUdHkoKG3', cancelled_at=None, completed_at=None, created_at=1705852336, expires_at=1705852936, failed_at=None, file_ids=[], instructions=' 你是一个很会鼓励人的助手！ ', last_error=None, metadata={}, model='gpt-4-turbo-preview', object='thread.run', required_action=RequiredAction(submit_tool_outputs=RequiredActionSubmitToolOutputs(tool_calls=[RequiredActionFunctionToolCall(id='call_Q5B63L1bIseH3ZfUtpKhz9nQ', function=Function(arguments='{"mood":" 伤心 ","name":" 小雪 "}', name='get_encouragement'), type='function')]), type='submit_tool_outputs'), started_at=1705852337, status='requires_action', thread_id='thread_twujnsUzYeBrCIv4b17Q3mak', tools=[ToolAssistantToolsFunction(function=FunctionDefinition(name='get_encouragement', description=' 根据用户的心情提供鼓励信息 ', parameters={'type': 'object', 'properties': {'mood': {'type': 'string', 'description': ' 用户当前的心情，例如：开心，难过，压力大，疲倦 '}, 'name': {'type': 'string', 'description': ' 用户的名字，用来个性化鼓励信息 '}}, 'required': ['mood']}), type='function')], usage=None)
……

Run 的第 101 次轮询信息：

Run(id='run_I8KvhNrY14riYYtwlXkWVOXF', assistant_id='asst_pF2pMtIHOL4CpXpyUdHkoKG3', cancelled_at=None, completed_at=None, created_at=1705852336, expires_at=1705852936, failed_at=None, file_ids=[], instructions=' 你是一个很会鼓励人的助手！ ', last_error=None, metadata={}, model='gpt-4-turbo-preview', object='thread.run', required_action=RequiredAction(submit_tool_outputs=RequiredActionSubmitToolOutputs(tool_calls=[RequiredActionFunctionToolCall(id='call_Q5B63L1bIseH3ZfUtpKhz9nQ', function=Function(arguments='{"mood":" 伤心 ","name":" 小雪 "}', name='get_encouragement'), type='function')]), type='submit_tool_outputs'), started_at=1705852337, status='requires_action', thread_id='thread_twujnsUzYeBrCIv4b17Q3mak', tools=[ToolAssistantToolsFunction(function=FunctionDefinition(name='get_encouragement', description=' 根据用户的心情提供鼓励信息 ', parameters={'type': 'object', 'properties': {'mood': {'type': 'string', 'description': ' 用户当前的心情，例如：开心，难过，压力大，疲倦 '}, 'name': {'type': 'string', 'description': ' 用户的名字，用来个性化鼓励信息 '}}, 'required': ['mood']}), type='function')], usage=None)
……

5

小雪：咦，咖哥，怎么回事？怎么轮询 100 多次？

咖哥：是啊。此时，程序进入无限循环，一直卡在 requires_action（等待函数调用）状态，我只好按 Ctrl+C 快捷键强行退出。

输出结果中的重要信息如表 5.4 所示。

表 5.4　助手、Thread、Messages 以及 Run 的状态信息（2）

类型	ID	状态	创建时间	完成时间	用户消息	系统响应	Token使用
助手	asst_pF2pMtlHO L4CpXpyUdHkoKG3	—	1705829118	—	—	—	—
Thread	thread_TnsAl7DToi Grxfa62aRmsRtu	—	1705852335	—	—	—	—
Thread Message	msg_iyk4UR0xhEP 6c9BV3LCJM8EA	—	1705852335	—	你好，请你安慰一下伤心的小雪吧！	—	—
Run	run_FliM9ltqgE5 rwuQLfm0B07KC	queued	1705852336	—	你好，请你安慰一下伤心的小雪吧！	—	—
		in_progress		—		—	—
		requires_ action		—		—	—
……	……	……	……	……	……	……	……

咖哥：小雪，此时产生的现象为什么和刚才不同？助手不但没有很快给出结果并将 Run 的状态转变为进入 completed，而是似乎进入了一个无休止的"轮回"。

小雪：我也发现 Run 的状态持续在 requires_action 中循环。不必卖关子，你说一下。

咖哥：因为此时助手已经知道这不是一次普通的聊天，而是一个与情感相关的问题。作为一个情感助手，而且武装了相关工具，它知道自己应该调用 get_encouragement 函数来完成这次对话，而不是随意回答。

小雪突然跳了起来：啊！我明白了，但是由于在程序中又没有通过调用 get_encouragement 函数来提交返回结果的逻辑，因此 Run 就一直处在 requires_action 状态，无法给出情感支持的对话内容（见图 5.12）。

所以，我们务必要改变轮询的循环逻辑，不能只在 Run 的状态为 completed 时才结束循环，而是要在 Run 的状态为 requires_action 时也跳出循环。

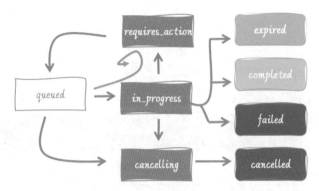

图5.12 Run在这个示例中的流程：无休止等待

5.3.3 在Run进入requires_action状态之后跳出循环

接下来我们重构轮询逻辑，在 Run 进入 requires_action 状态之后跳出循环。（由于重构代码后，我们重新运行程序，因此，在后面的输出中 Thread 和 Run 的 ID 又会发生变化。）

```
# 轮询 Run，等待 Run 的状态从 queue 转变为 completed 或者 requires_action
import time
# 定义轮询函数
def poll_run_status(client, thread_id, run_id, interval=5):
    n = 0
    while True:
        n += 1
        run = client.beta.threads.runs.retrieve(thread_id=thread_id,
                                  run_id=run_id)
        print(f"Run 的第 {n} 次轮询信息 :\n{run}\n")
        if run.status in ['requires_action', 'completed']:
            return run
        time.sleep(interval) # 等待后再次检查
# 轮询以检查 Run 的状态
run = poll_run_status(client, thread.id, run.id)
```

运行上述代码，Run 的状态从 queue 转变为 in_progress，然后转变为 requires_action，最后 Run 跳出循环。如果你再次查询 Run 的状态，可以发现 Run 的状态仍然是 requires_action。（这里不再重复展示和表 5.4 类似的输出内容。）

小雪：知道了，知道了，咖哥。这时助手在等待 Function Calling 的结果，由于我们只是修改了轮询时的退出逻辑，因此，虽然创建了新的 Thread 和 Run，但是 Run 的状态变化流程与刚才一样。

5.3.4 拿到助手返回的元数据信息

接下来我们马上进入关键步骤。此时，我们需要读取 function_name、arguments、function_id 等重要的信息。代码如下。

In

```
# 定义一个从 Run 中读取 Function 的元数据的函数
def get_function_details(run):
    function_name = run.required_action.submit_tool_outputs.tool_calls[0].function.name
    arguments = run.required_action.submit_tool_outputs.tool_calls[0].function.arguments
    function_id = run.required_action.submit_tool_outputs.tool_calls[0].id
    return function_name, arguments, function_id
# 拿到 Function 的元数据
function_name, arguments, function_id = get_function_details(run)
print("function_name:", function_name)
print("arguments:", arguments)
print("function_id:", function_id)
```

Out

```
function_name: get_encouragement
arguments: {"mood":" 难过 ","name":" 小雪 "}
function_id: call_s6vSerztJc09mmKDQyfkjmrJ
```

小雪：function_name、arguments、function_id 等信息一定是本地函数调用时所需要的。

咖哥：对。下一步当然是用 Run 给出的函数的这些参数信息来执行后续的代码，以便调用函数。助手所做的就是把人类的对话转换成函数能够读取的 input 参数。

现在你可以理解图 5.9 中的信息了吧？我们的对话被助手转换成函数可以访问的元数据，如表 5.5 所示。

表 5.5　人类语言、函数语言与助手的标记的对比

类型	内容
人类语言	快安慰一下伤心的小雪！
函数语言	function_name: get_encouragement arguments: {"mood":" 难过 ","name":" 小雪 "}
助手的标记	function_id: call_s6vSerztJc09mmKDQyfkjmrJ

5.3.5 通过助手的返回信息调用函数

因此，我们需要定义一个鼓励函数。这个函数可以首先将收到的用户当前的情绪信息作为输入，然后返回一个带有鼓励信息的文本。

In

```
# 定义一个鼓励函数
def get_encouragement(mood, name=None):
```

```
encouragement_messages = {
    " 开心 ": " 看到你这么阳光真好！保持这份积极！",
    " 难过 ": " 记得，每片乌云背后都有阳光。",
    " 压力大 ": " 深呼吸，慢慢呼出，一切都会好起来。",
    " 疲倦 ": " 你已经很努力，现在是时候休息一下了。"
}
# 如果提供了名字，则输出个性化消息
if name:
    message = f"{name}，{encouragement_messages.get(mood, ' 抬头挺胸，一切都会变好。')}"
else:
    message = encouragement_messages.get(mood, ' 抬头挺胸，一切都会变好。')
return message
```

我们在前面内容中已经见过这个函数。

那么，如何通过 function_name、arguments 动态判断调用的函数，以及为什么要调用这个函数？

小雪：这个问题难不倒我，请看下面的代码。

In

```
# 将 JSON 字符串转换为字典
import json
arguments_dict = json.loads(arguments)
# 从字典中提取 'name' 和 'mood'
name = arguments_dict['name']
mood = arguments_dict['mood']
# 调用函数
encouragement_message = get_encouragement(name, mood)
# 打印结果以便验证
print(encouragement_message)
```

Out

亲爱的小雪，你今天感觉如何？我总是在这里支持你！

咖哥：你写的代码不错，首先通过 json.loads 从 JSON 字符串中解析数据，然后将其转换成真正的 JSON 对象后传递给函数，最后调用函数并获取返回值。助手的回复很棒！不过，针对交给你的需求，你只完成一半。你仅仅通过 arguments 调用 get_encouragement 函数，却没有通过 function_name 动态判断应该调用哪个函数。

小雪：嗯。我再改。

```
# 在这里，我可要动态调用程序了
# 定义可用的函数字典
available_functions = {
    "get_encouragement": get_encouragement
}
# 解析参数
import json
```

```
function_args = json.loads(arguments)
# 动态调用函数
function_to_call = available_functions[function_name]
encouragement_message = function_to_call(
    name=function_args.get("name"),
    mood=function_args.get("mood")
)
# 打印结果以便验证
print(encouragement_message)
```

亲爱的小雪，你今天感觉如何？我总是在这里支持你！

咖哥：这就对了。用字典将函数名映射到函数对象，从而实现动态调用函数，也就是根据 Function Calling 的返回值 function_name 调用不同的函数。

5.3.6　通过submit_tool_outputs提交结果以完成任务

看上去，我们在助手的辅助下完成任务。本地函数 get_encouragement 也返回了一个结果。

在这里助手所做的只是把自然语言转换成函数的名称和调用格式。

不过，我们还需要完成最后一步——通知 Run 任务已经完成。最后要有一个交代，否则这个 Run 大约 10min 之后会过期（Run 的状态转变为 expired，见图 5.13）。

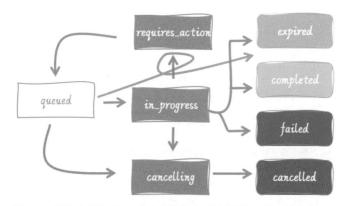

图5.13　没有人理会的Run在生存期结束后就会过期，将无法继续对话

小雪：对啊，对啊。虽然我们跳出循环，也调用了函数，但是 Run 还是一直挂在那里等待一个说法（函数调用的结果）。对话不会自动进入 completed 状态，也不会重新回到 queued 状态。

接下来介绍最后一个步骤。通过 submit_tool_outputs API 完成 Run。

调用 submit_tool_outputs API 提交结果的代码如下。这里要确保 tool_call_id 准确引用每个 function_id, 以便将响应结果与 Function Calling 相匹配。

In

```
# 定义提交结果的函数
def submit_tool_outputs(run,thread,function_id,function_response):
  run = client.beta.threads.runs.submit_tool_outputs(
  thread_id=thread.id,
  run_id=run.id,
  tool_outputs=[
   {
     "tool_call_id": function_id,
     "output": str(function_response),
   }
  ]
  )
return run
# 向 Run 提交结果
run = submit_tool_outputs(run,thread,function_id,encouragement_message)
print(' 这时, Run 收到结果 ')
print(run)
```

Out

Run(id='run_5r5k1C8u9Bh8aVYtBw0LOZzO', assistant_id='asst_pF2pMtIHOL4CpXpyUdHkoKG3', cancelled_at=None, completed_at=None, created_at=1708534757, expires_at=1708535357, failed_at=None, file_ids=[], instructions=' 你是一个很会鼓励人的助手！ ', last_error=None, metadata={}, model='gpt-4-turbo-preview', object='thread.run', required_action=None, started_at=1708534757, status='queued', thread_id='thread_Ko2xY4FmKV5ZEU2rpXncHuCk', tools=[ToolAssistantToolsFunction(function=FunctionDefiniti on(name='get_encouragement', description=' 根据用户的心情提供鼓励信息 ', parameters={'type': 'object', 'properties': {'mood': {'type': 'string', 'description': ' 用户当前的心情, 例如：开心, 难过, 压力大, 疲倦 '}, 'name': {'type': 'string', 'description': ' 用户的名字, 用来个性化鼓励信息 '}}, 'required': ['mood']}), type='function')], usage=None)

提交输出后, 可以发现, 此时 Run 回到 queued 状态, 等待系统资源以便继续运行 (见图 5.14)。

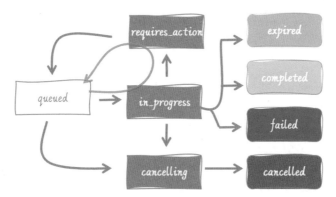

图5.14　Run回到queued状态

　　我们继续轮询 Run 的状态。可以发现，助手会利用鼓励函数的输出结果来继续这一轮 Run 对话，之后生成总结陈词式的回答。

In

```
# 再次轮询 Run 直至完成
run = poll_run_status(client, thread.id, run.id)
print(' 这时，Run 继续执行直至完成 ')
print(run)
```

Out

Run 的第 1 次轮询信息：
Run(id='run_5r5k1C8u9Bh8aVYtBw0LOZzO', assistant_id='asst_pF2pMtIHOL4CpXpyUdHkoKG3', cancelled_at=None, completed_at=None, created_at=1708534757, expires_at=1708535357, failed_at=None, file_ids=[], instructions=' 你是一个很会鼓励人的助手！ ', last_error=None, metadata={}, model='gpt-4–turbo–preview', object='thread.run', required_action=None, started_at=1708534763, status='in_progress', thread_id='thread_Ko2xY4FmKV5ZEU2rpXncHuCk', tools=[ToolAssistantToolsFunction(function=FunctionDefinition(name='get_encouragement', description=' 根据用户的心情提供鼓励信息 ', parameters={'type': 'object', 'properties': {'mood': {'type': 'string', 'description': ' 用户当前的心情，例如：开心，难过，压力大，疲倦 '}, 'name': {'type': 'string', 'description': ' 用户的名字，用来个性化鼓励信息 '}}, 'required': ['mood']}), type='function')], usage=None)

Run 的第 2 次轮询信息：
Run(id='run_5r5k1C8u9Bh8aVYtBw0LOZzO', assistant_id='asst_pF2pMtIHOL4CpXpyUdHkoKG3', cancelled_at=None, completed_at=None, created_at=1708534757, expires_at=1708535357, failed_at=None, file_ids=[], instructions=' 你是一个很会鼓励人的助手！ ', last_error=None, metadata={}, model='gpt-4–turbo–preview', object='thread.run', required_action=None, started_at=1708534763, status='in_progress', thread_id='thread_Ko2xY4FmKV5ZEU2rpXncHuCk', tools=[ToolAssistantToolsFunction(function=FunctionDefinition(name='get_encouragement', description=' 根据用户的心情提供鼓励信息 ', parameters={'type': 'object', 'properties': {'mood': {'type': 'string', 'description': ' 用户当前的心情，例如：开心，难过，压力大，疲倦 '}, 'name': {'type': 'string', 'description': ' 用户的名字，用来个性化鼓励信息 '}}, 'required': ['mood']}), type='function')], usage=None)

Run 的第 3 次轮询信息：
Run(id='run_5r5k1C8u9Bh8aVYtBw0LOZzO', assistant_id='asst_pF2pMtIHOL4CpXpyUdHkoKG3', cancelled_

5

at=None, completed_at=1708534777, created_at=1708534757, expires_at=None, failed_at=None, file_ids=[], instructions=' 你是一个很会鼓励人的助手！ ', last_error=None, metadata={}, model='gpt-4-turbo-preview', object='thread.run', required_action=None, started_at=1708534763, status='completed', thread_id='thread_Ko2xY4FmKV5ZEU2rpXncHuCk', tools=[ToolAssistantToolsFunction(function=FunctionDefinition(name='get_encouragement', description=' 根据用户的心情提供鼓励信息 ', parameters={'type': 'object', 'properties': {'mood': {'type': 'string', 'description': ' 用户当前的心情，例如：开心，难过，压力大，疲倦 '}, 'name': {'type': 'string', 'description': ' 用户的名字，用来个性化鼓励信息 '}}, 'required': ['mood']}), type='function')], usage=Usage(completion_tokens=214, prompt_tokens=760, total_tokens=974))

这时，Run 继续执行，几秒之后，从 queued 状态转变为 in_progress 状态，继续轮询，直至完成。Run 最终转变为 completed 状态。助手的任务结束，并给出最终的对话文本。

从开始到最后，包含 Function Calling 的 Run 的状态流转过程如图 5.15 所示。

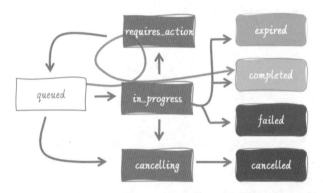

图5.15　包含Function Calling 的Run的状态流转过程

下面打印最终的 Message。

In
```
# 获取助手在 Thread 中的回应
messages = client.beta.threads.messages.list(
  thread_id=thread.id
)
# 输出助手的回应
print(' 打印最终的 Message')
for message in messages.data:
    if message.role == "assistant":
        print(f" 最终返回的信息 :\n{message.content}\n")
```

Out
最终返回的信息 :
[MessageContentText(text=Text(annotations=[], value='亲爱的小雪，请记住，无论今天发生了什么，你都不是孤独一人。我会守候在这里，给你最大的支持和安慰。每一次挑战，都是成长的机会，信任你自己的力量，你会发现那些使你难过的事情最终会变成你的宝贵经历。让自己伤心是没问题的，允许自己感受那些情绪，但同时也要相信，事情总会变得更好。加油，小雪！我相信你能度过这一切。🌟💪'), type=' text')]

小雪：鼓励收到，心情不错！不过，整个流程的确有点绕。

咖哥：是的。包含Function Calling的Run的完整状态如表5.6所示。

表 5.6　包含 Function Calling 的 Run 的完整状态

序号	状态	说明
1	queued	当 Run 被创建后，会将其状态转变为 queued
2	in_progress	Run 几乎立即从 queued 状态转变为 in_progress 状态。当 Run 处于 in_progress 状态时，助手使用大模型和工具来执行相关步骤。可以通过检查 Run Steps 来查看 Run 的进度
3	requires_action	此时，Run 发现需要使用 Function Calling 工具来生成内容。一旦大模型确定要调用的函数的名称和参数，Run 将转变为 requires_action 状态。必须运行这些函数并提交输出，Run 才会继续进行。如果在 expires_at 时间戳（创建后大约 10min）之前没有提供输出，Run 将转变为 expired 状态
4	Queued	Run 获得 Function Calling 工具给出的 JSON 字符串后会进行内部函数的调用，并且通过 submit_tool_outputs API 向 Run 提交结果，Run 转变为 queued 状态
5	in_progress	Run 再次从 queued 状态立即转变为 in_progress 状态，这次 Run 无须等待任何 Function 的调用结果，直接进行对话处理
6	completed	Run 成功完成！现在可以查看助手添加到 Thread 中的所有消息，以及 Run 采取的所有步骤。也可以通过向 Thread 添加更多用户消息并创建另一个 Run 来继续对话

咖哥：那么前面的这个 Run 状态流转的过程与第一次直接和 ChatGPT 进行普通的聊天相比，发生了什么？有什么不同？

小雪：这一次，ChatGPT 并不是直接返回响应结果，而是先通过大模型的 Function Calling 功能进行一次动态函数调用（调用 get_encourage 函数），并且把函数的输出和之前的历史消息再传递给大模型，然后得到最终响应结果。

5.4　通过ChatCompletion API来实现Tool Calls

前面，我们对助手的 Function Calling 进行了详细说明。接下来，趁热打铁，再给出一个类似的示例。不过，这次我们重点介绍 ChatCompletion（聊天完成）API 的 Tool Calls。具体流程和上个示例的几乎完全一致。

和助手一样，在 ChatCompletion API 中，我们可以描述函数，并让大模型智能地输出一个包含用于调用一个或多个函数的参数的 JSON 对象。ChatCompletion API 不会调用该函数，只会生成函数调用所需的 JSON 结构。之后我们可以使用 JSON 结构来调用代码中的函数，从而得到想要的结果。

小雪：这次给花语秘境开发一个自动查库存的 Agent 吧！

咖哥：好，我们开发一个在一次响应中多次调用函数的示例。和 5.3 节的流程完全相同，首先定义一个用于获取鲜花库存的函数，并在与大模型的对话中引用这个函数。程序发送用户的问题到大模型，并指定可用的函数。如果大模型确定需要调用函数，程序会运行相应的函数，并将结果返回给大模型以继续对话。

5.4.1 初始化对话和定义可用函数

首先，我们定义一个可以获取鲜花库存的函数和一个对函数参数进行说明的 tools（工具）列表。这个工具列表就是我们多次提到的 JSON 说明文字。这里只有一个函数，如果有多个函数，可以把这些函数附加到（append）这个列表中。

```python
# 创建 client
from openai import OpenAI
client = OpenAI()
# 定义查询鲜花库存的函数
def get_flower_inventory(city):
    """ 获取指定城市的鲜花库存 """
    if " 北京 " in city:
        return json.dumps({"city": " 北京 ", "inventory": " 玫瑰 : 100, 郁金香 : 150"})
    elif " 上海 " in city:
        return json.dumps({"city": " 上海 ", "inventory": " 百合 : 80, 康乃馨 : 120"})
    elif " 深圳 " in city:
        return json.dumps({"city": " 深圳 ", "inventory": " 向日葵 : 200, 玉兰 : 90"})
    else:
        return json.dumps({"city": city, "inventory": " 未知 "})

# 定义工具列表（函数元数据）
tools = [
    {
        "type": "function",
        "function": {
            "name": "get_flower_inventory",
            "description": " 获取指定城市的鲜花库存 ",
            "parameters": {
                "type": "object",
                "properties": {
                    "city": {
                        "type": "string",
                        "description": " 城市名称，如北京、上海或深圳 "
                    }
                },
                "required": ["city"]
            }
        }
    }
]
```

上述代码定义了一个简单的函数 get_flower_inventory，旨在根据不同城市名称返回相应鲜花库存的查询功能。此外，上述代码还定义了一个工具列表，用于通过元数据描述该函数，使其能够作为一个工具在某些上下文中被调用。

当然，这个函数的内部逻辑较为粗糙，在实际应用中，可以强化代码实现部分，并链接数据库以实现真实的库存查询。

小雪：明白。

5.4.2 第一次调用大模型，向模型发送对话及工具定义，并获取响应

接下来，首先在 messages 中初始化对话内容，然后将对话内容和工具定义发送给大模型，并获取大模型的初步响应。

在这里，因为我们没有使用 Assistants，而是直接调用大模型，所以我们不必创建助手和线程这些组件。

In

```
# 初始化对话内容
messages = [{"role": "user", "content": " 北京、上海和深圳的鲜花库存是多少？ "}]
print("message:", messages)

# 第一次对话响应
first_response = client.chat.completions.create(
    model="gpt-3.5-turbo",
    messages=messages,
    tools=tools,
    tool_choice="auto"
)

# 打印响应的内容
print(first_response)
response_message = first_response.choices[0].message
```

Out

```
message: [{'role': 'user', 'content': ' 北京、上海和深圳的鲜花库存是多少？ '}]
first_response:
ChatCompletion(
    id='chatcmpl-8pp0atDsIXTE0NesPItrFDNZ5Kszj',
    choices=[Choice(finish_reason='tool_calls', index=0, logprobs=None,
    message=ChatCompletionMessage(content=None, role='assistant', function_call=None,
    tool_calls=[ChatCompletionMessageToolCall(id='call_DhKVYSzAsqJ2DKkYLhmlhNYH',
    function=Function(arguments='{"city": " 北京 "}', name='get_flower_inventory'), type='function'),
    ChatCompletionMessageToolCall(id='call_EW6HrY9A0WUV40KsOifY7cfY',
    function=Function(arguments='{"city": " 上海 "}', name='get_flower_inventory'), type='function'),
    ChatCompletionMessageToolCall(id='call_g9yh7ebEzIU8vc1Cx0OkGYK8',
    function=Function(arguments='{"city": " 深圳 "}', name='get_flower_inventory'), type='function')]))],
    created=1707361496, model='gpt-3.5-turbo', object='chat.completion',
    system_fingerprint='fp_69829325d0', usage=CompletionUsage(completion_tokens=67, prompt_tokens=95,
total_tokens=162))
```

ChatCompletion 结构的参数说明如下。

id='chatcmpl-8pp0atDsIXTE0NesPltrFDNZ5Kszj'，表示本次对话完成的 ID。

choices 表示包含大模型生成的所有回答的数组。在本示例中，由于请求的是工具调用，因此大模型生成的所有回答中的主要内容是工具调用的请求而非文本回答。相关参数说明如下。

- finish_reason='tool_calls'，表示对话结束的原因是需要执行工具调用。
- index=0，表示这是第一个（也是唯一一个）生成的回答的索引。
- logprobs=None，表示没有返回回答的对数概率，因为调用时没有请求它。

message 包含的参数说明如下。

- content=None，表示这个阶段的输出是工具调用请求，而不是具体的回答内容。
- role='assistant'，表示这是助手的行为，即请求工具调用。

tool_calls 列出了如下所有请求的工具调用。

- 包含 3 个工具调用请求，分别针对"北京""上海"和"深圳"3 座城市的 get_flower_inventory 函数。
- 每个工具调用都只有一个 ID（如 call_DhKVYSzAsqJ2DKkYLhmlhNYH）和指定的函数名称（如 get_flower_inventory）以及函数参数（如 {"city": "北京"}）。

created=1707361496，表示回答创建的时间戳。

model='gpt-3.5-turbo'，表示生成回答的大模型。

object='chat.completion'，表示这是一个聊天完成对象。

system_fingerprint='fp_69829325d0'，表示系统用于跟踪和优化性能的内部标记。

usage 提供了关于此次调用的详细使用信息。参数说明如下。

- completion_tokens=67，表示生成请求工具调用的过程中使用了 67 个 Token。
- prompt_tokens=95，表示输入提示文本使用了 95 个 Token。
- total_tokens=162，表示总共使用了 162 个 Token。

上述输出展示了大模型在处理用户请求时，识别出需要进行 3 次工具调用，以便分别获取北京、上海和深圳的鲜花库存信息。这 3 次工具调用也可以分别指向不同的函数（工具）。

在前面的内容中，我们反复强调，这个输出只是利用大模型返回工具调用的参数，还不是最终的结果。此时，大模型并没有提供具体的回答内容，而是生成了对应的工具调用请求，等待这些工具调用被执行并返回结果。

'{"city": "北京"}' 作为一个 JSON 对象与我们在 Assistants API 实现 Function Calling 中看到的相同。无论是 Assistants API，还是 ChatCompletion API，只要用到 Function Calling 或者 Tool Calls，就会默认启用之前提到的"JSON 模式"，以确保大模型输出的参数和返回值是结构化的，是可以被正确解析的有效的 JSON 对象。

咖哥发言

JSON 模式的特点和注意事项如下。

■ 当启用 JSON 模式时，大模型被限制只生成能解析为有效 JSON 对象的字符串。

■ 为了确保大模型按照预期生成 JSON 格式的数据，可以在对话中的某处，通常是在系统消息中，明确指示大模型生成 JSON 格式的数据。例如，通过下面的系统消息来引导大模型生成 JSON 格式的数据。

{

"role": "system",

"content": "You are a helpful assistant designed to output JSON."

}

■ 如果没有在上下文中明确指示大模型生成 JSON 格式的数据，大模型可能会生成无限多的空白字符，并且请求可能会持续运行直至达到 Token 的上限。为了防止这种情况出现，如果在上下文中没有出现"JSON"这个字符串，API 将反馈出错信息。

■ 如果生成内容达到 Token 的最大量（max_tokens）或者对话超过 Token 的数量限制，返回的 JSON 对象可能是不完整的。在解析响应结果之前，需要检查返回的 finish_reason 以确保 JSON 对象是完整的。

■ 虽然 JSON 模式保证输出是有效且无错误的 JSON 对象，但是它并不保证输出结果能匹配任何特定的架构或格式。

■ 当大模型在进行 Function Calling 时，JSON 模式通过强制大模型输出符合 JSON 格式的数据，可以确保函数调用的参数和结果都是有效且易于处理的。这对于自动化处理和集成大模型输出到其他系统中非常重要。

5.4.3 调用模型选择的工具并构建新消息

接下来要检查大模型的响应结果中是否包含对工具的调用请求，也就是看看是否需要调用查询库存的函数并进行查询。

为实现函数调用，我们需要循环执行 tool_calls，并为其中的每个条目调用 get_flower_inventory 函数，以得到库存信息。

要响应这些函数调用请求，需要向对话中添加 3 条新消息。其中，每条消息包含一个函数调用的结果，并通过 tool_call_id 引用 tool_calls 中的 ID。

```
# 检查是否需要调用工具
tool_calls = response_message.tool_calls
if tool_calls:
messages.append(response_message)
# 如果需要调用工具，调用工具并添加库存查询结果
    for tool_call in tool_calls:
        function_name = tool_call.function.name
        function_args = json.loads(tool_call.function.arguments)
        function_response = get_flower_inventory(
            city=function_args.get("city")
        )
        messages.append(
            {
                "tool_call_id": tool_call.id,
                "role": "tool",
                "name": function_name,
                "content": function_response,
            }
        )
# 打印当前消息列表
print("message:", messages)
```

```
message: [{'role': 'user', 'content': ' 北京、上海和深圳的鲜花库存是多少？ '},
ChatCompletionMessage(content=None, role='assistant', function_call=None,
tool_calls=[
ChatCompletionMessageToolCall(id='call_HgwcAAlWCyRwPFDib9dYxkUq', function=Function(arguments='{
"city": " 北京 "}', name='get_flower_inventory'), type='function'), ChatCompletionMessageToolCall(id='call_2q
Ege0rKcpS4ZkY5QdY0pYdr', function=Function(arguments='{"city": " 上海 "}', name='get_flower_inventory'),
type='function'), ChatCompletionMessageToolCall(id='call_nZlxb3ITZzi9eE5YFdHCzBBF', function=Function(
arguments='{"city": " 深圳 "}', name='get_flower_inventory'), type='function')]),
{'tool_call_id': 'call_HgwcAAlWCyRwPFDib9dYxkUq', 'role': 'tool', 'name': 'get_flower_inventory', 'content':
'{"city": "\\u5317\\u4eac", "inventory": "\\u73ab\\u7470: 100, \\u90c1\\u91d1\\u9999: 150"}'},
{'tool_call_id': 'call_2qEge0rKcpS4ZkY5QdY0pYdr', 'role': 'tool', 'name': 'get_flower_inventory', 'content':
'{"city": "\\u4e0a\\u6d77", "inventory": "\\u767e\\u5408: 80, \\u5eb7\\u4e43\\u99a8: 120"}'},
{'tool_call_id': 'call_nZlxb3ITZzi9eE5YFdHCzBBF', 'role': 'tool', 'name': 'get_flower_inventory', 'content':
'{"city": "\\u6df1\\u5733", "inventory": "\\u5411\\u65e5\\u8475: 200, \\u7389\\u5170: 90"}'}]
```

上述代码的执行流程如下。

1. 检查是否有工具调用的需求（即 tool_calls 列表是否有元素）。

2. 如果有工具调用的需求，将迭代执行工具调用，进而得到北京、上海和深圳 3 座城市的鲜花库存信息。

■ 提取工具调用的函数名称（function_name）和参数（function_args），这里的函数是 get_flower_inventory。

■ 使用提取的参数（城市名）调用 get_flower_inventory 函数来获取对应城市的

鲜花库存信息。

3. 每次调用 get_flower_inventory 函数后，将创建一个包含工具调用 ID、角色、函数名称和内容（库存信息）的消息，并将其添加到消息列表（messages）中。

4. 打印出更新后的消息列表。该列表包含用户的原始查询信息和每座城市的鲜花库存信息。

更新后的消息列表包含的信息如表 5.7 所示。

表 5.7　更新后的消息列表包含的信息

角色	内容	tool_call_id	说明
user	北京、上海和深圳的鲜花库存是多少？	—	原始问题
assistant	内含 tool_calls	—	ChatGPT 返回的 ChatCompletionMessage
tool	{"city": "北京", "inventory": "玫瑰：100, 郁金香：150"} 的 UTF 编码	call_HgwcAAlWCyRwPFDib9dYxkUq	get_flower_inventory 函数调用结果
	{"city": "上海", "inventory": "百合：80, 康乃馨：120"} 的 UTF 编码	call_2qEge0rKcpS4ZkY5QdY0pYdr	
	{"city": "深圳", "inventory": "向日葵：200, 玉兰：90"} 的 UTF 编码	call_nZlxb3lTZzi9eE5YFdHCzBBF	

小雪：不过，咖哥，这里我有些疑惑：一是，你为什么要把函数的返回值附加到消息列表中；二是，为什么消息列表中显示的是 UTF 编码？

咖哥：这里显示的 UTF 编码应该是 GPT 模型内部进行编码转换后的结果。我们在阅读这个返回值时的确感觉不舒服。但是，应该有办法可以解决。你想一下，在通过 Assistants API 实现 Function Calling 的示例中，我们最后一步要做什么？

小雪（想了一会儿）：我明白了。我们把这个包含库存工具查询结果的消息列表再次"丢给"大模型，让它先整合库存查询结果，然后生成人人都可以读懂的最终答案。

咖哥：聪明，不愧是小雪。

5.4.4　第二次向大模型发送对话以获取最终响应

最后，将更新后的消息列表第二次发送给大模型以获取最终响应。

```
# 第二次向大模型发送对话以获取最终响应
second_response = client.chat.completions.create(
    model="gpt-3.5-turbo",
    messages=new_messages
)
# 打印最终响应
final_response = second_response.choices[0].message
print(final_response)
```

Out ChatCompletion(id='chatcmpl-8pp0cTdOj5aLn1Ny3t1ldRyXyoE9w', choices=[Choice(finish_reason='stop', index=0, logprobs=None, message=ChatCompletionMessage(content=' 北京的鲜花库存为：玫瑰：100, 郁金香：150\n 上海的鲜花库存为：百合：80, 康乃馨：120\n 深圳的鲜花库存为：向日葵：200, 玉兰：90', role='assistant', function_call=None, tool_calls=None))], created=1707361498, model='gpt-3.5-turbo', object='chat.completion', system_fingerprint='fp_69829325d0', usage=CompletionUsage(completion_tokens=90, prompt_tokens=235, total_tokens=325))

ChatCompletion 结构的参数说明如下。

id='chatcmpl-8pp0cTdOj5aLn1Ny3t1ldRyXyoE9w'，表示本次对话完成的 ID。

choices 表示包含大模型生成的所有回答的数组。在本示例中，只有一个回答（因为大多数情况下，我们只请求一个回答）。相关参数说明如下。

- finish_reason='stop'，表示大模型停止生成回答的原因。在本示例下，它自然地完成回答。
- index=0，表示这是第一个（也是唯一一个）生成的回答的索引。
- logprobs=None，表示没有返回回答的对数概率，因为调用时没有请求它。

message 包含的参数说明如下。

- content 包含大模型生成的实际文本回答：对于北京，鲜花库存是"玫瑰：100，郁金香：150"；对于上海，鲜花库存是"百合：80，康乃馨：120"；对于深圳，鲜花库存是"向日葵：200，玉兰：90"。
- role='assistant'，表示生成这段文本的角色，此处表明这是助手的回答。

created=1707361498，表示回答创建的时间戳。

model='gpt-3.5-turbo'，表示生成回答的大模型。

object='chat.completion'，表示这是一个聊天完成对象。

system_fingerprint='fp_69829325d0'，表示系统用于跟踪和优化性能的内部标记。

usage 提供了关于此次调用的详细使用信息。参数说明如下。

- completion_tokens=90，表示生成回答过程中使用了 90 个 Token。
- prompt_tokens=235，表示提示文本使用了 235 个 Token。
- total_tokens=325，表示总共使用了 325 个 Token。

至此，大模型成功地调用工具，并根据工具的返回值生成一个包含北京、上海和深圳 3 座城市的鲜花库存情况的详细回答，而且普通人都能看得懂。

- 对于北京，鲜花库存是"玫瑰：100, 郁金香：150"。
- 对于上海，鲜花库存是"百合：80, 康乃馨：120"。
- 对于深圳，鲜花库存是"向日葵：200, 玉兰：90"。

5.5 小结

至此，我们详细介绍了 Assistants、OpenAI API、Function Calling 和 Tools 这些大模型开发工具。

无论是 Assistants API 中的 Function Calling，还是 ChatCompletion API 中的 Tool Calls，都允许开发者定义函数。大模型可以智能地输出一个包含用于调用一个或多个函数的参数的 JSON 对象。

通过调用工具，开发者可以完成如下这些工作。

■ 创建可以通过调用外部工具执行操作的聊天机器人。

■ 将自然语言请求转换为特定的函数调用，如发送电子邮件或获取天气信息。

■ 将自然语言查询转换为 API 调用或数据库查询，允许基于实时数据进行动态响应。

■ 从非结构化文本中提取结构化数据，以便将详细信息解析为预定义格式。

无论是远古的人类还是现代的 AI，工具的使用和选择都是智能的关键表现。Agent 通过 Function Calling 自主选择工具，这表明了 Agent 的智能行为。未来，希望 OpenAI 公司可以在下面这两个方面进一步发展。

■ Agent 在选择工具的同时能自主学习。如果人类给予正面或者负面的评价，Agent 可以根据反馈调整自己选择工具的能力。

■ 提升 Agent 并行调用多个工具的能力，提升面对复杂系统时的运行效率。

第 6 章

Agent 3：推理与行动的协同——通过 LangChain 中的 ReAct 框架实现自动定价

  小雪和咖哥分工合作。小雪负责调研用户界面。她设计了一系列用户界面原型，希望 Agent 通过简单的对话可以引导用户找到自己想要的产品。同时，她还在界面上融入了很多的温馨提示，例如节日知识、花语解释，甚至是色彩心理学小贴士，从而让购花不仅是一次交易，更是一次愉悦的体验。

  咖哥则专注 Agent 的开发。他与研发团队构建了一个复杂的算法模型。基于该模型，AI 不仅能理解用户的查询，而且能从用户的浏览记录和购买历史中学习，逐渐提高推荐的准确率。他们还开发了一个动态库存管理系统。该系统通过 AI 预测市场需求，优化库存水平，减少浪费，确保顾客能买到鲜花。

  小雪：咖哥，能否增加一个功能，让 Agent 可以根据实时的天气和交通状况自动调整产品价格，从而优化销售策略和库存管理呢？

  小雪向咖哥提出了新的需求，如图 6.1 所示。

图6.1　小雪向咖哥提出了新的需求

  咖哥：当然可以。这次我带着你通过 LangChain 来实现。不过，实战之前，我们先复习一下之前学过的 ReAct 框架。

6.1　复习ReAct框架

  咖哥：小雪，在运营花店的过程中，我们经常遇到天气变化导致鲜花售价变化的情况。那么，每天早上你会如何为当日的鲜花定价呢？

  小雪：我首先看看这个事该怎么办（思考），其次通过搜索引擎查阅网络上今天鲜花的成本价（行动），据此我可预估鲜花的进货价格，然后根据这个价格的高低（观察）来确定要加价多少（思考），最后得出售价（行动）。

小雪（人类）为鲜花定价的过程如图 6.2 所示。

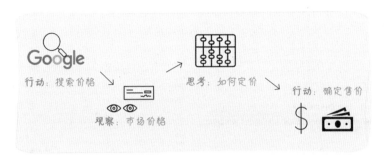

图6.2　小雪（人类）为鲜花定价的过程

这就是我们人类在接到一个新任务时做出决策并完成下一步行动的过程。在这个简单的例子中，首先思考或者观察后再思考，然后采取行动。这里的观察和思考被统称为"推理"（Reasoning）过程，而"推理"指导人们的"行动"（Acting）。

ReAct 框架的灵感来自"推理"和"行动"之间的协同作用。这种协同作用使得我们能够学习新任务并做出决策。而在大模型应用中，尤其是与 Agent 相关的应用开发中，我们通过提示工程向大模型植入这个思维框架，明确地告诉它们，要循序渐进地、交错地生成推理轨迹和采取行动，将推理和行动融入解决问题的过程中。

ReAct 框架出现之前，也有一些指导模型推理的简单框架，如强调分步思维的思维链，以及强调行动和模型与环境交互过程的 SayCan[8] 和 WebGPT[9] 等（见图 6.3）。

注：LM表示Language Model（语言模型），如大模型。

图6.3　从仅推理、仅执行的简单框架到ReAct框架[3]

ReAct 框架组合使用推理和行动，引导大模型生成一个任务解决轨迹：观察环境—进行思考—采取行动，也就是观察—思考—行动。

其中，推理包括对当前环境和状态的观察，并生成推理轨迹。这使得大模型能够诱导、跟踪和更新操作计划，甚至处理异常情况。行动在于指导大模型采取下一步的行动，例如与外部资源（如知识库或环境）进行交互且收集信息，或者给出最终答案。这个过程中的信息检索有助于克服链式思考推理中常见的幻觉和错误传播问题，为任务带来更具解释性和事实性的轨迹。

与大模型仅推理，但没有采取任何行动来改变环境的状态，或者仅和环境不断交互，但不基于环境的改变来重新确定思路相比，这种模式要有效得多。

论文 "ReAct: Synergizing Reasoning and Acting in Language Models"[4] 给出了一个通过不同框架解决具体问题的示例（见图6.4）。

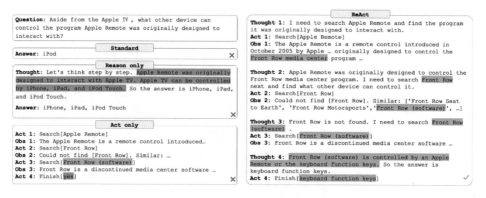

图6.4　通过不同框架解决具体问题

在图6.4中，问题是 "Aside from the Apple TV, what other device can control the program Apple Remote was originally designed to interact with?"（除了苹果电视外，苹果遥控器最初被设计用来控制哪种设备？）。针对这个问题，不同框架驱动大模型解决问题的结果对比如表6.1所示。

表6.1　不同框架驱动大模型解决问题的结果对比

框架	描述	结果
标准（Standard）	直接给出错误的答案——iPod。没有提供任何推理过程或外部交互，直接给出答案	错误的答案：iPod
仅推理（Reason only）	尝试通过逐步推理来解决问题，但没有与外部环境交互来验证信息。错误地推断出答案是iPhone、iPad、iPod Touch	错误的答案：iPhone、iPad、iPod Touch
仅行动（Act only）	通过与外部环境（如维基百科）的一系列交互来获取信息，尝试多次搜索（搜索"Apple Remote""Front Row"等），但缺乏推理支持，未能综合这些观察结果后得出正确答案。认为需要结束搜索	错误的决策：结束搜索
ReAct	组合推理和行动。首先通过推理确定搜索Apple Remote（苹果遥控器），并从外部环境中观察结果。随着推理的深入，识别出需要搜索Front Row（软件）。在几轮交互后，通过进一步推理，准确得出答案"键盘功能键"	正确的答案：键盘功能键

在这个示例中，ReAct框架展示了如何将推理和行动的步骤交织在一起，以支持和验证每一步的推理，最终获得一个准确且可解释的结果。在推理和行动过程中，ReAct框架提供了一个明确的、可跟踪的、类似人类思考的思维路径。由于需要与外部环境交互，因此ReAct框架解决问题时更少受到模型内部知识限制的影响。

ReAct框架不仅存在于学术研究，它的工程实现和实际应用场景也日益增多。

LangChain 通过 ReAct 框架来提升 Agent 的智能表现。可以认为 ReAct 框架对于 Agent 的设计具有里程碑意义，并显著提升了它们的推理和决策能力。通过将推理和行动有效结合，以及保持与人类的对齐和控制性，ReAct 框架成为处理交互式决策任务的有力工具。

6.2　LangChain 中 ReAct Agent 的实现

在 LangChain 中使用 Agent 时，我们只需要理解下面 4 个元素。

- 大模型：提供逻辑的引擎，负责生成预测和处理输入。
- 提示（prompt）：负责指导模型，形成推理框架。
- 外部工具（external tools）：包括数据清洗工具、搜索引擎、应用程序等。
- Agent 执行器（Agent executor）：负责调用合适的外部工具，并管理整个流程。

根据用户的输入（接收任务），Agent 会首先决定调用哪些工具，然后通过相应的工具给出答案。Agent 不仅可以同时使用多种工具，而且可以将一个工具的输出数据作为另一个工具的输入数据。

上面的思路看似简单，其实值得我们仔细琢磨的地方有很多。

在整个流程中，大模型经常需要自主判断下一步的行动。如果不施加额外的引导，大模型则可能无法自主判断下一步的行动。

例如，任务是查询库存，如果库存不足，就搜索合适的商家并进货。完成这个任务需要考虑一系列的操作。

- 什么时候开始在本地数据库中进行检索？（这是第一步，相对比较简单。）
- 如何确定检索本地数据库的步骤已经完成，可以开始进行下一步？
- 调用哪个外部搜索工具（例如 Google）？
- 外部搜索工具是否返回想要的内容？
- 如何确定外部信息的真实性并执行下一步？

针对复杂、多步骤的任务，LangChain 中的 Agent 是如何自主计划、自行判断并执行的呢？

小雪插嘴：当然是使用 ReAct 框架啦！

咖哥：对了。LangChain 包含各种类型的 Agent 实现，如 Self-ask with Search（自问自答结合搜索）、Structured Chat（结构化聊天）和 ReAct 框架等。其中最典型的是 ReAct 框架。

通过对 ReAct 框架进行完美封装和实现，LangChain 可以赋予大模型极大的自主性。应用 ReAct 框架后，你的大模型将从一个仅仅可以借助自己内部知识进行对话聊天的机器人飞升为一个能使用工具的智能 Agent。

LangChain 中的 Agent 一般由一个大模型和一个提示驱动。提示可能包含 Agent 的性格（也就是给它分配角色，让它以特定方式进行响应）、任务的背景（用于提供更多任务类型的上下文）以及用于激发更好推理能力的提示策略（如 ReAct 框架）。

6

6.3 LangChain中的工具和工具包

ReAct框架会提示大模型为任务生成推理轨迹和行动，这使得Agent能系统地执行动态推理以创建、维护和调整操作计划，同时还支持与外部环境（例如Google搜索、维基百科）进行交互，以将额外信息合并到推理中。这个和外部环境交互的过程其实就是我们见过多次的调用并执行工具的行动过程。上面所说的本地知识库或搜索引擎都不是封装在大模型内部的知识，我们把它们称为"外部工具"（见图6.5）。

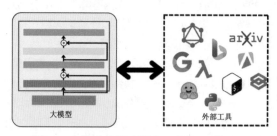

图6.5 大模型可以通过外部工具获取额外信息

LangChain包含工具和工具包两种组件。

工具（Tools）是Agent调用的函数。这里有两个重要的考虑因素：一是让Agent能调用正确的工具；二是以最有用的方式描述这些工具。如果没有为Agent提供正确的工具，那么它将无法完成任务。如果没有正确地描述工具，那么Agent将不知道如何使用工具。除了LangChain提供的一系列的工具以外，你还可以定义自己的工具。

目前LangChain支持的工具及其说明如表6.2所示。

表 6.2　LangChain 支持的工具及其说明

工具	说明
Apify	用于网络抓取和自动化的工具
ArXiv API Tool	用于访问学术文献的工具
AWS Lambda API	提供云函数或无服务器计算的工具
Shell Tool	允许机器学习模型直接与系统 shell 交互的工具
Bing Search	提供 Bing 搜索引擎查询结果的工具
Brave Search	提供 Brave 搜索引擎查询结果的工具
ChatGPT Plugins	插件工具，用于扩展 ChatGPT 的功能
DataForSEO API Wrapper	从各种搜索引擎获取搜索结果的工具
DuckDuckGo Search	提供 DuckDuckGo 搜索引擎查询结果的工具
File System Tools	提供与本地文件系统交互的工具集
Golden Query	提供基于知识图谱的自然语言查询服务的工具
Google Places	提供 Google 地点信息和查询结果的工具
Google Search	提供 Google 搜索引擎查询结果的工具
Google Serper API	用于网络搜索的工具，需要注册并获取 API 密钥

工具	说明
Gradio Tools	提供与 Gradio 应用交互功能的工具
GraphQL tool	提供 GraphQL 查询结果的工具
huggingface_tools	提供与 Hugging Face 库交互功能的工具
Human as a tool	描述如何将人类作为一个执行具体任务的工具
IFTTT WebHooks	提供与 IFTTT WebHooks 交互功能的工具
Lemon AI NLP Workflow Automation	用于自动化 NLP 工作流的工具
Metaphor Search	专为机器学习模型设计的搜索引擎工具
OpenWeatherMap API	提供查询天气信息结果的工具
PubMed Tool	提供 PubMed 医学文献查询结果的工具
Requests	提供网络信息获取功能的工具
SceneXplain	提供图像描述服务的工具
Search Tools	提供各种搜索工具的工具集
SearxNG Search API	提供自托管 SearxNG 搜索 API 查询服务的工具
SerpApi	提供网络搜索功能的工具
Twilio	提供短信息或其他发送消息功能的工具
Wikipedia	提供查询维基百科结果的工具
Wolfram Alpha	提供查询 Wolfram Alpha 的知识引擎功能的工具
YouTubeSearchTool	提供 YouTube 视频搜索功能的工具
Zapier Natural Language Actions API	用于自然语言处理的 API 工具

工具包（Toolkits）是一组用于完成特定目标的彼此相关的工具。每个工具包包含多个工具。例如 LangChain 的 Office365 工具包包含连接 Outlook、读取邮件列表、发送邮件等一系列工具。当然 LangChain 中还有很多其他工具包供选择。

目前 LangChain 支持的工具包及其说明如表 6.3 所示。

表 6.3　LangChain 支持的工具包及其说明

工具包	说明
Amadeus Toolkit	将 LangChain 连接到 Amadeus 旅行信息 API
Azure Cognitive Services Toolkit	与 Azure Cognitive Services API 交互，以实现一些多模态功能
GitHub Toolkit	GitHub 工具包，包含使大模型 Agent 与 GitHub 存储库互动的工具，这些工具是 PyGitHub 库的封装
Gmail Toolkit	Gmail 工具包
Jira	Jira 工具包
MultiOn Toolkit	将 LangChain 连接到浏览器中的 MultiOn 客户端
Office365 Toolkit	将 LangChain 连接到 Office365 电子邮件和日历等
PlayWright Browser Toolkit	通过浏览器导航 Web 并与动态渲染的网站互动

当然，表 6.2 和表 6.3 中所列的工具或工具包随着时间的推移会越来越多，这也就意味着 LangChain 的功能会越来越强大。

下面是一段为 LangChain Agent 分配工具包中工具的示例代码。

```
# 导入 Gmail 工具包
from langchain_community.agent_toolkits import GmailToolkit
# 初始化工具包中的所有工具
toolkit = GmailToolkit()
tools = toolkit.get_tools()
# 创建一个 Agent 并为 Agent 分配工具
from langchain.agents import create_agent
agent = create_agent(llm, tools, prompt)
```

关于上述工具和工具包的详细用法，请参考 LangChain 的官方文档。我们接着会给出一个 ReAct Agent 调用搜索以及数学工具的示例。

6.4 通过create_react_agent创建鲜花定价Agent

在本节中，我们将利用 LangChain 中的 create_react_agent 功能来创建一个 ReAct Agent。此处，我们要给 Agent 的任务是找出当前玫瑰花的市场价格，然后计算出加价 5% 后的新价格。

可以参考 2.5.2 节来做准备工作，如安装 OpenAI、LangChain，以及在 SerpApi 网站注册账号，获得 SERPAPI_API_KEY，并安装 SerpApi 的包。在本节中，我们将为大模型提供 Google 搜索工具。

此外，还需要安装 numexpr 数学工具包。这个工具包是 LangChain 中的 llm-math 工具所需要的。

```
pip install numexpr
```

设置 OpenAI 网站和 SerpApi 网站提供的 API 密钥。

```
# 设置 OpenAI 网站和 SerpApi 网站提供的 API 密钥
import os
os.environ["OpenAI_API_KEY"] = ' 你的 OpenAI API 密钥 '
os.environ["SERPAPI_API_KEY"] = ' 你的 SerpAPI API 密钥 '
```

然后加载将用于控制 Agent 的大模型。

```
# 初始化大模型
from langchain_OpenAI import OpenAI
llm = OpenAI(temperature=0)
```

接下来，加载一些要使用的工具。这里，我们为大模型配备两个工具——SerpApi（这是调用 Google 搜索引擎的工具，用于找出当前玫瑰花的市场价格）和 llm-math（这是通过大模型进行数学计算的工具，用于计算售价）。

```
#设置工具
from langchain.agents import load_tools
tools = load_tools(["serpapi", "llm-math"], llm=llm)
```

接下来，通过设计提示模板来实现 ReAct 认知框架。

```
#设计提示模板
from langchain.prompts import PromptTemplate
template = (
    '尽你所能回答以下问题。如果能力不够，你可以使用以下工具 :\n\n'
    '{tools}\n\n
    Use the following format:\n\n'
    'Question: the input question you must answer\n'
    'Thought: you should always think about what to do\n'
    'Action: the action to take, should be one of [{tool_names}]\n'
    'Action Input: the input to the action\n'
    'Observation: the result of the action\n'
    '... (this Thought/Action/Action Input/Observation can repeat N times)\n'
    'Thought: I now know the final answer\n'
    'Final Answer: the final answer to the original input question\n\n'
    'Begin!\n\n'
    'Question: {input}\n'
    'Thought:{agent_scratchpad}'
)
prompt = PromptTemplate.from_template(template)
```

咖哥：这个提示模板眼熟吧？

小雪：对，我们曾使用过 LangChain 的 Hub 中用户 hwchase17 提供的 ReAct 提示模板，和这个模板非常像。

咖哥：是的。这次我们自己制作的 ReAct 提示还基于相同的认知框架，但是我们可以加入自己需要的内容，例如你可以要求 Agent 用中文回答问题、指定最终答案的格式或指明答案长度需要在 100 字以内等。

ReAct 提示模板包含的部分及其说明如表 6.4 所示。

表 6.4 ReAct 提示模板包含的部分及其说明

部分	说明
介绍	尽你所能回答以下问题。如果能力不够，你可以使用以下工具：
工具列表	{tools}
格式指南	使用以下格式：
问题	你需要回答的输入问题
思考	你应该始终考接下来的操作
行动	需要采取的行动，应该是 [{tool_names}] 中的一个

部分	说明
行动输入	对行动的输入
观察	行动的结果
循环	...（这个思考 / 行动 / 行动输入 / 观察可以重复 N 次）
最终思考	我现在知道了最终答案
最终答案	对原始输入问题的最终回答
开始指令	开始！
实际用例	问题：{input}\n 思考：{agent_scratchpad}

接下来使用 create_react_agent 函数来创建 ReAct Agent，并在初始化的过程中指定大模型、工具和提示词。

In
```
# 初始化 Agent
from langchain.agents create_react_agent
agent = create_react_agent(llm, tools, prompt)
```

下一步是创建一个 AgentExecutor（Agent 执行器）。

In
```
# 用 Agent 和 Tools 初始化一个 AgentExecutor
from langchain.agents import AgentExecutor
agent_executor = AgentExecutor(agent=agent, tools=tools, verbose=True)
```

好了，现在让 Agent 回答我刚才提出的问题"目前市场上玫瑰花的一般进货价格是多少？如果我在此基础上加价 5%，应该如何定价？"。

In
```
# 通过 AgentExecutor 执行任务
agent_executor.invoke({"input":
        """ 目前市场上玫瑰花的一般进货价格是多少？ \n
        如果我在此基础上加价 5%，应该如何定价？ """})
```

Agent 成功遵循了 ReAct 框架，它输出的思考与行动轨迹如图 6.6 所示。

```
> Entering new AgentExecutor chain...
Thought: To answer this question accurately, I need to first find out the current market wholesale price of roses. Then, I can calculate the price after adding a 5% markup.

Action: Search

Action Input: current wholesale price of roses 2023
In 2023, before Valentine's Day, the average cut rose stem cost 40 cents coming off the cargo plane. This is higher than the annual low in August of 25 cents a stem. This means in August, roses cost wholesalers $3 a dozen, while a dozen Valentine's Day roses cost $5 after clearing customs.Given the information, it seems that the price of roses can vary significantly throughout the year. For the purpose of this calculation, I'll use the price of $3 per dozen, which is mentioned as the cost in August, a period of annual low prices. This should give us a baseline for the wholesale price outside of peak times like Valentine's Day.

Action: Calculator

Action Input: 3 * 1.05
Answer: 3.1500000000000004I now know the final answer.

Final Answer: If you're basing your pricing on the annual low wholesale price of roses, which is $3 per dozen in August, after adding a 5% markup, you should price the roses at approximately $3.15 per dozen.

> Finished chain.
```

图6.6　Agent输出的思考与行动轨迹

小雪：很不错。不过，有一点不完美，这次运行中Agent给出的内容都是英文的，我有些不大适应。

咖哥：那你想想应该怎么办呢？

小雪：咖哥，只要修改一下Prompt就可以啦。

In

```
# 调整一下提示词
template = (
    ' 尽你所能用中文回答以下问题。如果能力不够，你可以使用以下工具 :\n\n'
    '{tools}\n\n
     Use the following format:\n\n'
    'Question: the input question you must answer\n'
    'Thought: you should always think about what to do\n'
    'Action: the action to take, should be one of [{tool_names}]\n'
    'Action Input: the input to the action\n'
    'Observation: the result of the action\n'
    '... (this Thought/Action/Action Input/Observation can repeat N times)\n'
    'Thought: I now know the final answer\n'
    'Final Answer: the final answer to the original input question\n\n'
    'Begin!\n\n'
    'Question: {input}\n'
    'Thought:{agent_scratchpad}'
)
```

这里我们对ReAct模板做了微调，从而见识了GPT模型中英文的双语理解能力，并确保它回答问题时使用中文。否则，即使问它中文，它有时也会坚持给你“秀”英文。

再次运行程序，输出结果如图6.7所示。

```
> Entering new AgentExecutor chain...
我需要先找到目前市场上玫瑰花的一般进货价格，然后在这个价格基础上加价5%来计算最终的定价。

Action: Search
Action Input: 目前市场上玫瑰花的一般进货价格['记者昨日在上海双季花卉批发市场看到，众多鲜切花批发商家都在为即将到来的“双节”做准备。 几天前叫价2元一支的红色、粉色玫瑰花，目前的零售价已渐行上涨。 在一些街道的花店，同类玫瑰花的价格已卖到3元一支，更高的甚至还要4元。', '批发市场价格上涨，鲜花零售门店价格更为高昂。位于朝阳大悦城的一家花店工作人员向XX商报记者介绍道，“之前一枝玫瑰(不分品种)的价格是25元，现在已经 ...', '除了产自昆明的玫瑰外，广州、佛山的本地玫瑰价格也有所增长，但在玫瑰普遍涨价的趋势下，本地玫瑰的价格仍然具有优势。 经营鲜切花店十多年的王女士称，广州本地产的一扎(20枝)的C级红玫瑰，平日的价格是20~30元，今年的普遍批发价格是120元，最贵的已叫价150元。', '今年的玫瑰价格比往年几乎翻了一番，原因是什么？不少花店老板都表示，他们的进货地是云南昆明，今年因为天气 ，昆明的玫瑰产量跟不上。“今年昆明冻了 ...', '214即将到来，鲜花销售迎来旺季。但今年最能代表爱情的玫瑰花价格暴涨四五倍，让不少商家都高兴不起来。不少商户表示，进货时都是颤抖着双手付款的。', '... 玫瑰的单支价格约为10~12元，今年红玫瑰单支价格普遍在20元以上，新晋“网红”卡布奇诺玫瑰，去年单支价格约在15~20元，今年基本上进货价都在25~30元。', '今年由于气温回升较快，玫瑰花已经开始采摘。平阴县玫瑰鲜花蕾开秤价格从2.8元/斤，迅速攀升至4月27日的3.5元/斤，开秤价格平均每斤比去年同期上涨1元，涨幅约为66.67% ...', '... 花要卖980元。 玫瑰价格疯涨。上海情人节的“玫瑰仪式感”依旧丝毫未减。春寒料峭，花店、批发市场门庭若市，记者向多家摊主老板了解到，“今年的玫瑰花 ...', '普通玫瑰花一般在市场上售价为3~5元一朵，其他玫瑰的价格有所变化，越珍贵的玫瑰品种价格越高，比如蓝色妖姬在市场上售价就能达到几十元一朵。 生活中的 ...', '... 价大约在每支2~3元，现在已经涨到了6元。杨先生从2015年开始经营鲜花批发生意，一般提前15天为情人节备货，由于鲜花价格上涨，今年备货压力陡增。“批发 ...']从观察到的信息中，可以看到玫瑰花的进货价格有很大的波动，具体价格取决于品种、地区和时间。为了简化计算，我们可以取一个中间值作为进货价格的参考。根据观察到的信息，普通玫瑰花的进货价格大约在25~30元。我们可以取这个范围的中间值，即27.5元作为计算的基础。

Thought: 现在我有了一个大概的进货价格，接下来我需要计算在此基础上加价5%的定价。

Action: Calculator
Action Input: 27.5 * 1.05Answer: 28.875I now know the final answer
Final Answer: 在进货价格大约为27.5元的基础上加价5%，最终的定价应该是28.88元。

> Finished chain.
```

图6.7 调整Prompt之后的输出结果

可以看到，Agent在LangChain中不仅自动形成一个完善的思考与行动链条，而且给出了正确的答案。

你可以对照表 6.5，再巩固一下这个链条中的每个环节。

表 6.5　Agent 的思考与行动链条

步骤编号	中文说明	步骤内容	详细描述
1	开始	Entering new AgentExecutor chain...	开启一个新的智能 Agent 执行链
2	行动	Action: Search	智能 Agent 准备执行搜索操作
3	行动输入	Action Input	输入了搜索指令："玫瑰市场平均价格"
4	观察	Observation	获取了有关玫瑰花市场价格的详细信息，包括价格波动的原因和零售价格范围
5	思考	Thought	Agent 反思需要计算玫瑰价格加价 5% 后的数额
6	行动	Action: Calculator	决定使用计算器工具来计算加价后的结果
7	行动输入	Action Input	输入计算指令"51 * 1.05"，用于计算加价 5% 后的价格
8	观察	Observation	观察到计算结果是 5.25，表明玫瑰花加价 5% 后的价格为 55.25
9	最终答案	Final Answer	确定并提供最终答案：玫瑰花加价 5% 后的价格为 55.25
10	结束	Finished chain	表示智能 Agent 的任务链已经完成

在这个链条中，Agent 通过思考、观察、行动，借助搜索和计算两个操作，完成任务。

6.5　深挖 AgentExecutor 的运行机制

AgentExecutor 是 Agent 的运行环境，它首先调用大模型，接收并观察结果，然后执行大模型所选择的操作，同时也负责处理多种复杂情况，包括 Agent 选择了不存在的工具的情况、工具出错的情况、Agent 产生无法解析成 Function Calling 格式的情况，以及在 Agent 决策和工具调用期间进行日志记录。

若要清晰地了解 AgentExecutor 的运行过程，仅观察 LangChain 输出的 Log 是不够的，我们需要深入 LangChain 的程序内部，通过设置断点并调试（debug）来探究 Agent 执行器的运行机制。

6.5.1　在 AgentExecutor 中设置断点

下面，我们即将深入 LangChain 源代码的内部，观察它是如何封装 ReAct Agent 的，并揭示 Agent 是如何通过 AgentExecutor 来自主决策的。其间我会用截屏图展示调试 LangChain 源代码的过程并进行分析。我认为这对你理解 LangChain 如何实现 ReAct 将十分有益。

准备好了吗？现在就开始吧！

首先，在图 6.8 所示的 VS Code 中配置 launch.json 文件。需要将 justMyCode

参数设置为false，否则，debug工具不会进入LangChain包的代码内部。

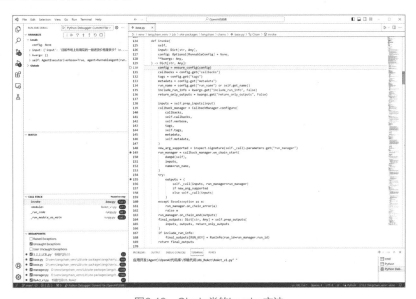

图6.8　VS Code的debug工具

在agent_executor.invoke语句处设置一个断点（见图6.9）。

```
46    # 执行AgentExecutor
47    agent_executor.invoke({"input":
48                        """目前市场上玫瑰花的一般进货价格是多少？\n
49                        如果我在此基础上加价5%，应该如何定价？"""})
50
```

图6.9　设置断点

开始调试程序，Agent被正式启动。接下来看看大模型是如何在ReAct框架的指导下进行推理的。

借助Step Into功能打开LangChain包，我们可以看到base.py文件的Chain类的invoke方法（见图6.10）。

图6.10　Chain类的invoke方法

由此可以发现，agent_executor 实际上是一个 Chain（链）类（参考 LangChain 包中 agent.py 文件的 AgentExecutor 定义部分）。

小雪：难怪。用了半天 LangChain，我就一直疑惑"Chain"到底在哪里，原来 AgentExecutor 类就继承自 Chain 类。

咖哥：是的。调用 invoke 方法本身就是执行 Chain 的基本方式。

在 callback_manager.on_chain_start 方法被执行之后，Terminal 中 0 输出"> Entering new AgentExecutor chain..."，表示链已经正式启动。

此时的 input 变量内容如图 6.11 所示。

图6.11　input变量中包含用户输入的任务文本

继续 debug，直至调用 self._call 方法。这个方法蕴含 Agent 的主要逻辑（见图 6.12）。

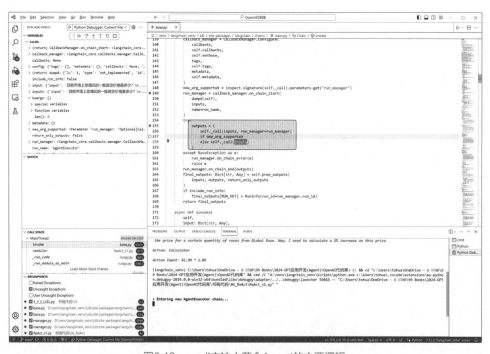

图6.12　_call方法中蕴含Agent的主要逻辑

咖哥发言

_call 前的下画线是一个程序设计风格上的约定，表示这是一个类内部使用的方法，而非类的公开接口的一部分。作为一个类的方法，意味着它与类的实例有关，可以直接操作类实例的属性和调用其他方法。

6.5.2 第一轮思考：模型决定搜索

执行 Step Into 操作，就来到了 LangChain 中 agent.py 的 AgentExecutor 类的 _call 方法内部（见图 6.13），Agent 将在此不断循环计划、思考、调用工具、解决问题。

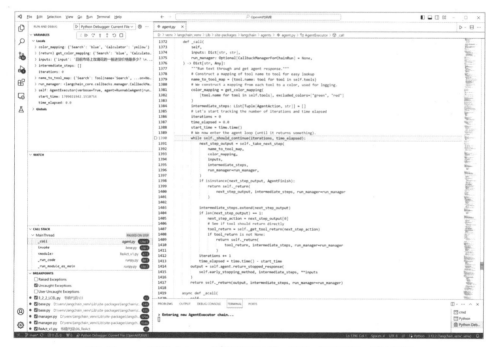

图6.13 _call方法中Agent不断循环计划、思考、调用工具、解决问题

AgentExecutor 的 _call 方法是负责执行任务的核心方法。我们将通过表 6.6 所示内容逐步分析这个方法的关键部分，以帮助你理解相关逻辑。

表6.6　_call方法中的关键步骤

步骤	描述	关键操作	目的
1. 输入和初始化	接收一个字典 inputs 作为输入，可能包含 run_manager 实例	inputs 字典处理，run_manager 初始化	返回处理后的结果或响应字典
2. 工具映射构建	构建从工具名称到工具实例的映射 name_to_tool_map	遍历 self.tools	便于后续根据名称查找工具
3. 颜色映射	为日志记录建立颜色映射，排除"green"和"red"	color_mapping 构建	将每个工具映射到一个颜色上
4. 迭代和时间追踪	初始化 iterations 和 time_elapsed，记录 start_time	记录方法开始时间	跟踪迭代次数和总耗时
5. 循环	使用 while 循环，基于 _should_continue 的返回值决定是否继续	_take_next_step 获取输出	根据条件继续或结束执行
6. 处理下一步输出	根据 next_step_output 是不是 AgentFinish 实例来决定后续操作	添加输出到 intermediate_steps	记录中间步骤或返回最终结果
7. 工具直接返回检查	如果 next_step_output 只有一个元素，检查是否直接返回结果	判断步骤输出	可能直接返回结果
8. 迭代和时间更新	更新 iterations 和 time_elapsed	时间和迭代计数更新	为循环迭代和时间追踪
9. 早停响应	如果循环结束，生成基于早停策略的响应	使用 agent.return_stopped_response	响应基于早停策略
10. 返回最终结果	使用 _return 方法返回处理结果	返回包括中间步骤和运行管理器信息的结果	完成处理并返回结果

此时，在 Debug Console 中输出变量 name_to_tool_map 的内容（见图 6.14），可以看到之前定义的两个工具。

图6.14　变量name_to_tool_map的内容

小雪：咖哥，那么 Agent 根据问题调用大模型进行推理思考，然后拿到推理结果，调用工具，这些步骤的细节在哪里？

咖哥：会在 _take_next_step 方法中继续调用 _iter_next_step 方法以处理 ReAct 逻辑，也就是观察、思考及行动。我们可以继续深挖细节。

接下来通过 Step Into 操作进入 _take_next_step 方法内部（见图6.15）。其中，

首先调用 _consume_next_step 方法并接收结果。

```
D: > venv > langchain_venv > Lib > site-packages > langchain > agents > 🐍 agent.py > 😴 AgentExecutor > 🔯 _take_next_step
1071              )
1072              final_output = output.return_values
1073              if self.return_intermediate_steps:
1074                  final_output["intermediate_steps"] = intermediate_steps
1075              return final_output
1076
1077          def _consume_next_step(
1078              self, values: NextStepOutput
1079          ) -> Union[AgentFinish, List[Tuple[AgentAction, str]]]:
1080              if isinstance(values[-1], AgentFinish):
1081                  assert len(values) == 1
1082                  return values[-1]
1083              else:
1084                  return [
1085                      (a.action, a.observation) for a in values if isinstance(a, AgentStep)
1086                  ]
1087
1088          def _take_next_step(
1089              self,
1090              name_to_tool_map: Dict[str, BaseTool],
1091              color_mapping: Dict[str, str],
1092              inputs: Dict[str, str],
1093              intermediate_steps: List[Tuple[AgentAction, str]],
1094              run_manager: Optional[CallbackManagerForChainRun] = None,
1095          ) -> Union[AgentFinish, List[Tuple[AgentAction, str]]]:
1096              return self._consume_next_step(
1097                  [
1098                      a
1099                      for a in self._iter_next_step(
1100                          name_to_tool_map,
1101                          color_mapping,
1102                          inputs,
1103                          intermediate_steps,
1104                          run_manager,
1105                      )
1106                  ]
1107              )
1108
1109          def _iter_next_step(
1110              self,
1111              name_to_tool_map: Dict[str, BaseTool],
1112              color_mapping: Dict[str, str],
1113              inputs: Dict[str, str],
1114              intermediate_steps: List[Tuple[AgentAction, str]],
1115              run_manager: Optional[CallbackManagerForChainRun] = None,
1116          ) -> Iterator[Union[AgentFinish, AgentAction, AgentStep]]:
1117              """Take a single step in the thought-action-observation loop.
```

图6.15　_consume_next_step将返回AgentFinish或AgentAction的实例

_consume_next_step 方法的输入 values 则是由 _iter_next_step 生成的步骤输出。它的输入是一个类型为 NextStepOutput 的列表，列表中的元素可以是 AgentFinish、AgentAction 或 AgentStep 的实例。根据输入，这个方法将返回如下不同的结果。

■ 如果列表的最后一个元素是 AgentFinish 的实例，那么会检查这个列表是否只有一个元素，如果是，则直接返回这个 AgentFinish 实例。

■ 如果列表中的最后一个元素不是 AgentFinish 的实例，那么方法会返回一个由元组组成的列表，每个元组包含 AgentAction 的 action 属性和 observation 属性。这表示该方法是在处理一系列动作和观察结果，可能用于更新 Agent 的状态或决定下一步的动作。

然后通过 Step Into 操作进入 _iter _next_step 方法内部（见图 6.16）。_ iter

next_step 方法是一个流程的控制器，在计划执行的关键节点上起枢纽作用。在这个方法中，我们可以看到它根据当前状态调用与 plan、observation、action 相关的一些方法和函数，推动计划进一步执行。

```python
          ]
        )

    def _iter_next_step(
        self,
        name_to_tool_map: Dict[str, BaseTool],
        color_mapping: Dict[str, str],
        inputs: Dict[str, str],
        intermediate_steps: List[Tuple[AgentAction, str]],
        run_manager: Optional[CallbackManagerForChainRun] = None,
    ) -> Iterator[Union[AgentFinish, AgentAction, AgentStep]]:
        """Take a single step in the thought-action-observation loop.

        Override this to take control of how the agent makes and acts on choices.
        """
        try:
            intermediate_steps = self._prepare_intermediate_steps(intermediate_steps)

            # Call the LLM to see what to do.
            output = self.agent.plan(
                intermediate_steps,
                callbacks=run_manager.get_child() if run_manager else None,
                **inputs,
            )
        except OutputParserException as e:
            if isinstance(self.handle_parsing_errors, bool):
                raise_error = not self.handle_parsing_errors
            else:
                raise_error = False
            if raise_error:
                raise ValueError(
                    "An output parsing error occurred. "
                    "In order to pass this error back to the agent and have it try "
                    "again, pass `handle_parsing_errors=True` to the AgentExecutor. "
                    f"This is the error: {str(e)}"
                )
            text = str(e)
            if isinstance(self.handle_parsing_errors, bool):
                if e.send_to_llm:
                    observation = str(e.observation)
                    text = str(e.llm_output)
                else:
                    observation = "Invalid or incomplete response"
            elif isinstance(self.handle_parsing_errors, str):
                observation = self.handle_parsing_errors
            elif callable(self.handle_parsing_errors):
                observation = self.handle_parsing_errors(e)
            else:
                raise ValueError("Got unexpected type of `handle_parsing_errors`")
            output = AgentAction("_Exception", observation, text)
            if run_manager:
                run_manager.on_agent_action(output, color="green")
            tool_run_kwargs = self.agent.tool_run_logging_kwargs()
            observation = ExceptionTool().run(
                output.tool_input,
                verbose=self.verbose,
                color=None,
                callbacks=run_manager.get_child() if run_manager else None,
                **tool_run_kwargs,
            )
            yield AgentStep(action=output, observation=observation)
            return
```

图6.16　在_iter_next_step 方法中调用plan、observation以及action的相关方法和函数

　　_iter_next_step 方法是一个迭代器函数，是AgentExecutor执行流程的关键组成

部分，用于在 Agent 的观察—思考—行动循环中执行单个步骤。

此方法的主要目的是控制 Agent 如何根据当前状态和输入做出决策并执行相应的行动。主要逻辑如下。

1. 使用 _prepare_intermediate_steps 准备中间步骤。

2. 尝试调用 Agent 的 plan 方法来计划下一步动作，可能包含回调和输入参数。

3. 如果在输出解析时出现异常，会根据 handle_parsing_errors 的设置来决定是抛出异常还是处理异常。

- 如果设置为抛出异常，那么会抛出一个 ValueError。
- 如果设置为处理异常，将首先基于错误类型、是否发送给大模型等条件来构建一个 AgentAction 实例，然后产生一个 AgentStep。

4. 如果输出是 AgentFinish 的实例，则产生此实例并结束方法。

5. 如果输出是 AgentAction 的实例或包含多个 AgentAction 的列表，则逐一产生这些动作。

6. 对于每一个动作，调用 _perform_agent_action 方法来执行，并产生结果。

_iter_next_step 方法通过迭代的方式，允许灵活地处理每一步的结果，为构建复杂的逻辑提供了基础。

在 _iter_next_step 方法中，我们进一步 debug。深入 self.agent.plan 方法，进入整个行为链条的第一步——Plan（见图 6.17）。在这里，输入的问题将会被传递给 self.runnable.stream 方法，以便调用大模型，之后用 chunk 变量接收大模型的返回结果。

```
D: > venv > langchain_venv > Lib > site-packages > langchain > agents > ⬥ agent.py > ⅀ RunnableAgent > ⬦ plan
361              return self.input_keys_arg
362
363      def plan(
364          self,
365          intermediate_steps: List[Tuple[AgentAction, str]],
366          callbacks: Callbacks = None,
367          **kwargs: Any,
368      ) -> Union[AgentAction, AgentFinish]:
369          """Based on past history and current inputs, decide what to do.
370
371          Args:
372              intermediate_steps: Steps the LLM has taken to date,
373                  along with the observations.
374              callbacks: Callbacks to run.
375              **kwargs: User inputs.
376
377          Returns:
378              Action specifying what tool to use.
379          """
380          inputs = {**kwargs, **{"intermediate_steps": intermediate_steps}}
381          # Use streaming to make sure that the underlying LLM is invoked in a streaming
382          # fashion to make it possible to get access to the individual LLM tokens
383          # when using stream_log with the Agent Executor.
384          # Because the response from the plan is not a generator, we need to
385          # accumulate the output into final output and return that.
386          final_output: Any = None
387          for chunk in self.runnable.stream(inputs, config={"callbacks": callbacks}):
388              if final_output is None:
389                  final_output = chunk
390              else:
391                  final_output += chunk
392
393          return final_output
```

图6.17　plan方法中的stream方法将调用大模型进行计划（也就是思考）

self.runnable.stream 方法中的细节较多，包括提示词的传入，大模型的调用，以及流式的输出读取等。这些细节和 ReAct 框架并不直接相关，在此我不去深入 debug self.runnable.stream 方法，你可以将其视为一个负责调用大模型的黑盒。

那么，调用大模型之后，模型具体返回什么结果呢？我们可以观察调用模型之后的输出，也就是 chunk 变量中的内容（见图 6.18）。

图6.18　chunk变量中的内容是大模型调用的输出结果

此时，chunk 变量中的内容是 AgentAction 对象的实例，其具体内容如下。

```
AgentAction(
  tool='Search',
  tool_input=' 目前市场上玫瑰花的进货价格 ',
  log=' 我需要先找到目前市场上玫瑰花的一般进货价格，然后在这个价格基础上加价 5% 来计算最终的定价。\n\n
  Action: Search\n
  Action Input: 目前市场上玫瑰花的进货价格 ')
```

这是一个典型的 ReAct 风格的文本，同时其中也包含工具调用，也就是 Function Calling（或称 Tool Calls）的信息，相关参数说明如下。

■ tool='Search'，表明 Agent 将使用搜索工具进行操作。

■ tool_input 包含向搜索工具提供的查询内容。如这里表示 Agent 正在寻找目前市场上玫瑰花的进货价格。

■ log 包含 Agent 操作的上下文说明。它表明 Agent 的目的是找出玫瑰花的进货价格，以便在该价格基础上增加 5% 以计算最终售价。

■ Action: Search 表示 Agent 当前的动作类型是搜索。

■ Action Input 表示指出搜索的具体内容。

看来，模型知道面对这个问题，**它自己根据现有知识解决不了，下一步行动是选择工具包中的搜索工具**。此时命令行中也输出了模型的第一步计划——调用搜索工具。

6.5.3 第一轮行动：工具执行搜索

AgentExecutor得知Action为Search，所以Search工具会被调用，同时也拥有搜索的具体内容，第一轮的Plan（也就是思考）部分就结束了。下面，继续Step Over到_iter_next_step的工具调用部分（见图6.19）。

图6.19　_iter_next_step的工具调用部分

具体的工具执行过程则在 self._perform_agent_action 方法中完成（见图6.20）。

_perform_agent_action 是执行 AgentAction 的方法，决定使用哪个工具来处理当前的输入，并产生一个观察结果作为输出。其中的具体操作可能是调用一个外部服务、执行一个计算任务或者是获取某种形式的信息。

这个函数的主要部分如下。

■ Agent 操作管理：如果存在运行管理器（run_manager），则通过调用 run_manager.on_agent_action 记录当前的操作，颜色设置为"绿色"。这能用于日志记录、监控或调试。

■ 工具查找和执行。

　● 首先检查请求的工具（agent_action.tool）是否在 name_to_tool_map

映射中。name_to_tool_map包含了Agent可以调用的所有工具及其实例。

● 如果找到了工具，它会根据 Agent 操作中指定的输入（agent_action.tool_input）执行该工具。执行过程中可能会使用到一些特定的参数（tool_run_kwargs），这些参数可能包括日志记录的配置或特定于工具的配置。

● 如果 return_direct 为真，意味着工具会直接返回结果，不需要额外的前缀处理。

● 工具执行完成后，会产生一个观察结果（observation），这个结果将被用于后续的决策或输出。

图6.20　AgentExecutor将执行Action，调用工具

■ 无效工具处理：如果请求的工具不在映射中，Agent 将使用一个特殊的"无效工具"来处理这种情况，返回一个包含错误信息的观察结果，例如请求的工具名称和可用工具的列表。

■ 返回 AgentStep：无论是有效的工具执行还是无效工具处理，最终都会生成一个 AgentStep 实例并返回。AgentStep 包含了执行的动作（action）和观察到的结果（observation），这为 Agent 提供了一个完整的行动－观察循环的单步执行结果。

这里不赘述搜索工具执行的细节，你也可以把搜索的实现过程理解成一个黑盒。

调用完成之后得到输出结果，此时我们将拥有一个对当前工具调用的 Observation（见图 6.21）。

图6.21　搜索工具完成之后的Observation

实际上这个 Observation 就是下一个大模型调用的 Input（见图 6.22）。

> Entering new AgentExecutor chain...
我需要先找到目前市场上玫瑰花的一般进货价格，然后在这个价格基础上加价5%来计算最终的定价。

Action: Search
Action Input: 目前市场上玫瑰花的进货价格['批发市场价格上涨，鲜花零售门店价格更为高昂。位于朝阳大悦城的一家花店工作人员向XX商报记者介绍道，"之前一枝玫瑰(不分品种)的价格是25元，现在已经 ...'，'记者昨日在上海双季花卉批发市场了解到，众多鲜切花批发商家都在为即将到来的"双节"做准备。几天前叫价2元一支的红色、粉色玫瑰花，目前的零售价已渐行上涨。 在一些街道的花店，同类玫瑰花的价格已卖到3元一支，更高的甚至到4元。'，'近日，小编走访了上海的鲜花批发市场及街边花店发现，鲜花需求价量齐升。其中，以"爱"为名的玫瑰价格倍数涨。 "今年的玫瑰进价尤其贵，相较去年基本上翻 ...'，'元旦来临，云南鲜切花市场迎来销售高峰期，价格飙升，卡罗拉红玫瑰平时10-20元一把，现在能卖到40-50元。涨价潮可能持续到春节。 "昨天拍一支花可能 ...'，'近日，小编走访了上海的鲜花批发市场及街边花店发现，鲜花需求价量齐升。 ... "在情人节前夕，一捆多头玫瑰在批发市场的售价为60元-70元。 (多头玫瑰）'， '... 玫瑰的单支价格约为10-12元，今年红玫瑰单支价格普遍在20元上，新晋"网红"卡布奇诺玫瑰，去年单支价约在15~20元，今年基本上进货都在25~30元。'，'现在，不少商家摊位上的玫瑰都是年后进价更贵。" 今年99朵玫瑰花，零售可达800元左右。 但今年单是进价都遥远不元 ...'，'周周说，今年的鲜花市场进价堪比往年零售价，"不过，虽然价格居高不下，但目前店里已经成功预订出走了3束99朵玫瑰花，销量还不错。'， '... 价格也相应地一轮上涨。 除了直接到产地来购进货外，有的花店会以本地花卉批发市场为主要进货渠道。魅花透露，有时候，XX花卉销售的一些基础类鲜花，'经营鲜切花超十多年的王女士称，广州本地产的一扎(20枝)的C级红玫瑰，平日的价格是20～30元，今年的普通批发价格是120元，最贵的已叫价150元。 记者在走访 ...'，'又到了"花市灯如昼"的日子，各地花卉市场呈现火热状态. 今年玫瑰花的价格一路看涨. 往年价格在600～800元的99朵玫瑰花束. 今年销售价格突破千元.']

图6.22　Observation也就是下一个大模型调用的Input

此时，很重要的一个环节就是回到 _call 方法中，根据 next_step_output 的结果判断是否完成任务。

因为此时 next_step_output 是 AgentAction 的实例，所以 isinstance 的值是 False（见图 6.23）。此时任务并未完成，AgentExecutor 将继续循环。

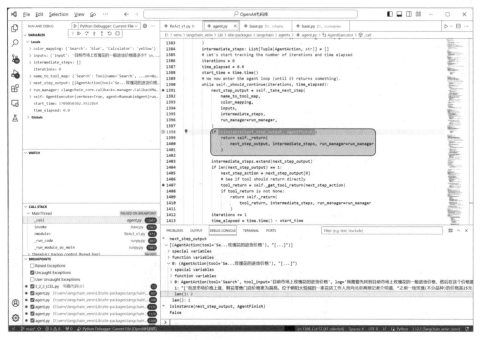

图6.23　isinstance的值是False

当前 AgentAction 对象的具体内容如下。

0: AgentAction(tool='Search', tool_input=' 目前市场上玫瑰花的进货价格 ', log=' 我需要先找到目前市场上玫瑰花的一般进货价格，然后在这个价格基础上加价 5% 来计算最终的定价。\n\nAction: Search\nAction Input: 目前市场上玫瑰花的进货价格 ')

1: "[' 批发市场价格上涨，鲜花零售门店价格更为高昂。位于朝阳大悦城的一家花店的工作人员向 XX 商报记者介绍道，" 之前一枝玫瑰（不分品种）的价格是 25 元，现在已经 ...', ' 记者昨日在上海双季花卉批发市场看到，众多鲜切花批发商家都在为即将到来的 " 双节 " 做准备。 几天前叫价 2 元一枝的红色、粉色玫瑰花，目前的零售价已渐行上涨。在一些街道的花店，同类玫瑰花的价格已卖到 3 元一枝，更高的甚至到 4 元。', ' 近日，小编走访了上海的鲜花批发市场及街边花店发现，鲜花需求价量齐升。其中，以 " 爱 " 为名的玫瑰价格创新高。 " 今年的玫瑰进价尤其贵，相较去年基本上翻 ...', ' 元旦来临，云南鲜切花市场迎来销售高峰期，价格飙升，卡罗拉红玫瑰平时 10~20 元一把，现在能卖到 40~50 元。涨价潮可能持续到春节。 " 昨天拍一枝花可能 ...', ' 近日，小编走访了上海的鲜花批发市场及街边花店发现，鲜花需求价量齐升。... " 在情人节前夕，一捆多头玫瑰在批发市场的售价为 60~70 元。（多头玫瑰 ...', '... 玫瑰的单枝价格约为 10~12 元，今年红玫瑰单枝价格普遍在 20 元以上，新晋 " 网红 " 卡布奇诺玫瑰，去年单枝价格约在 15~20 元，今年基本上进货价都在 25~30 元。', ' 现在，不少商家摊位上的玫瑰都是年前存的货，年后进价更贵。" " 往年 99 朵玫瑰花，进价在 400 元左右，零售可达 800 元左右。 但今年单是进价都逼近千元。" 周周说，今年的鲜花市场进价堪比往年零售价，" 不过，虽然价格居高不下，但目前店里已经成功预订出去了 3 束 99 朵玫瑰花，销量还不错。', '... 价格也相应地一轮轮上涨。 除了直接到产地采购进货外，有的花店会以本地花卉批发市场为主要进货渠道。魅花透露，有时候，XX 鲜生销售的一些基础类鲜花 ...', ' 经营鲜切花店十多年的王女士称，广州本地产的一扎（20 枝）的 C 级红玫瑰，平日的价格是 20~30 元，今年的普遍批发价格是 120 元，最贵的已叫价 150 元。记者在走访 ...', ' 又到了 " 花市灯如昼 " 的日子。各地花卉市场呈现火热状态。今年玫瑰花的价格一路猛涨。往年价格在 600~800 元的 99 朵玫瑰花束，今年的销售价格突破千元。']"

下一步，我们再次调用大模型，形成新的 Thought，看看任务是否完成或者仍需要再次调用工具（可能调用新工具，也有可能再次调用同一工具以继续搜索新信息）。

6.5.4　第二轮思考：模型决定计算

第二轮思考开始，程序重新进入 Plan 环节。

在 plan 方法内部，AgentExecutor 再次通过 self.runnable.stream 调用大模型（见图 6.24），此时，大模型会根据目前的情况思考，这个思考过程当然加入了对搜索结果的观察。

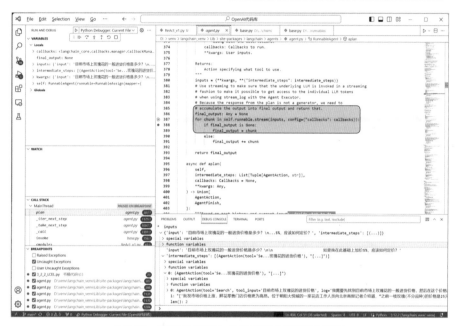

图6.24　根据搜索结果，再次调用大模型进行思考

调用 self.runnable.stream 结束之后，大模型根据 ReAct 提示返回图 6.25 所示的结果。

图6.25　第二轮思考的结果

当前 AgentAction 对象的具体内容如下。

> AgentAction(tool='Calculator', tool_input='25 * 1.05', log=' 从观察结果中可以看到，玫瑰花的进货价格有很大的波动，其中提到的价格有：单枝 20 元以上，卡布奇诺玫瑰去年单枝价格约在 15~20 元，今年基本上进货价都在 25~30 元。为了计算加价 5% 后的价格，我们可以取一个中间值，例如 25 元作为计算基础。\n\nAction: Calculator\nAction Input: 25 * 1.05')

也就是说，Agent 根据当前上下文觉得搜索工具的信息可用，决定在下一步的 AgentAction 中将 Calculator 作为 tool。

6.5.5　第二轮行动：工具执行计算

基于 6.5.4 节的 Thought 指引，AgentExecutor 现在开始调用工具进行计算（见图 6.26）。

图6.26　AgentExecutor调用工具进行计算

此时 agent_action.tool_input 是一个数学计算式（见图 6.27）。

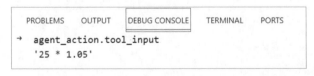

图6.27　agent_action.tool_input是一个数学计算式

这个工具是我们武装给 Agent 的，它继承了大模型 _math 类（见图 6.28）。该类的内部实现其实也是调用大模型。我们可以通过类内部的提示来看看这个工具是怎样指导大模型进行数学计算的。

图6.28 Calculator工具是大模型_math类

传递给大模型的提示如下。

> StringPromptValue(text='Translate a math problem into an expression that can be executed using Python\'s numexpr library. Use the output of running this code to answer the question.\n\n

这个提示的大意是指定模型生成 Python 的数学库的可执行代码，从而以编程的方式解决数学问题，而不是自己计算。这规避了大模型数学推理能力弱的局限。

调用第二个工具大模型 _math 之后可以得到一个数值结果（见图 6.29）。

此时命令行中也输出了当前数学工具调用后的 Observation 结果 "26.25"（见图 6.30）。

图6.29 观察大模型_math的执行结果

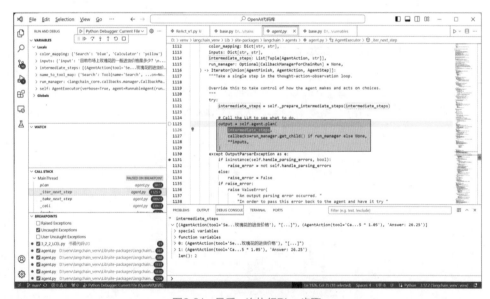

> Entering new AgentExecutor chain...
我需要先找到目前市场上玫瑰花的一般进货价格，然后在这个价格基础上加价5%来计算最终的定价。

Action: Search
Action Input: 目前市场上玫瑰花的进货价格['批发市场价格上涨，鲜花零售门店价格更为高昂。位于朝阳大悦城的一家花店工作人员向 XX 报记者介绍道，"之前一枝玫瑰(不分品种)的价格是25元，现在已经 ...', '记者昨日在上海双季花卉批发市场看到，众多鲜切花批发商家的今为即将到来的"双节"做准备。 几天前叫价2元一支的红色、粉色玫瑰花，现在的零售价已渐行上涨。在一些街道的花店，同类玫瑰花的价格已卖到3元一支，更高的甚至到4元。', '近日，小编 走访了上海的鲜花批发市场及街边花店发现，其中，以"爱"为名的玫瑰价格创新高。"今年的玫瑰进货价尤其贵，相较去年基本上翻 ...', '元旦来临，云南鲜切花市场迎来销售高峰期，价格飙升，卡罗拉红玫瑰平时10~20元一把，现在能卖到40~50元。涨价潮可能持续到春节。' '昨天拍一支可能 ...', '近日，小编 走访了上海的鲜花批发市场及街边花店发现，鲜花需求量开升。 ..."在情人节前夕，一捆多头玫瑰在批发市场的售价为60元~70元。 (多头玫瑰 ...', '... 玫瑰的单支价格约为10~12元，今年红玫瑰单支价格普遍在20元以上，新晋"网红"卡布奇诺玫瑰，去年单支价格在15~20元，今年基本上进货价都在25~30元。', '现在，不少商家趁位上的玫瑰都遇上年前存的货，年后进价更贵。" "往年99朵玫瑰花，进价400元左右，零售可达800元左右。 但今年单是是进价都逼近千元。"周周说，今年的鲜花市场进价堪比往年零售价，"不过，虽然价格属高不下，但目前店里已经成功预订出去了 3 束99朵玫瑰花，销量还不错。', '... 价格也相应地一轮轮上涨。除了直接到产地采购进货外，有的花店会以本地花卉批发市场为主要进货渠道。魅花透露，有的时候，XX 鲜生销售的一些基础类鲜花，'经营鲜切花店十多年的王女士称，广州本地产的一扎(20枝)的C级红玫瑰，平日的价格是20~30元，今年的普通批发价是120元，最贵的已叫价150元。 记者在走访 ..., '又到了"花市灯如昼"的日子. 各地花卉市场呈现火热状态. 今年玫瑰花的价格一路看涨。往年价格在600~800元的99朵玫瑰花束。今年销售额突破千元.'
从观察结果中可以看到，玫瑰花的进货价格有很大的波动，其中提到的价格有：单支20元以上，卡奇诺玫瑰去年单支价格约在15~20元，今年基本上进货价都在25~30元。为了计算加价5%后的价格，我们可以取一个中间值，比如说25元作为计算基础。

Action: Calculator
Action Input: 25 * 1.05Answer: 26.25

图6.30　命令行中也输出了工具执行结果

6.5.6　第三轮思考：模型完成任务

有大模型 _math 工具的输出结果后，开始进行第三轮思考。我们将最后一次执行 Plan 步骤（见图 6.31）。

图6.31　最后一次执行Plan步骤

当前 AgentAction 对象的内容如下。

[(AgentAction(tool='Search', tool_input='目前市场上玫瑰花的进货价格', log='我需要先找到目前市场上玫瑰花的一般进货价格，然后在这个价格基础上加价 5% 来计算最终的定价。\n\nAction: Search\nAction Input: 目前市场上玫瑰花的进货价格'), "['批发市场价格上涨，鲜花零售门店价格更

为高昂。位于朝阳大悦城的一家花店的工作人员向 XX 商报记者介绍道，"之前一枝玫瑰（不分品种）的价格是 25 元，现在已经 ...'，'记者昨日在上海双季花卉批发市场看到，众多鲜切花批发商家都在为即将到来的"双节"做准备。几天前叫价 2 元一枝的红色、粉色玫瑰花，目前的零售价已渐行上涨。在一些街道的花店，同类玫瑰花的价格已卖到 3 元一枝，更高的甚至到 4 元。'，'近日，小编走访了上海的鲜花批发市场及街边花店发现，鲜花需求量齐升。其中，以"爱"为名的玫瑰价格创新高。"今年的玫瑰进价尤其贵，相较去年基本上翻 ...'，'元旦来临，云南鲜切花市场迎来销售高峰期，价格飙升，卡罗拉红玫瑰平时 10~20 元一把，现在能卖到 40~50 元。涨价潮可能持续到春节。"昨天拍一枝花可能 ...'，'近日，小编走访了上海的鲜花批发市场及街边花店发现，鲜花需求量齐升。...'"在情人节前夕，一捆多头玫瑰在批发市场的售为 60~70 元。（多头玫瑰 ...'，'... 玫瑰的单枝价格约为 10~12 元，今年红玫瑰单枝价格普遍在 20 元以上，新晋"网红"卡布奇诺玫瑰，去年单枝价格约在 15~20 元，今年基本上进货都在 25~30 元。'，'现在，不少商家摊位上的玫瑰都是年前存的货，年后进价更贵。""往年 99 朵玫瑰花，进价在 400 元左右，零售可达 800 元左右。但今年单是进价都逼近千元。"周周说，今年的鲜花市场进价堪比往年零售价，"不过，虽然价格居高不下，但目前店里已经成功预订出去了 3 束 99 朵玫瑰花，销量还不错。'，'... 价格也相应地一轮轮上涨。除了直接到产地采购进货外，有的花会以本地花卉批发市场为主要进货渠道。魅花透露，有时候，XX 鲜生销售的一些基础类鲜花 ...'，'经营鲜切花店十多年的王女士称，广州本地产的一扎（20 枝）的 C 级红玫瑰，平日的价格是 20~30 元，今年的普遍批发价格是 120 元，最贵的已叫价 150 元。记者在走访 ...'，'又到了"花市灯如昼"的日子。各地花卉市场呈现火热状态。今年玫瑰花的价格一路看涨. 往年价格在 600~800 元的 99 朵玫瑰花束，今年的销售价格突破千元。']），

(AgentAction(tool=' Calculator'，tool_input=' 25 * 1.05'，log='从观察结果中可以看到，玫瑰花的进货价格有很大的波动，其中提到的价格有：单支 20 元以上，卡布奇诺玫瑰去年单支价格约在 15~20 元，今年基本上进货价都在 25~30 元。为了计算加价 5% 后的价格，我们可以取一个中间值，例如 25 元作为计算基础。\n\nAction: Calculator\nAction Input: 25 * 1.05')，'Answer: 26.25')]

AgentAction 实例会被传递给大模型。不出所料，大模型应该有足够的智慧判断出任务此时已经完成（见图 6.32）。

图6.32　大模型返回了一个 AgentFinish 实例，判断任务已完成

可以看到，AgentExecutor 的 plan 方法返回一个 AgentFinish 实例。这表示 Agent 经过思考，其内部逻辑判断任务已经完成，ReAct 循环将结束。

此时，_iter_next_step 方法中的逻辑判断 isinstance(output, AgentFinish) 也终于给出 True 的判断（见图 6.33）。

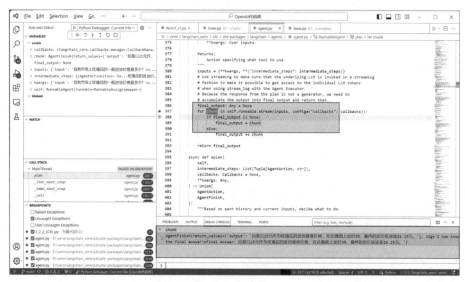

图6.33　isinstance(output, AgentFinish)给出True的判断

命令行输出 "I now know the final answer."（我已经知道最终的答案），如图 6.34 所示。这一句话是 Agent 任务完成的明确风向标，这说明任务已经完成。

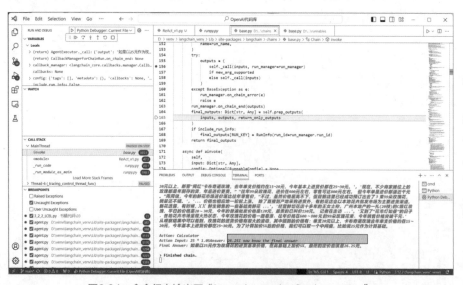

图6.34　命令行中输出了 "I now know the final answer."

至此，整个 ReAct 链条完成，AgentExecutor 的任务结束。

6.6 小结

在本章中，我们深入 AgentExecutor 的代码内部，探索其中蕴含的运行机制，了解 AgentExecutor 是如何通过计划和工具调用一步步完成 Observation、Thought 和 Action 的。请原谅我在这里展示了大量的 LangChain 源代码截屏图，因为我觉得这个调试过程对理解 LangChain 如何实现 ReAct 逻辑至关重要。

ReAct 这种推理和行动相结合的方式允许 Agent 具有增强的协同效应：推理轨迹的每一个推理过程都会被详细记录，这改善了大模型解决问题时的可解释性和可信度，也帮助大模型开发、跟踪和更新行动计划，以及处理异常。相反，行动使得大模型能够连接外部资源（如知识库或环境），以获取额外信息，同时也可以实现类似人类的任务解决。

比起 OpenAI 公司的 Assistants，蕴含 ReAct 框架的 LangChain Agent 更为完善、完整。在 LangChain 中，Agent 已经是一种用大模型做出决策、调用工具来执行具体操作的系统。通过设定 Agent 的性格、背景以及工具描述，你可以定制 Agent 的行为，使其能够根据输入的文本做出理解和推理，从而实现自动化的任务处理。整个流程是推理和行动的协同，而 AgentExecutor 就是上述机制得以实现的引擎。开发者可以选择使用 LangChain Agent 来为业务赋能，也可以参考 LangChain 中 Agent 的实现方式，定制出专属于自己的 Agent 思维框架和 AgentExecutor。

可以预见，未来 Agent 将能应对更加多样和复杂的挑战。特别是在具身智能技术的推进下，ReAct 和类似框架将赋予 Agent 在虚拟或现实世界中进行更为复杂互动的能力。Agent 能够在虚拟世界中实现导航或在现实世界中操纵物理对象。Agent 的应用领域将大大扩展，而 Agent 也将更有效地融入并服务我们的日常工作与生活。

6

第 7 章

Agent 4：计划和执行的解耦——通过 LangChain 中的 Plan-and-Execute 实现智能调度库存

窗外是初春繁忙的街道。

情人节前夕，咖哥和小雪在花语秘境的 War Room（作战指挥部）里紧张地审视着节日订单。市场需求激增，他们却面临着供应链延迟和库存短缺的双重挑战，即将到来的销售旺季能否平稳度过？考验十分严峻。

刚刚，他们接到了不幸的消息：因快递小哥过于着急，害怕超时平台扣钱，紧赶慢赶忙中出错，翻了车，一批精品玫瑰和优选百合中有大量花朵损坏。这突如其来的事故加大了他们的压力，库存短缺问题变得更加严重。

咖哥脸上的忧虑更加明显："小雪，这次的事故很棘手。我们不仅要应对原本的供应链问题，还得迅速找到替代方案来补充损失的库存。"

图7.1　花语秘境面临第一个销售高峰——情人节

花语秘境面临第一个销售高峰——情人节，如图 7.1 所示。

小雪翻阅着订单表："这些花朵本来是为我们最重要的销售时点情人节定制礼盒准备的，这是系统上线以来的第一次大促。我们急需一个能够精准预测和优化库存的解决方案来应对这场危机，否则我们将失去大量顾客并且信誉受损。可是，花语秘境人力严重不足，安排员工时时刻刻盯着库存和物流状态绝对不现实。"

咖哥眼中闪烁着智慧的光芒："让我们试试启用仍在测试状态下的 Plan-and-Execute Agent，也许它能够为我们提供深入的市场分析、精确的库存预测，以及针对性的运营策略。这样，我们可以最大化资源利用，确保满足市场需求，优化客户服务，甚至在这个充满挑战的季节中寻找到新的机遇。"

7.1　Plan-and-Solve策略的提出

LangChain 中的 Plan-and-Execute Agent 基于 Plan-and-Solve（简称 PS）认知框架，让我们先看看这个框架的提出及其被 LangChain 采纳的过程。

LangChain 中早期 Agent 的建构都遵循了 ReAct 框架［因此也称这些为"行动 Agent"（Acting Agents）］。

这种 Agent 的算法大致可以用以下伪代码表示。

```
# ReAct 的函数实现
function ReAct(userInput):
    # 根据用户输入决定使用哪个工具
    toolToUse = decideToolBasedOnInput(userInput)
    # 如果需要使用工具，则准备工具的输入
    if toolToUse is not None:
        toolInput = prepareToolInput(userInput)
        # 调用工具并记录结果
        toolOutput = callTool(toolToUse, toolInput)
        # 将工具、工具输入和输出传回，以决定下一步操作
        nextStep = decideNextStep(toolToUse, toolInput, toolOutput)
        # 如果决定继续使用工具，重复此过程
        while nextStep is not "end":
            toolInput = modifyToolInputBasedOnPreviousStep(nextStep, toolInput)
            toolOutput = callTool(toolToUse, toolInput)
            nextStep = decideNextStep(toolToUse, toolInput, toolOutput)
    # 当不再需要使用工具时（任务完成或确定无法完成），回应用户
    return formulateResponse(toolOutput)
# 示例：决定基于用户输入使用哪个工具
function decideToolBasedOnInput(userInput):
    # 这里是决定逻辑，例如：
    if userInput contains "image request":
        return "dalle"
    elif userInput contains "information search":
        return "browser"
    else:
        return None
# 准备工具的输入
function prepareToolInput(userInput):
    # 根据用户输入和所选工具准备输入
# 调用工具
function callTool(toolName, toolInput):
    # 根据工具名称调用相应的工具并返回输出
# 决定下一步操作
function decideNextStep(tool, toolInput, toolOutput):
    # 基于工具的输出和输入决定下一步操作
# 修改工具输入
function modifyToolInputBasedOnPreviousStep(step, toolInput):
    # 修改工具输入以准备下一次调用
# 根据工具的输出制定回应
function formulateResponse(toolOutput):
    # 制定最终回应用户的信息
```

当接收到某些用户输入，Agent 就思考并决定使用哪个工具，以及该工具的输入应该

是什么，随后调用该工具并记录观察结果。之后，Agent 将工具、工具输入和观察历史传回，以决定接下来采取哪个步骤，一直重复此过程直到 Agent 确定不再需要使用工具，然后直接回应用户。

基于这个框架的 Agent 在大多数情况下运行良好，但是，当用户目标变得更加复杂，尤其是越来越多的开发者和组织准备将 Agent 应用于生产环境时，用户对于能够处理更复杂请求的 Agent 的需求增大，同时也需要 Agent 有更高的可靠性。

为了让 Agent 在专注最终目标的同时也能记住并推理之前的步骤，人们需要增加提示词的规模，其中将纳入越来越多的历史信息。同时，为了提高工具调用过程中的可靠性，开发者使提示中包含了更多关于如何使用工具的指令。面对提高可靠性以及越来越复杂的需求，大模型往往不堪重负，在几个轮次的 ReAct 之后会出现各种各样的问题。

在这个背景之下，研究人员开始探索一些更新颖的 Agent 认知框架。

Lei Wang 等人在论文 "Plan-and-Solve Prompting: Improving Zero-Shot Chain-of-Thought Reasoning by Large Language Models"[10] 中提出一种将高级规划与短期执行分离的框架。该论文指出，为了解决多步推理任务，Agent 应该首先规划要采取的步骤，然后逐步执行这些步骤。

Lei Wang 等比较了 Plan-and-Solve 认知框架和 Zero-shot-CoT 认知框架。对比结果如图 7.2 所示。

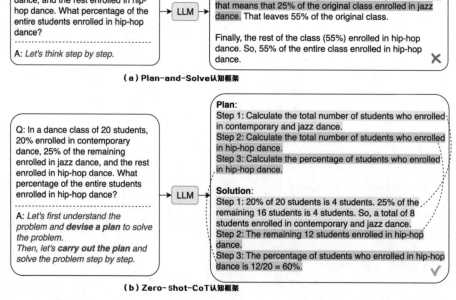

图7.2　Plan-and-Solve和Zero-shot-CoT两种认知框架的对比

咖哥
发言

Zero-shot-CoT 认知框架将目标问题的定义与"Let's think step by step"连接起来作为输入提示。这种方法结合了零样本学习和思维链推理，旨在提升模型处理未见过任务的能力，即在没有直接训练样本的情况下解决问题。

■ 零样本学习是一种让机器学习模型能够识别和处理它在训练阶段从未见过的数据或任务的方法。这种方法依赖于模型的泛化能力，即利用已有的知识和理解来推断新的概念或任务。

■ 思维链推理是一种模拟人类解决问题过程的方法，通过生成一系列中间步骤和解释来得到最终答案。这种方法帮助模型在解决复杂问题时能够展示其推理过程，从而提高解决问题的准确性和可解释性。

在 Zero-shot-CoT 认知框架中，模型被设计为在面对新颖任务时，能够借助其已有的知识和逻辑推理能力，通过内部生成一系列思维步骤（即"思维链"）来解决问题。这种框架使得模型即使在没有针对特定任务的训练数据的情况下，也能有效推理和解决问题。

示例问题：一个有 20 名学生的舞蹈班，20% 的学生选择现代舞，剩下的学生中有 25% 选择爵士舞，其余的学生选择嘻哈舞。整个班级中有多少百分比的学生选择嘻哈舞？

Zero-shot-CoT 和 Plan-and-Solve 这两种认知框架针对同一个问题给出不同的推理过程和最终结果。

Zero-shot-CoT 鼓励大模型生成多步骤的推理过程。提示语通常是"让我们一步一步地思考"，旨在让大模型按步骤解决问题。然而，当问题比较复杂时，即使是使用这种方法，大模型也可能生成错误的推理步骤。在此处示例中，模型错误地得出 55% 的学生报名参加嘻哈舞蹈。

Plan-and-Solve 则要求大模型分两步走：首先制订一个解决问题的计划，这个计划会生成一个逐步行动的方案，然后实施这个方案来找到答案。这种认知框架首先规划解决方案的每个步骤，然后按照计划执行这些步骤。它先设计一个计划，将整个任务划分为较小的子任务，然后根据计划执行子任务。

Plan-and-Solve 给出的具体解决方案如下。

■ 计划：首先计算选择现代舞和爵士舞的学生总数。然后计算选择嘻哈舞的学生数。最后，计算选择嘻哈舞的学生百分比。

■ 解决方案：步骤 1 是计算 20 名学生中的 20%，即 4 名学生选择了现代舞。剩余 16 名学生中的 25%，即 4 名学生选择了爵士舞。所以，共有 8 名学生选择了现代舞和爵士舞。步骤 2 是得出剩下的 12 名学生选择了嘻哈舞。步骤 3 是计算选择嘻哈舞的学生百分比，即 12/20 = 60%。

Plan-and-Solve 认知框架的伪代码如下。

```
# Plan-and-Solve 的函数实现
function PlanAndSolve(userInput):
    # 利用语言模型或其他规划工具规划出一系列步骤
    steps = planSteps(userInput)
    # 遍历每个规划出的步骤
    for Step Into steps:
        # 确定实现这一步骤的最佳工具或行动方案
        tool, toolInput = determineToolAndInputForStep(step)
        # 如果需要使用特定工具来实现这一步骤
        if tool is not None:
            # 调用工具并执行
            toolOutput = executeTool(tool, toolInput)
            # 可能需要根据工具的输出来调整后续步骤
            modifyPlanBasedOnToolOutput(toolOutput, steps, step)
        # 如果这一步骤不需要使用外部工具
        else:
            # 直接执行这一步骤
            executeStepDirectly(step)
    # 完成所有步骤后，返回最终结果
    return formulateFinalResponse(steps)
```

小雪：我明白了。Plan-and-Solve 认知框架的核心是把复杂任务的解决过程分解为两个阶段：计划阶段涉及理解问题、分析任务结构，并制定一个详细的解决方案；执行阶段则是根据计划的步骤来实际解决问题。其实这是很简单的理念嘛。我把它总结成一句话——计划和执行的解耦。

咖哥：大道至简，此言不虚。

7.2 LangChain中的Plan-and-Execute Agent

LangChain 中的 Plan-and-Execute Agent 受到关于 Plan-and-Solve 的论文的启发。LangChain 团队认为，Plan-and-Execute Agent 非常适合更复杂的长期规划，把复杂的任务拆解成一个个子任务，逐个击破。尽管这意味着会更频繁地调用大模型，但可以避免多次 ReAct Agent 循环过程中产生的提示词过长的问题。

因为 Plan-and-Solve 的理论和实践仍在发展中，预计还会有新的变化，所以 LangChain 将这个初始版本放入 Experimental（实验）模块中（见图 7.3）。

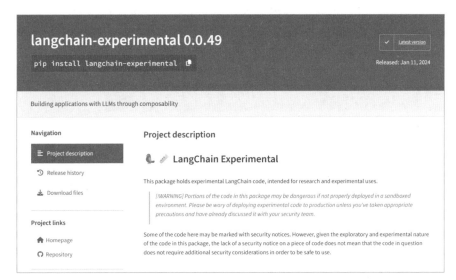

图7.3　LangChain的Experimental模块

安装 langchain-experimental 包之后，可以通过下面的代码导入 Plan-and-Execute Agent。

```
# 导入相关的工具
from langchain_experimental.plan_and_execute import (
    PlanAndExecute,
    load_agent_executor,
    load_chat_planner,
)
```

LangChain 中的 Plan-and-Execute Agent 框架包含计划者和执行者。

计划者是一个大模型，它利用语言模型的推理能力来规划要做的事情，以及可能遇到的边缘情况（指那些不常发生但有可能影响任务完成的情形）。一旦语言模型生成了整个计划，这个计划将通过一个输出解析器进行处理。这个解析器的作用是将模型的原始输出转化为一个清晰的步骤列表，其中每个字符串代表计划中的一个步骤。

针对计划中的每个步骤，确定如何执行是关键。这包括选择适合完成该步骤的工具或方法。执行者需要深入理解各种可用资源和工具，以选择最合适的执行路径。因此，执行者也是一个大模型。在 LangChain 的实现中，执行者本身就是一个 ReAct Agent。这允许执行者接受一个高级目标（单个步骤）并使用工具来实现该目标（可以一步完成，也可以两步完成）。

这种方法的好处是将规划与执行分开——这允许一个大模型专注规划，另一个专注执行。在规划阶段，模型被引导去理解问题的本质，将整体任务分解为更易管理的子任务，并制定清晰的解决方案。在执行阶段，则专注于根据前面制定的解决方案逐步解决各个子任务，最终实现整体目标。这种分阶段的方法不仅使问题解决过程更加清晰，而且有助于提高解决方案的质量和效率。

7.3 通过Plan-and-Execute Agent实现物流管理

下面，我们通过 Plan-and-Execute Agent 根据库存状况进行鲜花智能调度。

7.3.1 为Agent定义一系列进行自动库存调度的工具

首先，我们为 Agent 定义一系列进行自动库存调度的工具。

```
# 设置 OpenAI 网站和 SerpApi 网站提供的 API 密钥
from dotenv import load_dotenv  # 用于加载环境变量
load_dotenv()  # 加载 .env 文件中的环境变量
# 导入 LangChain 工具
from langchain.tools import tool
# 库存查询
@tool
def check_inventory(flower_type: str) -> int:
    """
    查询特定类型花的库存数量。
    参数：
    - flower_type: 花的类型
    返回：
    - 库存数量（暂时返回一个固定的数字）
    """
    # 实际应用中这里应该是数据库查询或其他形式的库存检查
    return 100  # 假设每种花都有 100 个单位


# 定价函数
@tool
def calculate_price(base_price: float, markup: float) -> float:
    """
    根据基础价格和加价百分比计算最终价格。
    参数：
    - base_price: 基础价格
    - markup: 加价百分比
    返回：
    - 最终价格
    """
    return base_price * (1 + markup)


# 调度函数
@tool
def schedule_delivery(order_id: int, delivery_date: str):
    """
```

```
安排订单的配送。
参数:
– order_id: 订单编号
– delivery_date: 配送日期
返回:
– 配送状态或确认信息
"""
# 在实际应用中这里应该是对接配送系统的过程
return f" 订单 {order_id} 已安排在 {delivery_date} 配送 "
tools = [check_inventory,calculate_price]
```

设置这几个用于处理花卉销售和配送的函数的主要目的是模拟一个简单的电子商务系统的操作。经过设计,这些函数可以用于不同的场景,如库存检查、定价计算和配送调度。

这些函数通过 @tool 装饰器被标记为 LangChain 中的工具。表 7.1 展示了工具函数的简要说明。

表 7.1 工具函数的简要说明

函数名	目的	参数	返回值
check_inventory	查询特定类型花的库存数量。在实际应用中,这个函数可能需要访问数据库或其他存储系统来获取真实的库存数据	flower_type(字符串):指定要查询库存的花的类型	库存数量(整数)。当前实现返回一个固定值 100
calculate_price	根据基础价格和加价百分比计算最终销售价格	base_price(浮点数):商品的基础价格 markup(浮点数):加价百分比	最终价格(浮点数)
schedule_delivery	安排订单的配送。在实际应用中,这个函数可能需要与物流或配送系统对接,以实际安排配送	order_id(整数):订单编号 delivery_date(字符串):配送日期	配送状态或确认信息(字符串)

使用这些工具函数,开发者可以构建一个系统,该系统能够处理用户订单、计算价格,并安排商品配送。

当然,这几个工具的业务逻辑实现都是非常简单的,是类似于"伪代码"的真实代码。业务具体实施部分,则由应用开发者自行补充。

7.3.2 创建Plan-and-Execute Agent并尝试一个"不可能完成的任务"

下一步,创建 Plan-and-Execute Agent 并尝试完成一个任务。

需要说明的是,这个任务其实是一个"不可能完成的任务",因为任务需求根本不清晰。我们来看看 Agent 是会坦诚交代自己的能力不足以完成任务,还是会"自信地胡说八道"。

在本示例中，受大模型的能力限制，测试时的输出主要为英文。我没有对输出做任何手工调整，但是在各个步骤的解释中，我对大模型的输出进行了简要的中文总结。

In

```
# 设置大模型
from langchain.chat_models import ChatOpenAI
model = ChatOpenAI(temperature=0)
# 设置计划者和执行者
from langchain_experimental.plan_and_execute import PlanAndExecute, load_agent_executor, load_chat_planner
planner = load_chat_planner(model)
executor = load_agent_executor(model, tools, verbose=True)
# 初始化 Plan-and-Execute Agent
agent = PlanAndExecute(planner=planner, executor=executor, verbose=True)
# 运行 Agent 解决问题
agent.run(" 查查玫瑰的库存然后给出出货方案！ ")
```

Out

```
> Entering new PlanAndExecute chain...
steps=[Step(value='Check the inventory of roses.'),
Step(value='Analyze the demand for roses.'),
Step(value='Determine the available quantity of roses in the inventory.'), Step(value='Calculate the required quantity of roses based on the demand.'),
Step(value='Compare the available quantity with the required quantity.'),
Step(value='If the available quantity is sufficient, create a shipment plan based on the demand.'),
Step(value='If the available quantity is insufficient, consider alternative options such as sourcing from other suppliers or adjusting the demand.'),
Step(value="Given the above steps taken, respond to the user's original question. \n")]
```

上面是输出的第一部分：计划（Plan）阶段。涉及的具体操作流程和思路如下（见图 7.4）。

1. 检查玫瑰花库存。

2. 分析对玫瑰花的需求。

3. 再次确定玫瑰花库存。

4. 计算玫瑰花的需求数量。

5. 比较可用数量与需求数量。

6. 如果可用数量足够，基于需求制订发货计划。

7. 如果可用数量不足，考虑替代方案。

8. 回应用户的原始问题，给出最终解决方案。

图7.4　计划阶段给出的执行步骤

这个计划挺不错，不过还要看具体执行情况。

下面我们再继续分析执行（Execute）阶段每一个步骤的执行情况。

第1步，检查玫瑰花库存：Agent 确认玫瑰花的库存数量为100。

Out

```
> Entering new AgentExecutor chain...
Action:
```json
{
  "action": "check_inventory",
  "action_input": {
    "flower type": "roses"
  }
}
```

Observation: 100
Thought:The inventory for roses is 100.
Action:
```json
{
  "action": "Final Answer",
  "action_input": "The inventory for roses is 100."
}
```
> Finished chain.
*****
Step: Check the inventory of roses.
Response: The inventory for roses is 100.
```

小雪：这里我看出来了，LangChain 内部一定是调用了 OpenAI 的 Function Calling 功能，因为此处生成了 JSON 格式的 Function Schema。

咖哥：聪明！

第 2 步，分析对玫瑰花的需求：Agent 建议分析对玫瑰花的需求。这包括考虑市场需求、季节趋势、顾客偏好等因素。历史销售数据和顾客反馈也是需求分析的重要组成部分。

Out

```
> Entering new AgentExecutor chain...
Action:
```
{
  "action": "check_inventory",
  "action_input": {
    "flower_type": "roses"
  }
}
```

Observation: 100
Thought:The inventory for roses is 100.
To analyze the demand for roses, we can consider factors such as the current market demand, seasonal trends, and customer preferences. Additionally, we can also look at historical sales data and customer feedback to get a better understanding of the demand for roses.
> Finished chain.
*****
Step: Analyze the demand for roses.
Response: The inventory for roses is 100.
```

第 3 步，再次确定玫瑰花库存：Agent 再次确认玫瑰花库存数量为 100。

Out

```
To analyze the demand for roses, we can consider factors such as the current market demand, seasonal trends, and customer preferences. Additionally, we can also look at historical sales data and customer feedback to get a better understanding of the demand for roses.
> Entering new AgentExecutor chain...
Action:
```
{
  "action": "check_inventory",
  "action_input": {
    "flower_type": "roses"
  }
}
```

Observation: 100
Thought:I have already checked the inventory for roses and the quantity available is 100.
> Finished chain.
*****
Step: Determine the available quantity of roses in the inventory.
Response: I have already checked the inventory for roses and the quantity available is 100.
```

第4步，计算玫瑰花的需求数量：在这里，Agent 提出，为了计算需求数量，需要更多关于需求的信息，可能包括市场需求、季节趋势、顾客偏好以及历史销售数据等。

Out

> Entering new AgentExecutor chain...
Action:
```
{
  "action": "Final Answer",
  "action_input": "To calculate the required quantity of roses based on the demand, we need more information about the demand. Factors such as the current market demand, seasonal trends, and customer preferences are important in determining the required quantity. Additionally, historical sales data and customer feedback can also provide insights into the demand for roses. Once we have this information, we can analyze it and calculate the required quantity accordingly."
}
```
> Finished chain.
*****
Step: Calculate the required quantity of roses based on the demand.
Response: To calculate the required quantity of roses based on the demand, we need more information about the demand. Factors such as the current market demand, seasonal trends, and customer preferences are important in determining the required quantity. Additionally, historical sales data and customer feedback can also provide insights into the demand for roses. Once we have this information, we can analyze it and calculate the required quantity accordingly.

第5步，比较可用数量与需求数量：由于没有具体的需求数据（我根本没说要出货的数量），因此 Agent 无法比较库存中玫瑰花的数量与需求数量。此时，Agent 已经意识到，仅仅根据自己的工具，已经没有办法对库存玫瑰花数量和所需要发货的数量进行比较。（毕竟 Agent 没有读心术，这里它做得很好的一点就是在需求不清晰时没有胡乱猜测。）

Out

> Entering new AgentExecutor chain...
Action:
```
{
  "action": "check_inventory",
  "action_input": {
    "flower_type": "roses"
  }
}
```
Observation: 100
Thought:Based on the previous steps, the available quantity of roses in the inventory is 100. Now, the current objective is to compare the available quantity with the required quantity. To proceed, I need to calculate the required quantity based on the demand for roses. However, since we don't have the necessary information about the demand, I cannot provide an accurate comparison at this time.
Action:

7

```
{
    "action": "Final Answer",
    "action_input": "I'm sorry, but I cannot compare the available quantity with the required quantity without knowing
the demand for roses. Please provide more information about the demand so that I can assist you further."
}
```

> Finished chain.
*****

Step: Compare the available quantity with the required quantity.

Response: I'm sorry, but I cannot compare the available quantity with the required quantity without knowing the
demand for roses. Please provide more information about the demand so that I can assist you further.

第 6 步，如果可用数量足够，基于需求制订发货计划：Agent 指出，如果库存数量足
够，可以根据需求制订发货计划。但由于缺乏需求数据，无法确定库存是否足够。

Out

> Entering new AgentExecutor chain...
Thought: To create a shipment plan based on the demand, we need to determine if the available quantity of roses
is sufficient. We can compare the available quantity with the required quantity to make this determination.
Action:
```json
{
    "action": "check_inventory",
    "action_input": {
        "flower_type": "roses"
    }
}
```

Observation: 100
Thought:The available quantity of roses is 100. Now we can compare this with the required quantity to determine
if it is sufficient to create a shipment plan based on the demand.
> Finished chain.
*****

Step: If the available quantity is sufficient, create a shipment plan based on the demand.

Response: The available quantity of roses is 100. Now we can compare this with the required quantity to
determine if it is sufficient to create a shipment plan based on the demand.

第 7 步，如果可用数量不足，考虑替代方案：同样，由于没有具体的需求数据，
Agent 无法确定是否需要考虑替代方案，如从其他供应商采购或调整需求。

Out

> Entering new AgentExecutor chain...
Action:
```
{
```

```
   "action": "check_inventory",
   "action_input": {
     "flower_type": "roses"
   }
 }
```

Observation: 100

Thought:Since the available quantity of roses is 100, we can proceed to compare this with the required quantity to determine if it is sufficient to create a shipment plan based on the demand. Let's calculate the required quantity based on the demand.

Action:
```
{
  "action": "Final Answer",
  "action_input": "The available quantity of roses is 100. Now we can compare this with the required quantity to determine if it is sufficient to create a shipment plan based on the demand."
}
```

> Finished chain.
*****

Step: If the available quantity is insufficient, consider alternative options such as sourcing from other suppliers or adjusting the demand.

Response: The available quantity of roses is 100. Now we can compare this with the required quantity to determine if it is sufficient to create a shipment plan based on the demand.

第 8 步（也是最后一步），回应用户的原始问题，给出最终解决方案：由于未提供原始问题，因此 Agent 无法直接回应，同时，Agent 建议从提出这个需求的用户那里获取额外信息，以便进一步支持配合。这样的回答相当贴心。

Out

> Entering new AgentExecutor chain...
Action:
```
{
  "action": "Final Answer",
  "action_input": "Based on the steps taken, it seems that the user's original question was not provided. Please ask the user to provide their original question so that I can assist them further."
}
```

> Finished chain.
*****

Step: Given the above steps taken, respond to the user's original question.

Response: Based on the steps taken, it seems that the user's original question was not provided. Please ask the user to provide their original question so that I can assist them further.

> Finished chain.

```
```

总体来说，Plan-and-Execute Agent给出的流程体现了明确的任务分解和逐步执行的策略。在这个任务中，由于缺乏具体的需求数据，因此 Agent无法完成整个流程。其实，这正是我们所希望看到的，在这里 Plan-and-Execute Agent 做得不错！

7.3.3 完善请求，让Agent完成任务

先要有好的问题，才能有好的答案。为了让 Agent 能够成功解决问题，我们需要先完善请求，给出需求的具体数据。

In

```
# 运行 Agent 解决新问题（完善需求）
agent.run(" 查查玫瑰花的库存然后给出 50 朵玫瑰花的价格和当天的配送方案！ ")
```

Out

```
> Entering new PlanAndExecute chain...
steps=[
Step(value='Check the inventory of roses.'),
Step(value='If the inventory is sufficient (at least 50 roses), proceed to step 3. Otherwise, inform the user that
there are not enough roses in stock and end the conversation.'),
Step(value='Retrieve the price of 50 roses.'),
Step(value='Retrieve the delivery options available for the current day.'),
Step(value='Provide the user with the price of 50 roses and the available delivery options for the day.\n')]
```

在计划阶段，Agent 把这个任务拆解成如下 5 步（见图 7.5）。

1. 检查玫瑰花库存。

2. 判断库存是否足够。如果库存足够就继续执行第 3 步，否则告知用户库存不足，并结束对话。

3. 获取 50 朵玫瑰花的价格。

4. 检索当天可用的配送选项。

5. 向用户提供 50 朵玫瑰花的价格和当天可用的配送选项，给出最终解决方案。

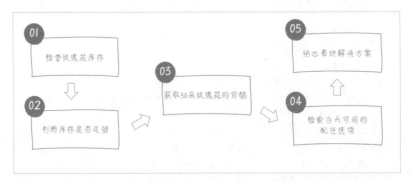

图7.5　Agent在计划阶段给出的新需求的执行步骤

下面我们详细分析这 5 步的执行情况。

第 1 步，检查玫瑰花库存：Agent 首先确认玫瑰花的库存，发现库存数量为 100。

```
> Entering new AgentExecutor chain...
Action:
```json
{
  "action": "check_inventory",
  "action_input": {
    "flower_type": "roses"
  }
}
```

Observation: 100
Thought:The inventory for roses is 100.
> Finished chain.
*****
Step: Check the inventory of roses.
Response: The inventory for roses is 100.
```

第 2 步，判断库存是否足够：因为库存数量（100）超过最低需求数量（50），Agent 确认库存足够，并决定继续执行后续步骤——第 3 步。

```
> Entering new AgentExecutor chain...
Action:
```
{
  "action": "check_inventory",
  "action_input": {
    "flower_type": "roses"
  }
}
```

Observation: 100
Thought:The inventory for roses is 100.
Since the inventory is sufficient (at least 50 roses), we can proceed to step 3.
> Finished chain.
*****
Step: If the inventory is sufficient (at least 50 roses), proceed to step 3. Otherwise, inform the user that there are
not enough roses in stock and end the conversation.
Response: The inventory for roses is 100.
Since the inventory is sufficient (at least 50 roses), we can proceed to step 3.
```

小雪：挺好！Agent 现在得知一个 50 朵玫瑰花的需求。

第 3 步，获取 50 朵玫瑰花的价格：Agent 计算 50 朵玫瑰花的价格，根据基础价格和加成百分比，得出最终价格为 12.0。

> Entering new AgentExecutor chain...

Thought: To retrieve the price of 50 roses, we need to use the `calculate_price` tool. We can calculate the price by providing the base price and markup percentage. However, we don't have the base price and markup percentage yet. We need to check if we have that information or if we need to ask the user for it.

Action:
```json
{
  "action": "check_inventory",
  "action_input": {
    "flower_type": "roses"
  }
}
```
Observation: 100
Thought:The inventory for roses is 100. Since we have enough roses in stock, we can proceed to calculate the price of 50 roses.
Action:
```json
{
  "action": "calculate_price",
  "action_input": {
    "base_price": 10.0,
    "markup": 0.2
  }
}
```
Observation: 12.0
Thought:The price of 50 roses is 12.0.
Action:
```json
{
  "action": "Final Answer",
  "action_input": "The price of 50 roses is 12.0."
}
```
> Finished chain.
*****
Step: Retrieve the price of 50 roses.
Response: The price of 50 roses is 12.0.

第 4 步，检索当天可用的配送选项：Agent 提供当天可用的配送选项，包括快递和标准配送。

> Entering new AgentExecutor chain...
Action:
```
{
  "action": "Final Answer",
  "action_input": "The delivery options available for the current day are express delivery and standard delivery."
}
```
> Finished chain.
*****
Step: Retrieve the delivery options available for the current day.
Response: The delivery options available for the current day are express delivery and standard delivery.

第 5 步（也是最后一步），向用户提供 50 朵玫瑰花的价格和当天可用的配送选项，给出最终解决方案：Agent 向用户提供 50 朵玫瑰花的价格（12.0 元）以及当天的配送选项（快递和标准配送）。

> Entering new AgentExecutor chain...
Action:
```
{
  "action": "Final Answer",
  "action_input": "The price of 50 roses is 12.0. The delivery options available for the current day are express delivery and standard delivery."
}
```
> Finished chain.
*****
Step: Provide the user with the price of 50 roses and the available delivery options for the day.
Response: The price of 50 roses is 12.0. The delivery options available for the current day are express delivery and standard delivery.
> Finished chain.

和上一个任务一样，Agent 展示了结构化和逻辑清晰的任务执行方式。每一步都基于前一步的结果来做出决策，并最终向用户提供了详尽的信息。这种按步骤解决问题的方法不仅有助于保持任务的清晰性和准确性，也使得 Agent 能够有效地处理复杂的任务。

不同之处是，这次因为我们提供了足够的信息，Plan-and-Execute Agent 可以确保任务按照既定流程顺利完成并给出答案。

7.4 从单 Agent 到多 Agent

目前，从单 Agent 到多 Agent 系统的讨论有很多，其中一种思路是，多 Agent 系统可以显著提升 Agent 的效能。

Plan-and-Execute 这个框架本身并没有强调自己适用于多 Agent 系统。它的主要思想是通过分解任务的计划部分和执行部分，以及给出任务的具体步骤和详细指导来改善Agent 的推理能力，降低每一个步骤的推理复杂程度。它同时提高了计划和执行方面的可靠性。

在整个过程中，任务的计划和执行可以由同一个 Agent 完成，但是，更好的策略是给计划过程和执行过程分配不同的语言模型，也就是不同的 Agent。我们可以使用较强的模型来完成思考能力要求比较高的计划任务，而使用较小、较快、更便宜的模型来执行完整的步骤。更进一步，即使是任务的执行过程，也可以由多个 Agent 来协同完成。

因此，Plan-and-Execute 的概念或策略可以在多 Agent 系统中得到应用。在实际应用中，无论是在单 Agent 系统，还是在多 Agent 系统中应用 Plan-and-Execute 框架，关键都在于如何有效地分解任务、规划解决方案，并提供清晰的步骤来指导模型或Agent 完成任务。

7.5 小结

第 6 章介绍的 ReAct 框架和本章介绍的 Plan-and-Execute 框架都可以提高大模型在处理复杂任务时的性能。虽然它们的目标相似，但方法和侧重点有所不同。

ReAct 框架强调的是"观察－思考－行动"的循环，特别关注如何让大模型更好地理解环境、生成推理轨迹并采取行动。这个框架特别适用于那些需要大模型与外部环境交互的任务，如信息检索、环境探索等。ReAct 框架通过详细记录每一步的推理过程，提高了大模型的可解释性和可靠性。

Plan-and-Execute 框架则主要关注提升大模型在复杂场景下的性能。它通过引入Plan-and-Execute 策略来分解和执行复杂任务。过程：首先，将整个任务分解为更小、更易管理的子任务；然后，通过更详细的指示，提高生成推理步骤的质量和准确性。这种框架特别适合解决需要多步推理的复杂问题，如数学问题、逻辑推理等。

因此，本章标题中的"计划和执行的解耦"是对 Plan-and-Execute 策略的核心思想的一个很好的概括，也就是通过将复杂问题的解决过程明确分为两个阶段——计划和执行。计划阶段涉及理解问题、分析任务结构，并制定一个详细的解决方案。执行阶段则涉及根据计划的步骤解决问题。在解决问题时这种先规划后执行的策略可以帮助大模型更加系统和准确地解决问题。

Plan-and-Execute 框架的优势如下。

■ 任务分解：通过将大任务分解为小任务，可以有效管理和解决复杂问题。

■ 详细指导：通过提供详细的指示来改善推理步骤的质量和准确性。

■ 适应性：可以根据不同类型的任务进行调整，在各种复杂问题中表现出色。

在处理需要多步骤推理的复杂问题时，Plan-and-Execute框架的功能可能更加强大，而 ReAct 框架可能更适合需要模型与环境交互的任务。根据具体任务的性质和要求，两种框架各有所长，也有可能互补。在某些情况下，二者的组合方案可能会具有更好的效果。

在本章最后，我们探讨了 Plan-and-Execute 框架在多 Agent 环境中的应用。在面对一个复杂的问题时，我们可以通过不同的 Agent 进行规划和执行，也可以用不同的Agent 来完成任务的不同步骤。

第8章

Agent 5：知识的提取与整合——通过 LlamaIndex 实现检索增强生成

小雪抱着一大堆资料打招呼：咖哥，最近在优化花语秘境的内部搜索引擎时，我们技术部的总监提出了检索增强生成（Retrieval-Augmented Generation，RAG）这种新方法。

咖哥：这可能是一种好方法。在处理复杂查询时，RAG 很可能可以提升用户体验。可以将 RAG 看成一种结合检索和生成的 NLP 模型。在处理查询时，它首先从离散数据中检索相关信息，然后由大模型整理并使用这些信息来生成回答。对于鲜花电商来说，这非常有用。鲜花电商的文档可能包含花卉的各种资料（如花语、植物护理或特殊场合的花卉推荐等），以及每天的鲜花库存、价

图8.1　RAG在非结构化数据源中检索，同时也利用大模型的生成能力

格等信息。由于这些信息并不全都是存储在数据表中的结构化数据，因此，RAG 非常适合处理这个业务场景（见图8.1）。

小雪：结构化数据和非结构化数据的区别是什么？

咖哥：宽泛地说，结构化数据是适合通过数据表形式存储和呈现的数据，例如鲜花库存数据。非结构化数据是不适合通过数据表来存储且难以查询的数据，例如员工手册、用户和客服的聊天记录、系统日志、代码、图片和音视频等（见图8.2）。

结构化数据

非结构化数据

图8.2　结构化数据和非结构化数据

小雪：懂了。我们花语秘境的业务场景中有大量的结构化数据，也有更多的非结构化数据。

8.1 何谓检索增强生成

检索增强生成（RAG）是一种结合信息检索和文本生成的人工智能技术。通常将它用于处理问答系统、对话生成或内容摘要等自然语言处理任务。

RAG 的工作原理可以分为如下两个主要部分。

- 信息检索（Retrieval）：系统会从一个大型数据集中检索相关信息。这个数据集通常包含大量的文本数据，如维基百科文章、新闻报道或其他相关文档（当然，由于目前的检索也是通过大模型来完成的，而且大模型通常具有多模态能力，因此这个被检索的数据集并不一定都是文档，而可以是图片、代码、关系型数据库等多种形式）。当系统接收到一个查询（例如一个问题）时，它会在这个数据集中检索与查询相关的信息。

- 文本生成（Generation）：在检索到相关信息后，系统会利用这些信息来生成一个响应。这个过程通常是由一个预训练语言模型完成的，如 GPT（Generative Pre-trained Transformer）。语言模型会根据检索到的信息来构造一个连贯、相关的回答或文本。

RAG 的优势在于它结合了检索系统的精确信息获取能力和语言模型的流畅文本生成能力。这使得 RAG 在处理复杂的语言理解任务时，能够提供更加丰富、准确的信息。例如，在问答系统中，RAG 能够提供基于具体事实的答案，而不仅限于基于语言模型的一般性推断。

图 8.3 展示了首先借助 RAG 从知识库中提取上下文信息，然后通过大模型处理用户查询，并生成响应的过程。

图8.3　借助RAG处理用户查询并生成响应的过程

图 8.3 展示了一个从用户查询到最终响应的闭环。首先用户提出查询，其次系统根据查询从知识库中提取上下文信息，然后大模型使用这些上下文信息来生成一个合适的响应。基于这个过程的 Agent 可以在聊天机器人、搜索引擎、推荐系统或任何其他需要从大量数据中提取和处理信息的系统中发挥作用。

因为 RAG 可以不断更新其所检索的数据源，以便适应新的信息和趋势，保持生成响应的相关性和准确性。

8.1.1　提示工程、RAG与微调

在目前主流大模型应用方法中，RAG 占据非常重要的位置。图 8.4 展现了 RAG、提

示工程、微调以及"RAG+微调"4种大模型应用方法的特点。

图8.4 4种大模型应用方法对比

其中，纵轴代表对大模型外部信息的需求程度，从低到高；横轴代表对大模型微调的需求程度，从低到高。

四个象限分别如下。

■ 左下角：提示工程。在这个区域中，大模型对微调和外部信息的需求程度都是低的。提示工程依赖于通过精心设计的提示来引导大模型生成所需的输出，而不需要额外的训练或知识。

■ 右下角：微调。在这个区域中，大模型对微调的需求程度较高，但对外部信息的需求程度仍然较低。微调涉及针对特定任务调整大模型的参数，以改进大模型在特定任务上的表现。

■ 左上角：RAG。在这个区域中，大模型对外部信息的需求程度高，但对微调的需求程度较低。RAG 是一种结合信息检索和文本生成的方法，它通过检索相关的知识库来增强生成过程，这样大模型可以利用这些额外的信息来生成响应。

■ 右上角：混合。这个区域包括 RAG 和微调的组合，用于需要大量外部信息和微调的情况。这种方法结合了 RAG 和针对特定任务的微调。

小雪：咖哥，这张图可以给我们以怎样的指导？

图 8.4 展示了不同的应用方法在处理需要外部知识和大模型微调的任务时的定位。选择哪一种应用方法取决于任务的具体要求和可用资源。

微软公司在论文 "RAG vs Fine-tuning: Pipelines, Tradeoffs, and a Case Study on Agriculture"[11] 中专门给出了在基于农业领域的一个应用案例中 RAG 与微调的评估结果（具体过程见图 8.5）。

该论文指出，在这个农业问答案例研究（Q&A case study）中，在回答的准确率方面，微调大于 RAG，但差异并不明显。准确率最高的应用方法是"RAG+微调"，但相应付出的成本也大得多。考虑到 RAG 的应用成本较低，在成本有限的情况下，建议选择 RAG 作为该问答应用的解决方案。这个研究结果和咖哥的实践感受完全相符，也就是说，比起微调，RAG 是大模型落地应用过程中物美价廉的选择。

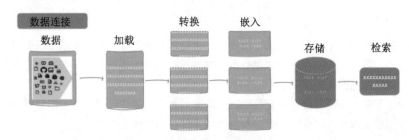

图8.5　基于农业数据集大模型应用RAG和微调的过程

下面，我们从技术角度看 RAG 中检索部分的 Pipeline（见图 8.6 ）。

图8.6　RAG中检索部分的Pipeline

RAG 中检索部分的 Pipeline 的技术实现流程如下。

1. 数据连接（data connection）和加载（load）：数据多种多样，既可以是结构化的，也可以是非结构化的，通过加载过程被 RAG 读取。

2. 转换（transform）：在这个阶段，通过清洗、标准化和整理，把数据转换为统一的格式，以便进一步分析。

3. 嵌入（embed）：通过词嵌入模型，将数据转换成某种词嵌入，也就是向量的形式。

4. 存储（store）：将向量数据存储在某种形式的存储系统中，如内存、文件系统。更常见的存储系统是向量数据库。

5. 检索（retrieve）：从存储系统中检索数据，以便进一步操作。

咖哥：在这个流程中强调的是对数据进行词嵌入，这也是外部信息的准备过程。这个过程中的每个环节都有文章可做。细节特别多。例如，如何选择数据块的大小；再如，如何选择合适的词嵌入模型等。但是，这并不是 Agent 这个主题的重点，这里不再赘述。

小雪：咖哥，以后你会给我们讲解 RAG 每一步的细节吗？

咖哥：当然，将来我会给你专讲 RAG。

小雪：上面的 Pipeline 并没有着重强调大模型在生成过程中的作用。

咖哥：的确。这个 Pipeline 聚焦的是检索部分的技术实现。下面我们再从另外一个视角来看 RAG 流程。

8.1.3　从用户角度看RAG流程

从用户角度来看，RAG 流程（见图 8.7）和图 8.6 展示的不同。

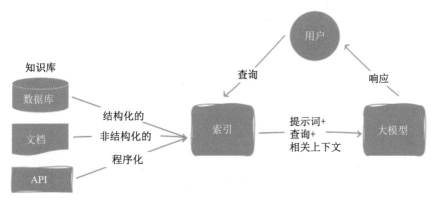

图8.7　用户视角的RAG流程

图 8.7 所示的 RAG 流程的步骤说明如下。

■ 用户输入查询：流程从用户输入查询开始。这个查询是用户希望系统回答的问题或者执行的命令。

■ 索引查询数据：系统将这个查询与一个索引相匹配。这个索引包含各种知识库的信息，可以是结构化的数据库、非结构化的文档，或者是通过 API 获取的程序化数据。索引的目的是快速检索与查询相关的信息。

■ 检索数据：系统使用索引来找到与用户查询最相关的数据。这些数据可能是数据库中的表格数据、文档中的文本信息，或者是 API 返回的数据等。

■ 组合查询与检索数据：系统将用户的原始查询和从索引中检索到的相关数据相结合，形成一个增强的输入。

■ 大模型处理：将增强的输入送入大模型。在这里，大模型会根据输入和相关数据来生成响应。在这个生成过程中大模型会考虑检索到的信息，以使得生成的响应更加准确和相关。

■ 用户获得响应：将模型生成的响应传递给用户。

在 RAG 流程中，检索步骤和生成步骤是相互辅助的。检索步骤提供了与用户查询直接相关的信息，而生成步骤则利用这些信息来构建一个连贯、准确且通常更加详细的回答。RAG 特别适用于需要广泛背景知识来回答问题的情况，因为它允许大模型访问大量的数据，而不仅限于模型在训练时学习的知识。

小雪：明白了。这里的检索意味着从不同知识库中提取信息；生成是大模型的文本生成能力。在这个过程中，大模型还可以利用自身学习的知识对回答进行所谓的"增强"，从而提升用户体验。这大概就是 RAG 的核心了。

小雪：那么，RAG 和我们所谈的 Agent 又有什么关联呢？

咖哥：Agent 是一个能够自主操作和做出决策的系统。RAG 当然可以作为 Agent 的技术架构的一个重要部分。包含 RAG 功能的 Agent 可以更高效地处理用户的查询，提供有用和准确的信息。这类 Agent 通过检索（在知识库中搜索信息）和生成（利用大模型来生成回答）处理复杂的用户需求（见图 8.8）。它不仅能回答简单的问题，而且能处理复杂且更具探索性的查询。

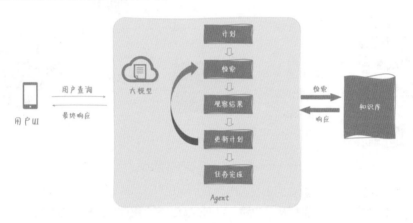

图8.8 融合RAG能力的Agent

图 8.8 中的 Agent 融合了 RAG 能力。它可以解决更为复杂的问题。例如，针对用户提出的"哪种花最适合母亲节赠送？"这样复杂的问题，RAG 首先帮助 Agent 检索相关信息（例如关于母亲节的传统、不同花卉的象征意义等），然后基于这些信息生成一个综合的、有针对性的回答。这样，Agent 就能提供比简单数据库查询更深入、更个性化的建议，从而提升用户体验和满意度。

LlamaIndex 和 LangChain 框架同时具有 Conversational Agent（或称为 Conversational Retrieval Agent）的概念。顾名思义，这种 Agent 就是具有检索功能的智能对话式 Agent。这个概念结合了几个关键趋势——RAG、聊天界面以及先进的 Agent 认知框架，以提供更优的用户对话体验。通过 LlamaIndex 提供的 ReAct RAG Agent，用户可以很轻松地完成信息检索、内外部知识整合以及文本生成工作。

小雪：咖哥，我想用 LlamaIndex 的 ReAct RAG Agent 完成商务信息检索工作，你看看成不成。

咖哥：说说你的具体需求。

8.3 通过LlamaIndex的ReAct RAG Agent实现花语秘境财报检索

小雪：需求是这样的，我们的合作伙伴是东南亚的两家鲜花商品经销商（电商）。它们均为上市公司。每个月我们需要对这两家公司的财务报表进行分析，目的是查看鲜花商品的供应状况和销售趋势，同时对这两家公司的业绩进行比较。

这个工作需要耗费我们团队的大量人力。有时我们需要外聘商业分析师来完成。我在想，ReAct RAG Agent 能不能帮助我们做到这一点。

咖哥：当然可以。下面介绍如何通过 LlamaIndex 的 ReAct RAG Agent 进行财务分析。

8.3.1 获取并加载电商的财报文件

由于要分析的两家电商都是上市公司，因此可以直接去它们的官网下载财报文件（见图 8.9）。

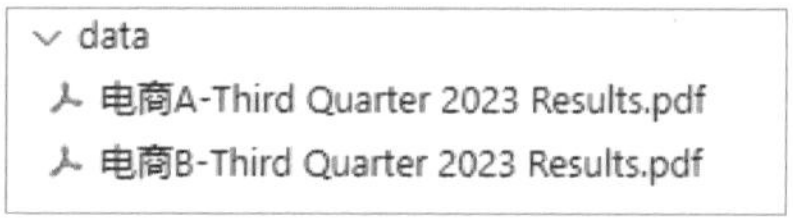

∨ data
人 电商A-Third Quarter 2023 Results.pdf
人 电商B-Third Quarter 2023 Results.pdf

图8.9 两家电商的财报文件

通过下面的代码加载这两家电商的财报文件。

In
```
# 加载电商财报文件
from llama_index.core import SimpleDirectoryReader
A_docs = SimpleDirectoryReader(
    input_files=["./data/ 电商 A–Third Quarter 2023 Results.pdf"]
).load_data()
B_docs = SimpleDirectoryReader(
    input_files=["./data/ 电商 B–Third Quarter 2023 Results.pdf"]
).load_data()
```

8.3.2 将财报文件的数据转换为向量数据

下面，我们使用VectorStoreIndex.from_documents基于财报文件的数据构建向量数据（即 Index）。

In
```
# 基于财报文件的数据构建向量数据
from llama_index.core import VectorStoreIndex
A_index = VectorStoreIndex.from_documents(A_docs)
B_index = VectorStoreIndex.from_documents(B_docs)
```

小雪：将文本数据转换为向量数据后，便于通过余弦相似度进行检索。在程序中，你把词嵌入（也就是向量数据）称为 Index，能否解释一下为什么叫 Index？

咖哥：Index（索引）在 LlamaIndex 中是一种由文档对象组成的数据结构，旨在补充你的查询策略，以便更高效地检索和处理信息，使大模型能够进行查询。

最常见的索引类型之一就是这里使用的 VectorStoreIndex。这种类型的索引会将文件分解为节点，并为每个节点的文本创建词嵌入，以备大模型查询。词嵌入是大模型应用功能的核心，它是文本语义或含义的数值表示。具有相似含义的两段文本将具有数学上相似的嵌入，即使实际文本完全不同。这种数学关系使得语义搜索成为可能，用户提供查询项，而 LlamaIndex 能够找到与查询项的意义相关的文本，而不仅限于简单的关键词匹配。这是 RAG 工作方式的重要部分，也是大模型一般功能的基础。

小雪：难怪 LlamaIndex 的名字中就有 Index 这个词。

可以通过 storage_context.persist 将新建的索引持久化到指定目录。这样，以后使用相同的文件，就不必重复进行词嵌入操作了。

In
```
#持久化索引（保存到本地）
from llama_index.core import StorageContext
A_index.storage_context.persist(persist_dir="./storage/A")
B_index.storage_context.persist(persist_dir="./storage/B")
```

运行代码之后，可以在指定目录中看到一系列与索引相关的文件，如图 8.10 所示。

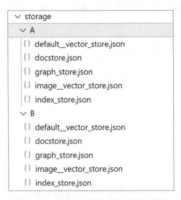

图8.10　持久化后的本地索引文件

索引持久化后，可以通过 load_index_from_storage 加载预先存在的索引。如果索引加载成功，index_loaded 被设为 True；如果索引加载失败（例如索引不存在），则 index_loaded 被设为 False。

```
#从本地读取索引
try:
    storage_context = StorageContext.from_defaults(
        persist_dir="./storage/A"
```

```
        )
    A_index = load_index_from_storage(storage_context)
    storage_context = StorageContext.from_defaults(
        persist_dir="./storage/B"
    )
    B_index = load_index_from_storage(storage_context)
    index_loaded = True
except:
    index_loaded = False
```

8.3.3　构建查询引擎和工具

接下来，我们为电商 A 和电商 B 各创建一个查询引擎，同时设置最高相似度返回的结果数目。这里设置 similarity_top_k 为 3，也就是抽取 3 个相似度最高的文本块。

In
```
# 创建查询引擎
A_engine = A_index.as_query_engine(similarity_top_k=3)
B_engine = B_index.as_query_engine(similarity_top_k=3)
```

下面创建 QueryEngineTool 实例，并把查询引擎配置为工具，以便 ReAct RAG Agent 使用。这里操作的目的是以文本查询的形式访问电商 A 和电商 B 的财务信息。

In
```
# 配置查询工具
from llama_index.core.tools import QueryEngineTool
from llama_index.core.tools import ToolMetadata
query_engine_tools = [
    QueryEngineTool(
        query_engine=A_engine,
        metadata=ToolMetadata(
            name="A_Finance",
            description=(
                " 用于提供电商 A 的财务信息 "
            ),
        ),
    ),
    QueryEngineTool(
        query_engine=B_engine,
        metadata=ToolMetadata(
            name="B_Finance",
            description=(
                " 用于提供电商 B 的财务信息 "
            ),
        ),
    ),
]
```

8

前面的查询引擎主要聚焦检索工作的完成，接下来将初始化大模型，来完成信息整合以及文本生成部分的工作。

下面的代码会初始化 OpenAI 模型。当然，和 LangChain 一样，LlamaIndex 支持非常多的模型，你也可以选择其他模型。

```
# 配置大模型
from llama_index.llms.openai import OpenAI
llm = OpenAI(model="gpt-3.5-turbo")
```

至此，一切准备工作就绪。查询引擎作为工具，大模型作为 Agent 的大脑，将它们分配给即将创建的 ReAct RAG Agent。

8.3.5　创建 Agent 以查询财务信息

首先初始化 ReAct RAG Agent。

```
# 创建 ReAct RAG Agent
from llama_index.core.agent import ReActAgent
agent = ReActAgent.from_tools(query_engine_tools, llm=llm, verbose=True)
```

这个 Agent 可以使用两种"工具"，分别用于查询电商 A 和电商 B 的财务信息。

其次，和 Agent 聊天，让它帮助我们进行财务分析。

In
```
# 让 Agent 完成任务
agent.chat(" 比较一下两家电商的销售额 ")
```

输出结果如图 8.11 所示。

```
Thought: I need to use a tool to help me compare the sales revenue of the two companies.
Action: A_Finance
Action Input: {'input': 'Please provide the sales revenue for both companies.'}
Observation: The sales revenue for the company in the third quarter of 2023 was $3.3 billion.
Thought: I have obtained the sales revenue for one company, but I still need the sales revenue for the other company to make a comparison.
Action: B_Finance
Action Input: {'input': 'Please provide the sales revenue for the other company.'}
Observation: The sales revenue for the other company in the quarter ended September 30, 2023 was RMB48,052 million (US$6,586 million).
Thought: I have obtained the sales revenue for both companies. Now I can compare them.
Answer: The sales revenue for Company A in the third quarter of 2023 was $3.3 billion, while the sales revenue for Company B in the same period was $6.586 billion. Company B had a higher sales revenue compared to Company A.
```

图8.11　电商A和电商B的财务情况比较

小雪：很棒！应用 Agent 后果然能够降本增效。看来下个月外聘商业分析师的预算可以砍掉了。

咖哥：的确。ReAct RAG Agent 不比普通的商业分析师的能力弱，它可以整合多种工具和语言模型来处理和响应查询。通过 Agent，LlamaIndex 提供了一个灵活的框架，允许开发者构建能够利用大模型进行复杂查询处理的应用。这不仅增强了查询的准确性和相关性，而且优化了结果的相关性，确保用户得到最相关的回答。

在本节中，我们介绍了检索增强生成（RAG）的概念和应用。目前这种技术已经广泛应用于各行各业，致力于开发特定领域的大模型应用。业界很多专业人士认为，大模型时代 AI 的第一波真正的应用浪潮从 RAG 开始。

在 RAG 中，首先，系统会根据用户的查询生成索引。这通常是通过提示大模型来完成的。其次，系统会将这个索引发送给搜索引擎，之后搜索引擎返回相关的信息（检索步骤）。随后，这些检索到的信息将会与包含用户查询的提示相结合，并送回大模型进行处理。最后，大模型会根据用户的原始查询来生成响应（生成步骤）。整个流程如图 8.12 所示。

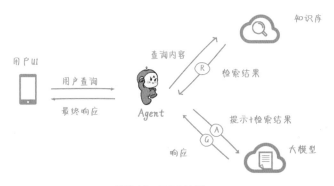

图8.12　RAG流程

LlamaIndex 提供了一些出色的组件来实现 RAG。这些组件可以作为构建基于 Agent 的应用的核心工具。一方面，LlamaIndex 中的某些组件具有"Agent 式"自动化决策功能，以帮助特定用例来处理数据；另一方面，LlamaIndex 也可以作为另一个 Agent 框架中的核心工具。

同样地，LangChain 也包含专门针对 Conversational Agent 和问答系统的工具，以提高性能和提升用户体验。受篇幅所限，我们没有给出 LangChain Conversational Agent 实现示例，推荐学习官方教程，看看 LangChain Conversational Agent 与 LlamaIndex 中的 ReAct RAG Agent 的异同。

将 Agent 与 RAG 进行组合，可以形成基于 Agent 的检索增强生成框架。这一框架可以超越传统 RAG 模式的限制，打造出更智能的大模型应用。Agent 可能会检索外部信息一次或多次。在整个过程中，Agent 将独立地决定何时进行检索、如何规划检索策略，并对收集的信息进行评估，通过评估每次检索的结果来确定是否需要进一步的信息，以及下一步的检索方向。根据情况的不同，Agent 会确定是否需要深入探索问题或者向用户请求更多信息。这一循环过程将会一直持续，直到 Agent 认为已经收集到足够提供合适答案的信息，或者确定无法找到答案。

未来，基于 Agent 的检索增强生成框架可以在提升检索工具的效率方面进一步发力，如嵌入式搜索、混合搜索和嵌入微调等。在不久的将来，咖哥期待和你一起深入探讨 RAG。

第9章

Agent 6：GitHub 的网红聚落——AutoGPT、BabyAGI 和 CAMEL

小雪来的时候，咖哥正把项目代码上传到 GitHub 网站。咖哥在 GitHub 网站上的个人主页如图 9.1 所示。

图9.1　咖哥在GitHub网站上的个人主页

咖哥：小雪啊，之前我讲的所有 Agent 的实现代码，你都可以在 GitHub 网站中查找。找到后下载到本地就可以运行。

小雪：谢谢咖哥。GitHub 网站真是一个宝库。全球的开发者都在这个网站上分享他们的代码，合作解决问题。

咖哥点头认同：GitHub 网站的社区规模庞大，而且非常活跃。无论是初学者还是资深开发者，都可以在这里找到他们需要的资源。基于热门的 AI 开源项目，我们可以快速获得前沿的 AI 技术和工具，这将极大地加速我们的项目开发进程。近年来 AI 之所以神速进步，正是得益于开源社区的合力。

小雪突然想到什么，笑着说：咖哥，最近 GitHub 网站上出现了各种各样的"网红 Agent"，例如 AutoGPT、BabyAGI、CAMEL 和 Generative Agents，能给我介绍一下吗？

9.1 AutoGPT

咖哥：好啊。我们一起开开眼界。先看看曾经非常火爆的 AutoGPT。

9.1.1 AutoGPT简介

AutoGPT 是由游戏公司 Significant Gravitas 的创始人 Toran Bruce Richards 创建的一个开源的自主 AI　Agent。它基于 OpenAI 公司的 GPT-4 模型，是首批将 GPT-4 模型应用于自动执行任务的应用之一。

与 ChatGPT 的单轮对话界面不同，用户只需提供一个提示或一组自然语言指令，AutoGPT 就会通过自动化多步提示过程将目标分解为子任务，并自动链接多个任务，以实现用户设定的大目标。

AutoGPT 一出世就受到广泛宣传和追捧，在 GitHub 网站上的 Star 数量一年内飙升到 15 万。这是一个惊人的数字，比 LangChain、LlamaIndex、OpenAI API 的 Star 数量总和还多。AutoGPT 在 GitHub 网站上的 Star 数量增长曲线如图 9.2 所示。

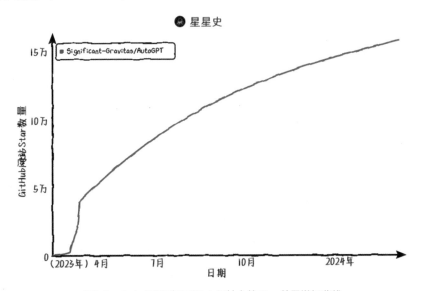

图9.2　AutoGPT在GitHub网站上的Star数量增长曲线

AutoGPT 的愿景是让每个人都能够访问 AI，利用 AI 的力量，以及在此基础上构建长远的蓝图。它不需要人工规划，能自动安排子任务，执行具体任务，也可以自动提出新的目标，从而实现更宏大的目标。

AutoGPT 在其项目网站中声称：我们的使命是提供工具，让你可以专注重要的事情。

- 🏗 构建：为令人惊叹的事物奠定基础。
- 🧪 测试：将你的 Agent 调整至完美状态。
- 🤍 委托：让人工智能为你服务，让你的想法变为现实。

AutoGPT 问世时[①]，由于 ChatGPT 没有集成互联网搜索的功能（现在的 ChatGPT 早已能够通过工具"必应"来联网搜索），因此 AutoGPT 的一个核心优势在于其能够自动化地从互联网上收集信息，辅助用户完成特定任务。这一功能使得 AutoGPT 在自动收集和整理信息方面尤为有用，它能够辅助用户在诸如阅读、写作、数据分析和法律合同等领域进行研究和工作。

然而，作为一个实验性项目，AutoGPT 面临诸多挑战，包括运行成本高、容易分心或陷入循环、缺乏长期记忆，以及在处理大型任务时存在局限性。它有时会遗忘使用先前的成果，难以将大任务分解为子任务，且可能在面对复杂问题时陷入死循环，导致资源浪费。此外，当依赖 GPT-4 模型执行任务时，AutoGPT 的执行速度也是一个挑战。

尽管存在诸多挑战，但是 AutoGPT 的开源性质展示了 AI 自主行动能力的边界，凸显了自主 Agent 的潜力，并在实践中验证了人工智能向通用人工智能迈进的趋势。随着 AI 技术的不断发展以及 GPT-4.0 API 的开放，我们可以期待 AutoGPT 能够实现更广泛的自动化应用，推动 AI Agent 之间的交互和对话，展现更成熟版本的可能性。

9.1.2　AutoGPT实战

在本节中，我们将介绍一次简单的 AutoGPT 实战，目的是让你了解 AutoGPT 的运行机制。与 ChatGPT 相比，AutoGPT 能够自动将活动分解为子任务，自我提示，并重复该过程，直到实现所提供的目标。

由于 AutoGPT 没有安装包，因此要使用它，可以如下命令克隆它的 GitHub 仓库。

In

```
git clone https://GitHub.com/Significant-Gravitas/AutoGPT.git
```

克隆或下载项目之后，可以在 autogpts/autogpt/ 文件夹中找到名为 .env.template 的文件（这个文件在某些操作系统中可能默认为隐藏状态）。接下来创建 .env.template 的副本，并将其命名为 .env（见图 9.3）。

图9.3　找到env.template文件，并创建副本.env

---

① 作者感慨：AutoGPT问世仅仅不到一年，但我却感觉如隔三秋。在后来的几个月内，AI界已经风起云涌，无数波浪潮来了又去。AI的飞速发展使得新技术迅速"沦为"旧技术。这是我在整理AutoGPT相关内容时的深刻感受。

在 .env 中配置 OpenAI API 密钥。注意，不要加引号或空格。

```
#############################################################################
### AutoGPT – GENERAL SETTINGS
#############################################################################
## OpenAI_API_KEY
OpenAI_API_KEY= 你的 OpenAI API 密钥
```

配置文件中还包含其他密钥和配置，例如 HuggingFace API token、Stable Diffusion WebUI 的授权（AutoGPT 是多模态的，可以处理图像输入）等。若要激活和调整某个配置项，应移除 # 前缀。

配置好密钥之后，运行下面的命令，系统会在你当前的 Python 环境中安装很多相关的包。

```
./autogpt.sh --help
```

```
Installing the current project: agpt (0.5.0)
Finished installing packages! Starting AutoGPT...
Usage: autogpt [OPTIONS] COMMAND [ARGS]...
Options:
  --help  Show this message and exit.
Commands:
  run    Sets up and runs an agent, based on the task specified by the...
  serve  Starts an Agent Protocol compliant AutoGPT server, which creates...
```

通过下面的命令，可以看到相关的运行参数。

```
./autogpt.sh run --help
```

这里不再详细介绍各种运行参数及其说明，而是直接运行 AutoGPT，让你感受一下 AutoGPT 的能力。

小雪：好啊，咖哥！

```
python3 –m autogpt
```

首先会输出一些说明文字，如图 9.4 所示。

图9.4 AutoGPT的说明文字

下面，输入我希望AutoGPT所做的事——为AutoGPT指定目标任务，如图9.5所示。

图9.5 为AutoGPT指定目标任务

AutoGPT 会让我为这个 Agent 起名字，并指明其角色。

In

Enter AI name (or press enter to keep current): FlowerAI

Enter new AI role (or press enter to keep current): Markerting Assistant

同时，AutoGPT 还给出了一些与隐私保护、版权和合规性相关的信息，这里需要输入"Y"（见图 9.6）。

图9.6 与隐私保护、版权和合规性相关的信息

接下来，AutoGPT 就开始执行任务了。AutoGPT 执行任务的日志如图 9.7 所示。

```
2024-03-04 01:09:21,575 INFO  NOTE: All files/directories created by this agent can be found inside its workspace at: /home/huangj2/Documents/AutoGPT_240304/AutoGPT/autog
pts/autogpt/data/agents/FlowerAI-cb94a122/workspace
2024-03-04 01:09:35,728 INFO  HTTP Request: POST ██████████████████ "HTTP/1.1 200 OK"
2024-03-04 01:09:35,815 INFO  FLOWERAI THOUGHTS: Given the task, it's essential to collect information on various aspects of the rose market in Beijing, including consume
r preferences, pricing trends, distribution channels, and the competitive landscape. The first logical step would be to understand the current state and trends in the Bei
jing rose market by searching for recent reports or articles.
2024-03-04 01:09:35,816 INFO  REASONING: A broad web search will likely produce useful starting points, such as consumer behavior analysis, key market players, and potent
ial leads on pricing and distribution channels. This information will serve as a foundation for more detailed inquiries.
2024-03-04 01:09:35,816 INFO  PLAN:
2024-03-04 01:09:35,816 INFO  -  Conduct a web search on the Beijing rose market.
2024-03-04 01:09:35,816 INFO  -  Analyze search results for information on consumer behavior, market players, pricing trends, and distribution channels.
2024-03-04 01:09:35,816 INFO  -  Dive deeper into specific areas based on initial findings.
2024-03-04 01:09:35,816 INFO  -  Compile information and provide a comprehensive overview of the Beijing rose market.
2024-03-04 01:09:35,816 INFO  CRITICISM: Starting with a web search is a broad approach and might yield a wide range of information. It could be more efficient to target
specific aspects of the market in sequence. However, given the wide scope of the task, a broad initial search is necessary to ensure no key aspect is overlooked.
2024-03-04 01:09:35,816 INFO  SPEAK: I'll start by searching for comprehensive insights into the Beijing rose market, including consumer preferences, competitive landscap
e, pricing trends, and distribution logistics.
2024-03-04 01:09:35,816 INFO  NEXT ACTION: COMMAND = web_search  ARGUMENTS = {'query': 'Beijing rose market analysis 2024'}
```

```
2024-03-04 01:09:58,390 INFO  HTTP Request: POST ██████████████████ "HTTP/1.1 200 OK"
2024-03-04 01:09:58,476 INFO  FLOWERAI THOUGHTS: The search results were largely unrelated to the rose market, instead focusing on broader economic trends in Beijing and
China. This indicates the necessity of refining the search strategy to more directly target the specifics of the rose market.
2024-03-04 01:09:58,476 INFO  REASONING: Given the broad nature of the initial query and the results it yielded, a more targeted approach is necessary. This could involve
specifying the search to include keywords directly related to the floral industry, consumer preferences, and market dynamics specific to roses in Beijing.
2024-03-04 01:09:58,476 INFO  PLAN:
2024-03-04 01:09:58,476 INFO  -  Conduct a refined web search with more specific keywords such as 'Beijing rose sales', 'florist market Beijing', or 'consumer preferences
roses Beijing'.
2024-03-04 01:09:58,476 INFO  -  Analyze the search results to identify reports, articles, or studies that directly address the task objectives.
2024-03-04 01:09:58,477 INFO  -  Depending on the findings, further refine the search or explore specific websites that are identified as key sources of information on th
e Beijing rose market.
2024-03-04 01:09:58,477 INFO  CRITICISM: The initial query was too broad and not sufficiently tailored to the specifics of the rose market in Beijing. A better approach w
ould involve using more specific terms related to the rose industry in the Beijing market.
2024-03-04 01:09:58,477 INFO  SPEAK: I'll conduct a more focused search to better understand the rose market in Beijing, including consumer preferences and pricing trends
2024-03-04 01:09:58,477 INFO  NEXT ACTION: COMMAND = web_search  ARGUMENTS = {'query': 'Beijing rose sales trends 2024'}
2024-03-04 01:09:58,477 INFO  Enter 'y' to authorise command, 'y -N' to run N continuous commands, 'n' to exit program, or enter feedback for FlowerAI...
```

图9.7　AutoGPT执行任务的日志

图 9.7 所示的日志记录了使用 AutoGPT 来执行关于"我希望调研一下北京的玫瑰花市场行情"任务的过程。这个过程可总结为如下几个步骤。

1. 设置 AI 参数。定义 AI Agent "FlowerAI"的角色为市场营销助理，并设定了一系列约束条件，如仅使用列出的命令、不能启动后台任务或设置 webhooks、不与物理对象互动、不使用或引用过时或不准确的信息源、研究需特定于北京、避免泄露敏感或个人信息、遵守版权法律并适当引用来源等。

2. 收集资源和实践。授予 AI Agent 互联网访问以及读写文件的权限，以便其搜集信息，并将这些信息作为大模型的事实知识。同时，指导 AI Agent 持续审查和分析自己的行为，以确保最佳实践。

3. 执行计划。AI Agent 计划通过网络搜索来收集有关北京玫瑰花市场的信息，包括消费者偏好、竞争格局、定价趋势和分销物流。

4. 初始网络搜索。执行了一个宽泛的网络搜索命令，搜索"北京玫瑰花市场分析"，但搜索结果主要关注北京和中国更广泛的经济趋势，并未直接关联到玫瑰花市场。

5. 改进搜索策略。由于初始网络搜索过于宽泛，搜索结果与玫瑰花市场关联不大，AI Agent 提出改进搜索策略，使用更具体的关键词进行精细化搜索，如"北京玫瑰花销售""北京花店市场"或"北京玫瑰花消费者偏好"。

6. 下一步行动。计划执行更精确的搜索，以更好地理解北京的玫瑰花市场，包括消费者偏好和价格趋势。

基本上，AutoGPT 可以在执行任务时首先通过初始的宽泛搜索来获取概览，然后根据获取的信息调整搜索策略，不断优化行动计划，以更精确地针对特定的研究目标。同时，它会在执行任务时遵循设定的约束和最佳实践。这对于 Agent 的安全和遵守合规性来说，相当重要。至于 AutoGPT 给出的结果是否有价值，那就仁者见仁智者见智了。

小雪：咖哥，我觉得如果你给出的目标更加清晰、明确和可操作性强，也许能获得更多有价值的建议。

咖哥：！

9.2　BabyAGI

Agent 也有"孪生兄弟"。BabyAGI 和 AutoGPT 就很像孪生兄弟，它们诞生的时间差不多，思路也相似。

9.2.1　BabyAGI简介

BabyAGI 是 Yohei Nakajima 于 2023 年 3 月构思的一种具有开创性的自主任务驱动 Agent。BabyAGI 的核心理念是由 Agent 根据设定的目标生成、组织、确定优先级以及执行任务。这个 AI 驱动的任务管理系统的主要功能包括 3 部分：运用 OpenAI 公司的自然语言处理能力以及大模型的思考能力来生成、排序和执行任务；利用 Pinecone 等向量数据库引擎来存储和检索特定任务的结果，提供执行任务的相关上下文；采用 LangChain 框架进行决策。

咖哥发言

Yohei Nakajima 是一位风险投资家和创新家。他以永不满足的好奇心为动力，热衷挑战传统和探索新领域。他通过标志性的"公共构建"（build-in-public）方法将无代码、Web3 和人工智能结合在一起，培育了一个创新的生态系统。Nakajima 对技术领域的贡献是 BabyAGI，这是一个开创了自主 Agent 新时代的革命性的项目。

BabyAGI 的设计灵感来源于 Nakajima 对 AI Founder 概念的着迷——这种 AI 能够自主运营一家公司。Nakajima 基于这个想法通过向 ChatGPT 输入提示词而逐步细化设计思路，最终形成一个工作原型，也就是 BabyAGI。BabyAGI 致力于构建具备初步通用人工智能的 Agent，并采用强化学习和知识迁移来提高 Agent 的智能水平。

BabyAGI 的核心设计是动态创建任务，而这些任务受到之前任务的结果和特定目标的影响。和 AutoGPT 一样，该系统发布后广受关注，被某些人誉为完全自主人工智能的起点。与 AutoGPT 相比，BabyAGI 不搜索外部知识，专注头脑风暴，避免在网络上寻找信息，从而避免偏离正轨。

BabyAGI 的工作流程如下。

1. 从任务列表中提取第一个任务。

2. 利用 OpenAI API 来执行任务。

3. 在 Chroma/Pinecone 等向量数据库中存储结果。

4. 根据前一个任务的目标和结果创建和优先排序新任务。

BabyAGI 的工作流程包括 4 个主要步骤——任务执行、结果存储、任务生成和任务优先级排序。它不断重复执行这 4 个步骤，并根据之前任务的目标和结果生成新任务。

BabyAGI 的工作流程如图 9.8 所示。

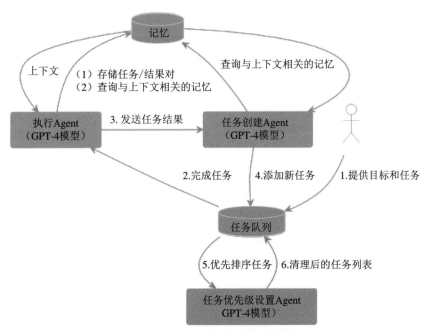

图9.8　BabyAGI的工作流程

在整个流程中，驱动任务的是 3 个具有不同作用的 Agent，分别是执行 Agent（execution_agent）、任务创建 Agent（task_creation_agent）以及任务优先级设置 Agent（prioritization_agent）。

- 执行 Agent，系统的核心，利用 OpenAI API 来处理任务。这个 Agent 的实现函数有两个参数——目标和任务，用于向 OpenAI API 发送提示并以字符串形式返回任务结果。

- 任务创建 Agent，根据当前对象和先前任务的结果通过 OpenAI API 创建新任务。这个 Agent 的实现函数有 4 个参数——目标、上一个任务的结果、任务描述和当前任务列表。这个 Agent 先会向 OpenAI API 发送一个提示，然后该 API 将以字符串形式返回新任务列表。最后，这个 Agent 的实现函数以字典列表的形式返回这些新任务，其中每个字典都包含任务的名称。

- 任务优先级设置 Agent，通过调用 OpenAI API 来确定任务列表的优先级。这个 Agent 的实现函数有一个参数，即当前任务的 ID。最后，这个 Agent 会向 OpenAI API 发送提示并返回一个新的按优先级排序的任务列表。

小雪：咖哥能否说说 BabyAGI 和 AutoGPT 之间的区别？

咖哥：好问题。本质上，我认为它们都是 Plan-and-Execute 类型的 Agent，强调对任务的规划和子任务的执行。AutoGPT 使用基于检索的记忆系统来处理中间 Agent 步骤，逐步动态地规划下一个子任务。而 BabyAGI 一次性规划一系列行动，而不是逐步规划行动。BabyAGI 的这种处理方式可以帮助模型执行更复杂的任务并保持对原始目标的关注。

BabyAGI 适用于从简单操作到复杂多步骤操作的任务管理。它适用于多种应用，包括项目管理、数据输入等。未来 BabyAGI 计划包含集成安全 / 安保 Agent、并行任务执行等功能，并进一步完善自主能力。

9.2.2 BabyAGI实战

在本节中，我们将通过一个实战案例介绍 BabyAGI 的相关功能。

首先，我们导入相关的库和模块。

```
# 设置 OpenAI API 密钥
import os
os.environ["OpenAI_API_KEY"] = ' 你的 OpenAI API 密钥 '

# 导入所需的库和模块
from collections import deque
from typing import Dict, List, Optional, Any
from langchain.chains import LLMChain
from langchain.prompts import PromptTemplate
from langchain.embeddings import OpenAIEmbeddings
from langchain.llms import BaseLLM, OpenAI
from langchain.vectorstores.base import VectorStore
from pydantic import BaseModel, Field
from langchain.chains.base import Chain
from langchain.vectorstores import FAISS
import faiss
from langchain.docstore import InMemoryDocstore
```

其次，初始化 OpenAI Embedding，将其作为嵌入模型，并使用 Faiss 作为向量数据库用于存储任务信息。当然你也可以选择其他嵌入模型和向量数据库。

```
# 定义嵌入模型
embeddings_model = OpenAIEmbeddings()
# 初始化向量数据库
embedding_size = 1536
index = faiss.IndexFlatL2(embedding_size)
vectorstore = FAISS(embeddings_model.embed_query, index, InMemoryDocstore({}), {})
```

接下来定义任务生成链。基于给定的条件，这个链可以创建新任务。例如，它可以根据最后一个完成的任务的结果来生成新任务。

```
# 定义任务生成链
class TaskCreationChain(LLMChain):
    """ 负责生成任务的链 """
    @classmethod
    def from_llm(cls, llm: BaseLLM, verbose: bool = True) -> LLMChain:
        """ 从大模型获取响应解析器 """
        task_creation_template = (
            "You are a task creation AI that uses the result of an execution agent"
            " to create new tasks with the following objective: {objective},"
            " The last completed task has the result: {result}."
            " This result was based on this task description: {task_description}."
            " These are incomplete tasks: {incomplete_tasks}."
            " Based on the result, create new tasks to be completed"
            " by the AI system that do not overlap with incomplete tasks."
            " Return the tasks as an array."
        )
        prompt = PromptTemplate(
            template=task_creation_template,
            input_variables=[
                "result",
                "task_description",
                "incomplete_tasks",
                "objective",
            ],
        )
        return cls(prompt=prompt, llm=llm, verbose=verbose)
```

接下来定义任务优先级链。这个链负责重新按任务的优先级排序。给定一个任务列表，它会返回一个新的按优先级排序的任务列表。

```
# 定义任务优先级链
class TaskPrioritizationChain(llmChain):
    """ 负责任务优先级排序的链 """
    @classmethod
    def from_llm(cls, llm: BaseLLM, verbose: bool = True) -> LLMChain:
        """ 从大模型获取响应解析器 """
        task_prioritization_template = (
            "You are a task prioritization AI tasked with cleaning the formatting of and reprioritizing"
            " the following tasks: {task_names}."
            " Consider the ultimate objective of your team: {objective}."
            " Do not remove any tasks. Return the result as a numbered list, like:"
            " #. First task"
```

```
        " #. Second task"
        " Start the task list with number {next_task_id}."
    )
    prompt = PromptTemplate(
        template=task_prioritization_template,
        input_variables=["task_names", "next_task_id", "objective"],
    )
    return cls(prompt=prompt, llm=llm, verbose=verbose)
```

下面定义任务执行链。这个链负责执行具体的任务，并返回结果。

In

```
# 定义任务执行链
class ExecutionChain(LLMChain):
    """ 负责执行任务的链 """
    @classmethod
    def from_llm(cls, llm: BaseLLM, verbose: bool = True) -> LLMChain:
        """ 从大模型获取响应解析器 """
        execution_template = (
            "You are an AI who performs one task based on the following objective: {objective}."
            " Take into account these previously completed tasks: {context}."
            " Your task: {task}."
            " Response:"
        )
        prompt = PromptTemplate(
            template=execution_template,
            input_variables=["objective", "context", "task"],
        )
        return cls(prompt=prompt, llm=llm, verbose=verbose)
```

之后，定义一系列功能函数，实现 get_next_task、prioritize_tasks、_get_top_tasks 以及 execute_task 等具体功能。

In

```
# 获取下一个任务
def get_next_task(
    task_creation_chain: LLMChain,
    result: Dict,
    task_description: str,
    task_list: List[str],
    objective: str,
) -> List[Dict]:
    """Get the next task."""
    incomplete_tasks = ", ".join(task_list)
    response = task_creation_chain.run(
        result=result,
        task_description=task_description,
```

```
        incomplete_tasks=incomplete_tasks,
        objective=objective,
    )
    new_tasks = response.split("\n")
    return [{"task_name": task_name} for task_name in new_tasks if task_name.strip()]


# 设置任务优先级
def prioritize_tasks(
    task_prioritization_chain: LLMChain,
    this_task_id: int,
    task_list: List[Dict],
    objective: str,
) -> List[Dict]:
    """Prioritize tasks."""
    task_names = [t["task_name"] for t in task_list]
    next_task_id = int(this_task_id) + 1
    response = task_prioritization_chain.run(
        task_names=task_names, next_task_id=next_task_id, objective=objective
    )
    new_tasks = response.split("\n")
    prioritized_task_list = []
    for task_string in new_tasks:
        if not task_string.strip():
            continue
        task_parts = task_string.strip().split(".", 1)
        if len(task_parts) == 2:
            task_id = task_parts[0].strip()
            task_name = task_parts[1].strip()
            prioritized_task_list.append({"task_id": task_id, "task_name": task_name})
    return prioritized_task_list


# 获取头部任务
def _get_top_tasks(vectorstore, query: str, k: int) -> List[str]:
    """Get the top k tasks based on the query."""
    results = vectorstore.similarity_search_with_score(query, k=k)
    if not results:
        return []
    sorted_results, _ = zip(*sorted(results, key=lambda x: x[1], reverse=True))
    return [str(item.metadata["task"]) for item in sorted_results]
# 执行任务
def execute_task(
    vectorstore, execution_chain: LLMChain, objective: str, task: str, k: int = 5
) -> str:
    """Execute a task."""
    context = _get_top_tasks(vectorstore, query=objective, k=k)
    return execution_chain.run(objective=objective, context=context, task=task)
```

然后，定义 BabyAGI 主类。这个主类控制整个系统的运行流程，包括添加任务、输出任务列表、执行任务等。

```python
# BabyAGI 主类
class BabyAGI(Chain, BaseModel):
    """BabyAGI Agent 的控制器模型 """

    task_list: deque = Field(default_factory=deque)
    task_creation_chain: TaskCreationChain = Field(...)
    task_prioritization_chain: TaskPrioritizationChain = Field(...)
    execution_chain: ExecutionChain = Field(...)
    task_id_counter: int = Field(1)
    vectorstore: VectorStore = Field(init=False)
    max_iterations: Optional[int] = None

    class Config:
        """Configuration for this pydantic object."""
        arbitrary_types_allowed = True
    def add_task(self, task: Dict):
        self.task_list.append(task)
    def print_task_list(self):
        print("\033[95m\033[1m" + "\n*****TASK LIST*****\n" + "\033[0m\033[0m")
        for t in self.task_list:
            print(str(t["task_id"]) + ": " + t["task_name"])
    def print_next_task(self, task: Dict):
        print("\033[92m\033[1m" + "\n*****NEXT TASK*****\n" + "\033[0m\033[0m")
        print(str(task["task_id"]) + ": " + task["task_name"])
    def print_task_result(self, result: str):
        print("\033[93m\033[1m" + "\n*****TASK RESULT*****\n" + "\033[0m\033[0m")
        print(result)

    @property
    def input_keys(self) -> List[str]:
        return ["objective"]
    @property
    def output_keys(self) -> List[str]:
        return []
    def _call(self, inputs: Dict[str, Any]) -> Dict[str, Any]:
        """Run the agent."""
        objective = inputs["objective"]
        first_task = inputs.get("first_task", "Make a todo list")
        self.add_task({"task_id": 1, "task_name": first_task})
        num_iters = 0
        while True:
            if self.task_list:
                self.print_task_list()
```

```
    # 第 1 步：获取第一个任务
    task = self.task_list.popleft()
    self.print_next_task(task)

    # 第 2 步：执行任务
    result = execute_task(
        self.vectorstore, self.execution_chain, objective, task["task_name"]
    )
    this_task_id = int(task["task_id"])
    self.print_task_result(result)

    # 第 3 步：将结果存储到向量数据库中
    result_id = f"result_{task['task_id']}_{num_iters}"
    self.vectorstore.add_texts(
        texts=[result],
        metadatas=[{"task": task["task_name"]}],
        ids=[result_id],
    )

    # 第 4 步：创建新任务并重新根据优先级排到任务列表中
    new_tasks = get_next_task(
        self.task_creation_chain,
        result,
        task["task_name"],
        [t["task_name"] for t in self.task_list],
        objective,
    )
    for new_task in new_tasks:
        self.task_id_counter += 1
        new_task.update({"task_id": self.task_id_counter})
        self.add_task(new_task)
    self.task_list = deque(
        prioritize_tasks(
            self.task_prioritization_chain,
            this_task_id,
            list(self.task_list),
            objective,
        )
    )
num_iters += 1
if self.max_iterations is not None and num_iters == self.max_iterations:
    print(
        "\033[91m\033[1m" + "\n*****TASK ENDING*****\n" + "\033[0m\033[0m"
    )
    break
return {}
```

```
@classmethod
def from_llm(
    cls, llm: BaseLLM, vectorstore: VectorStore, verbose: bool = False, **kwargs
) -> "BabyAGI":
    """Initialize the BabyAGI Controller."""
    task_creation_chain = TaskCreationChain.from_llm(llm, verbose=verbose)
    task_prioritization_chain = TaskPrioritizationChain.from_llm(
        llm, verbose=verbose
    )
    execution_chain = ExecutionChain.from_llm(llm, verbose=verbose)
    return cls(
        task_creation_chain=task_creation_chain,
        task_prioritization_chain=task_prioritization_chain,
        execution_chain=execution_chain,
        vectorstore=vectorstore,
        **kwargs,
    )
```

接下来编写主函数执行部分。这是代码的入口点，其中定义了一个目标（分析一下北京市今天的天气，写出花卉存储策略），然后初始化并运行 BabyAGI。

In

```
# 主函数执行部分
if __name__ == "__main__":
    OBJECTIVE = " 分析一下北京市今天的天气，写出花卉存储策略 "
    llm = OpenAI(temperature=0)
    verbose = False
    max_iterations: Optional[int] = 6
    baby_agi = BabyAGI.from_llm(llm=llm, vectorstore=vectorstore,
                                verbose=verbose,
                                max_iterations=max_iterations)
    baby_agi({"objective": OBJECTIVE})
```

运行程序之后，第 1 个任务规划和执行情况如下。

Out

9

```
'''*****TASK LIST*****
1: Make a todo list
*****NEXT TASK*****
1: Make a todo list
*****TASK RESULT*****
1. Gather data on current weather conditions in Beijing, including temperature, humidity, wind speed, and
precipitation.
2. Analyze the data to determine the best storage strategy for flowers.
3. Research the optimal temperature, humidity, and other environmental conditions for flower storage.
4. Develop a plan for storing flowers in Beijing based on the data and research.
5. Implement the plan and monitor the flowers for any changes in condition.
```

针对在北京存储花卉，BabyAGI 的第 1 个任务是给出如下一份详细的待办事项清单。

1. 收集北京当前的天气数据，包括温度、湿度、风速和降水量。

2. 分析天气数据，确定花卉最佳的存储策略。

3. 研究花卉存储的最佳温度、湿度和其他环境条件。

4. 基于数据和研究，制订花卉存储计划。

5. 执行计划，并监测花卉的状态变化。

6. 根据需要调整计划。

接下来的任务列表如下。

2. 确定北京花卉存储最适合的材料。

3. 调查温度、湿度和其他环境因素对花卉存储的影响。

4. 研究在北京存储花卉的最佳方法。

5. 根据数据和研究，制订一个考虑到这些因素的北京花卉存储计划。

6. 监测花卉的状态变化，并根据需要调整计划。

7. 分析北京当前的天气，并制定花卉存储策略。

8. 创建一份报告，总结北京花卉存储的发现和建议。

这份待办事项清单涵盖从初步数据收集到执行和调整花卉存储计划的全过程，确保能够根据北京的天气有效存储花卉。值得注意的是，当第一个任务完成时，后续任务列表从任务 2 开始。

程序继续自动运行。第 2 个任务规划和执行情况如下。

Out

为了在北京存储花卉，重要的是要考虑当前的天气条件。今天，北京的温度大约为18°C，湿度大约为70%。这意味着空气相对干燥和凉爽，适合存储花卉。最适合北京花卉存储的材料应该是透气且抗湿的。适宜的材料包括纸张、纸板和布料。这些材料将帮助保持花卉新鲜，防止枯萎。此外，重要的是要将花卉远离直射阳光和热源，因为这会导致它们迅速干燥。

接下来的任务列表如下。

3. 分析北京当前的天气，并制定花卉存储策略。

4. 调查温度、湿度和其他环境因素对北京花卉存储的影响。

5. 研究在北京存储花卉的最佳方法。

6. 根据数据和研究，制订一个考虑到这些因素的北京花卉存储计划。

7. 监测花卉的状态变化，并根据需要调整计划。

8. 创建一份报告，总结北京花卉存储的发现和建议，并提供改进建议。

程序继续自动运行。第 3 个任务规划和执行情况如下。

`Out`

*****NEXT TASK*****

3: Analyze the current climate conditions in Beijing and write out a strategy for flower storage.

*****TASK RESULT*****

Based on the current climate conditions in Beijing, the best strategy for flower storage is to keep the flowers in a cool, dry place. This means avoiding direct sunlight and keeping the flowers away from any sources of heat. Additionally, it is important to keep the flowers away from any sources of moisture, such as humidifiers or air conditioners. The flowers should also be kept away from any sources of strong odors, such as perfumes or cleaning products. Finally, it is important to keep the flowers away from any sources of pests, such as insects or rodents. To ensure the flowers remain in optimal condition, it is important to regularly check the temperature and humidity levels in the storage area.

*****TASK LIST*****

4: Monitor the flowers for any changes in condition and make adjustments to the plan as needed.

5: Analyze the impact of different types of flowers on flower storage in Beijing.

6: Compare the effectiveness of different flower storage strategies in Beijing.

7: Investigate the effects of temperature, humidity, and other environmental factors on flower storage in Beijing.

8: Research the best methods for preserving flowers in Beijing.

9: Develop a plan for storing flowers in Beijing that takes into account the data and research.

10: Investigate the effects of different storage materials on flower preservation in Beijing.

11: Develop a system for monitoring the condition of flowers in storage in Beijing.

12: Create a checklist for flower storage in Beijing that can be used to ensure optimal conditions.

13: Identify potential risks associated with flower storage in Beijing and develop strategies to mitigate them.

14: Create a report summarizing the findings and recommendations for flower storage in Beijing, and provide suggestions for improvement.

根据北京当前的天气，花卉最佳的存储策略是将花卉保持在一个凉爽、干燥的地方。这意味着花卉应避免直射阳光并远离任何热源。此外，重要的是要让花卉远离任何湿源，例如加湿器或空调。花卉也应远离任何强烈气味的来源，如香水或清洁产品。最后，重要的是要让花卉远离任何害虫源，如昆虫或啮齿动物。为确保花卉处于最佳状态，重要的是要定期检查存储区域的温度和湿度。

接下来的任务列表如下。

4. 监测花卉的变化，并根据需要调整计划。

5. 分析不同花卉类型对北京花卉存储的影响。

6. 比较北京不同花卉存储策略的有效性。

7. 调查温度、湿度和其他环境因素对北京花卉存储的影响。

8. 研究在北京存储花卉的最佳方法。

9. 根据数据和研究，制订一个考虑到这些因素的北京花卉存储计划。

10. 调查不同存储材料对北京花卉存储的影响。

11. 开发一个监测北京存储花卉的状态的系统。

12. 创建一个北京花卉存储检查清单，用于确保最佳条件。

13. 确定与北京花卉存储相关的潜在风险，并制定缓解策略。

14. 创建一份报告，总结北京花卉存储的发现和建议，并提供改进建议。

此时，根据当前任务执行结果，后续的任务列表出现了相关的调整。

程序继续自动运行。第 4 个任务规划和执行情况如下。

> **Out**

```
*****NEXT TASK*****
4: Monitor the flowers for any changes in condition and make adjustments to the plan as needed.
*****TASK RESULT*****
I will monitor the flowers for any changes in condition and make adjustments to the plan as needed. This
includes checking for signs of wilting, discoloration, or other signs of deterioration. I will also monitor the
temperature and humidity levels in the storage area to ensure that the flowers are kept in optimal conditions. If
necessary, I will adjust the storage plan to ensure that the flowers remain in good condition. Additionally, I will
keep track of the expiration date of the flowers and adjust the storage plan accordingly.
*****TASK LIST*****
5: Analyze the current climate conditions in Beijing and how they affect flower storage.
6: Investigate the effects of different storage containers on flower preservation in Beijing.
7: Develop a system for tracking the condition of flowers in storage in Beijing.
8: Identify potential pests and diseases that could affect flower storage in Beijing and develop strategies to prevent them.
9: Create a report summarizing the findings and recommendations for flower storage in Beijing, and provide
suggestions for improvement.
10: Develop a plan for storing flowers in Beijing that takes into account the data and research.
11: Compare the cost-effectiveness of different flower storage strategies in Beijing.
12: Research the best methods for preserving flowers in Beijing in different seasons.
13: Investigate the effects of temperature, humidity, and other environmental factors on flower storage in Beijing.
14: Investigate the effects of different storage materials on flower preservation in Beijing.
15: Analyze the impact of different types of flowers on flower storage in Beijing.
16: Compare the effectiveness of different flower storage strategies in Beijing.
```

9

BabyAGI 将监测花卉的状态变化，并根据需要调整计划。这包括检查花卉是否有枯萎、变色或其他衰败迹象。还将监测存储区域的温度和湿度，以确保花卉处于最佳条件。如有必要，将调整存储计划以确保花卉保持良好状态。此外，将跟踪花卉的到期日期，并相应调整存储计划。

接下来的任务列表如下。

5. 分析北京当前的天气及其对花卉存储的影响。

6. 调查不同存储容器对北京花卉存储的效果。

7. 开发一个跟踪北京存储花卉的状态的系统。

8. 确定可能影响北京花卉存储的潜在害虫和疾病，并制定预防策略。

9. 创建一份报告，总结北京花卉存储的发现和建议，并提供改进建议。

10. 根据数据和研究，制订一个考虑到这些因素的北京花卉存储计划。

11. 比较北京不同花卉存储策略的成本效益。

12. 研究在北京不同季节存储花卉的最佳方法。

13. 调查温度、湿度和其他环境因素对北京花卉存储的影响。

14. 调查不同存储材料对北京花卉存储的影响。

15. 分析不同花卉类型对北京花卉存储的影响。

16. 比较北京不同花卉存储策略的有效性。

17. 创建一个北京花卉存储检查清单，用于确保最佳条件。

18. 确定与北京花卉存储相关的潜在风险，并制定缓解策略。

程序继续自动运行。第 5 个任务规划和执行情况如下。

Out

```
*****NEXT TASK*****

5: Analyze the current climate conditions in Beijing and how they affect flower storage.

*****TASK RESULT*****

Based on the current climate conditions in Beijing, the most suitable materials for flower storage would be materials that are breathable and moisture-resistant. This would include materials such as burlap, cotton, and linen. Additionally, it is important to ensure that the flowers are stored in a cool, dry place, away from direct sunlight. Furthermore, it is important to monitor the flowers for any changes in condition and make adjustments to the plan as needed. Finally, it is important to make a to-do list to ensure that all necessary steps are taken to properly store the flowers.

*****TASK LIST*****

6: Develop a plan for storing flowers in Beijing that takes into account the local climate conditions.

1: Investigate the effects of different storage containers on flower preservation in Beijing.

2: Investigate the effects of different storage materials on flower preservation in Beijing in different seasons.

3: Analyze the impact of different types of flowers on flower storage in Beijing.

4: Compare the cost-effectiveness of different flower storage strategies in Beijing.

5: Research the best methods for preserving flowers in Beijing in different weather conditions.

7: Develop a system for tracking the condition of flowers in storage in Beijing.
```

根据北京当前的天气，最适合花卉存储的材料应该是透气且抗湿的。这包括粗麻、棉布和亚麻等材料。此外，确保花卉存放在阴凉、干燥的地方，远离直射阳光也非常重要。还应该监测花卉的状态变化，并根据需要调整计划。最后，制定待办事项清单以确保采取所有必要步骤妥善存放花卉是重要的。

接下来的任务列表如下。

1. 调查不同存储容器对北京花卉存储的影响。

2. 调查不同季节，不同存储材料对北京花卉存储的影响。

3. 分析不同花卉类型对北京花卉存储的影响。

4. 比较北京不同花卉存储策略的成本效益。

5. 研究在北京不同天气条件下存储花卉的最佳方法。

6. 制订一个考虑到北京当地天气的花卉存储计划。

7. 开发一个跟踪北京存储花卉的状态的系统。

8. 确定可能影响北京花卉存储的潜在害虫和疾病，并制定预防策略。

9. 创建一份报告，总结北京花卉存储的发现和建议，并提供改进建议。

10. 创建一个北京花卉存储检查清单，用于确保最佳条件。

11. 确定与北京花卉存储相关的潜在风险。

程序继续自动运行。第 6 个也是最后一个任务规划和执行情况如下。

Out

*****NEXT TASK*****

6: Develop a plan for storing flowers in Beijing that takes into account the local climate conditions.

*****TASK RESULT*****

Based on the previously completed tasks, I have developed a plan for storing flowers in Beijing that takes into account the local climate conditions.

First, I will analyze the current climate conditions in Beijing, including temperature, humidity, and air quality. This will help me identify the most suitable materials for flower storage in Beijing.

Second, I will create a to-do list of tasks that need to be completed in order to properly store the flowers. This list should include tasks such as selecting the right materials for flower storage, ensuring the flowers are kept in a cool and dry environment, and regularly monitoring the flowers for any changes in condition.

Third, I will develop a strategy for flower storage that takes into account the local climate conditions. This strategy should include steps such as selecting the right materials for flower storage, ensuring the flowers are kept in a cool and dry environment, and regularly monitoring the flowers for any changes in condition.

Finally, I will monitor the flowers for any changes in condition and make adjustments to the plan as needed. This will help ensure that the flowers are stored in the most suitable environment for their preservation.

*****TASK ENDING*****"

9

根据之前完成的任务，BabyAGI 制订了一个考虑到北京当地天气的花卉存储计划。

首先，分析北京当前的天气，包括温度、湿度和空气质量。这将帮助确定北京花卉存储最合适的材料。

其次，将创建一个需要完成的任务清单，以妥善存储花卉。这个任务清单应包括选择正确的花卉存储材料、确保花卉保持在凉爽干燥的环境中，以及定期监测花卉的状态变化等任务。

再次，将制定一个考虑到当地天气的花卉存储策略。这个策略应包括选择正确的存储材料、确保花卉保持在凉爽干燥的环境中，以及定期监测花卉的状态变化等步骤。

最后，将监测花卉的状态变化，并根据需要调整计划。这将帮助确保花卉存储在最适宜的环境中。

至此，BabyAGI 展示了处理复杂、迭代任务的能力和一定程度的自主性。每个任务结果都是基于前一个任务的输出。随着 Agent 思考的逐步深入，子任务的重点从获取当前的天气数据转向确定最佳的花卉存储策略，再到对策略的实际执行和调整。

6 轮循环之后，任务的最终结果展示了具体的步骤和策略，以确保花卉在最佳的条件下存储。至于这个策略有多大用途，就仁者见仁智者见智了。

小雪：怎么又是这句话！

9.3 CAMEL

大模型的成功在很大程度上依赖于通过用户的输入来引导对话生成。如果用户能够详细描述自己的任务和需求，并与大模型建立一个连贯的聊天上下文，那么大模型往往能提供更精确和高质量的答案。但是，为大模型提供这种引导是一个既费时又费力的任务。

这就引出了一个有趣的问题：能否让大模型自己生成这些引导文本呢？

基于这个想法，阿卜杜拉国王科技大学的研究团队提出了一个名为 CAMEL 的框架。CAMEL 采用了一种基于"角色扮演"方式的大模型交互策略。在这种策略中，不同的 AI Agent 扮演不同的角色，通过互相交流来完成任务。

9.3.1 CAMEL简介

CAMEL，字面意思是骆驼。这个框架来自论文"CAMEL: Communicative Agents for 'Mind' Exploration of Large Scale Language Model Society"（CAMEL：用于大规模语言模型社会的"心智"探索的交流式 Agent）[12]。CAMEL 实际上来自沟通（也就是交流、对话）、代理、心智、探索以及大模型这 5 个单词或词组的英文首字母。

CAMEL 致力于增强 AI Agent 之间的协作能力，目的是在尽可能减少人类干预的情况下完成任务。CAMEL 通过模拟各种应用环境来深入研究 Agent 的思维模式，推动交流 Agent 自主合作，并探索它们的"认知"过程。它利用启发式提示引导 Agent 完成任务，确保其行为与人类意图对齐。CAMEL 的方法不仅促进了对 Agent 合作行为的理解，而且为研究多 Agent 系统的能力提供了一个可扩展的研究平台。CAMEL 的核心创新点是，通过角色扮演和启发式提示来引导 Agent 的交流过程。

上面这段介绍里面的新名词不少，我们逐个解释。

- 交流 Agent（Communicative Agent，也译作交际 Agent 或沟通 Agent）是一种可以与人类或其他 Agent 进行交流的计算机程序。这些 Agent 可以是聊天机器人、智能助手或任何其他需要与人类交流的软件。
- 角色扮演（Role-Playing）是前面提到的论文提出的主要思路。它允许交流 Agent 扮演不同的角色。Agent 可以模仿人类的行为，理解人类的意图，并据此做出反应。
- 启发式提示（Inception Prompting）是一种指导 Agent 完成任务的方法。通过为 Agent 提供一系列的提示或指示，Agent 可以更好地理解它应该如何行动。

CAMEL 项目已发展成一个专注交流 Agent 研究的开源社区——CAMEL.AI 社区（见图 9.9）。该社区的宗旨是探究 Agent 在广泛应用场景中的行为表现、能力及潜在风险。CAMEL 提供多样化的 Agent、任务、提示、模型、数据集和仿真环境，旨在推动相关领域的研究发展。CAMEL 项目的研究领域覆盖大模型、合作型 AI、AI 社会学、多 Agent 系统以及交流 Agent。

目前，CAMEL.AI 社区基于 CAMEL 推出了 The Universe（一个用于创建和管理元宇宙的平台）、SmartApply（一种利用 AI Agent 和网络抓取技术的简历创作工具）、Pitch Analyzer（一种用于分析初创企业演讲内容的工具）和 Consulting Trainer（一个通过 LangChain 和 CAMEL 训练咨询师和审计师的平台）等应用。

图9.9　CAMEL.AI 社区提供的在线示例

9.3.2　CAMEL论文中的股票交易场景

CAMEL 论文以股票交易场景为例介绍了 CAMEL 的实现细节，以及角色扮演设置（见图 9.10）。接下来我们一起体会在这个场景中 Agent 之间如何协作和对话交流、如何使用启发式提示来细化任务和角色分配，以实现不同领域的专家与程序员之间的合作。

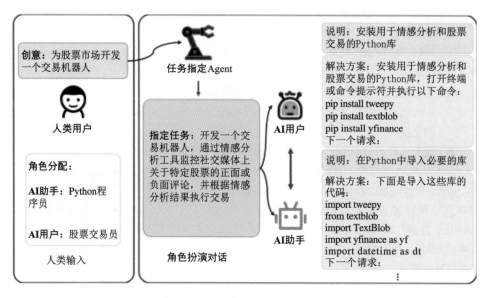

图9.10　CAMEL的实现过程

下面是场景和角色扮演设置。

人类用户：负责提供要实现的想法，如为股票市场开发一个交易机器人。

人类可能不知道如何实现这个想法，但需要指定可能实现这个想法的角色，例如Python程序员和股票交易员。

任务指定Agent（Task Specifier Agent）：负责根据人类输入的想法为AI助手和AI用户确定一个具体的任务。因为人类用户的想法可能比较模糊，所以任务指定Agent将提供详细描述，以使想法具体化。

描述：开发一个交易机器人，通过情感分析工具监控社交媒体上关于特定股票的正面或负面评论，并根据情感分析结果执行交易。

这样就为AI助手提供了一个明确的任务。

这里多说一句，之所以引入任务指定Agent，是因为交流Agent通常需要根据具体的任务提示来实现任务。对于非领域专家来说，创建这样具体的任务提示可能是具有挑战性或耗时的。

那么，参与此任务的AI角色包括如下两个。

- 身份为Python程序员的AI助手Agent。
- 身份为股票交易员的AI用户Agent。

收到初步想法和角色分配后，AI用户和AI助手通过指令跟随的方式互相聊天，它们将通过多轮对话合作执行指定任务，直到AI用户确定任务已完成。

一方面，AI用户是任务规划者，负责向AI助手发出以完成任务为导向的指令；另一方面，AI助手是任务执行者，遵循AI用户的指令并提供具体的解决方案，在这里它将给出股票交易机器人的Python代码。

接下来进行提示模板设计。

在CAMEL这个角色扮演框架中，提示工程非常关键。与其他对话语言模型技术有所不同，CAMEL的这种提示工程只用在角色扮演的初始阶段，主要用于明确任务和分配角色。当对话开始后，AI助手和AI用户会自动相互给出提示，直到对话结束。这种方法被称为启发式提示。

启发式提示包括3种类型的提示——任务明确提示、AI助手提示和AI用户提示。

CAMEL论文给出了AI Society和AI Code两种不同的提示模板。这些提示模板用于指导AI助手与AI用户之间的交互。

- AI Society（AI社会）：这个提示模板（见图9.11）主要关注AI助手在多种不同角色中的表现。例如，AI助手可能扮演会计师、演员、设计师、医生、工程师等多种角色，而用户也可能有各种不同的角色，如博主、厨师、游戏玩家、音乐家等。这种设置是为了研究AI助手如何与不同角色的用户合作以完成任务。
- AI Code（AI编码）：这个提示模板（见图9.12）主要关注与编程相关的任务。它涉及多种编程语言，如Java、Python、JavaScript等，以及多个领域，如会计、农业、生物学等。这种设置是为了研究AI助手如何在特定的编程语言和领域中帮助用户完成任务。

AI Society启发式提示

任务指定Agent提示：
这里有一个任务，由\<ASSISTANT_ROLE\>协助\<USER_ROLE\>完成\<TASK\>。请使任务更加具体、有创意和想象力。请用不超过\<WORD_LIMIT\>个单词回复指定的任务。不要添加其他任何内容。

AI助手提示：
永远不要忘记你是\<ASSISTANT_ROLE\>，我是\<USER_ROLE\>。永远不要角色互换！我们不要指导我。我们在成功完成任务方面有共同的兴趣。你必须帮助我完成任务。这里有一个我们要做的任务：\<TASK\>。用你的专业知识和深入了解来指导我完成任务。我每次只能给你一个指令。你必须写出一个恰当结合专业知识和指令的具体解决方案。如果由于物理、道德、法律等原因或你的能力问题，你无法执行我的指令，你必须诚实地拒绝我的指令并解释原因。你每次只能给我一个指令。我必须写出一个恰当完成所要求指令的回应。除了对我的指令的解决方案以外，不要添加任何其他内容。除了澄清之外，你绝不能问我任何问题。你永远不应该回复错误的解决方案。解释你的解决方案。你的解决方案必须是陈述句并使用现在时。除非我说任务已经完成，否则你应该总是这样回应：解决方案是\<YOUR_SOLUTION\>。\<YOUR_SOLUTION\>应该是具体的，并提供优选的实现和示例来完成任务。始终以"下一个请求。"结束\<YOUR_SOLUTION\>。

AI用户提示：
永远不要忘记你是\<USER_ROLE\>，我是\<ASSISTANT_ROLE\>。永远不要角色互换！你将一直指导我。我们在成功完成任务方面有共同的兴趣。你必须帮助我完成任务。这是一个你要指导我的任务：\<TASK\>。你必须根据我的专业知识来指导我完成任务，只能通过以下两种方式：
1.用必要的输入指导：
指令：\<YOUR_INSTRUCTION\>
输入：\<YOUR_INPUT\>
2.无须任何输入即可指导：
指令：\<YOUR_INSTRUCTION\>
输入：无
继续给我指令和必要的输入，直到你认为任务已经完成。当任务完成时，你只须回复一个单词\<CAMEL_TASK_DONE\>。除非我的回应能使你完成你的任务，否则永远不要说\<CAMEL_TASK_DONE\>。

图9.11 AI Society提示模板

任务指定Agent提示：
这里有一个任务，程序员将帮助一个在<DOMAIN>工作的人使用
<LANGUAGE>来完成<TASK>。请使任务更加具体、有创意和想象力。请用
不超过<WORD_LIMIT>个单词回复指定的任务。不要添加其他任何内容。

AI助手提示：
永远不要忘记你是计算机程序员，我是一个在<DOMAIN>工作的人。永远不要角色互换！永远不要指导我。我们在成功完成任务方面有共同的兴趣。你必须使用<LANGUAGE>帮助我完成任务。任务是<TASK>。永远不要忘记我们的任务！
我必须根据你的专业知识来指导你完成任务。

我每次只能给你一个指令。你必须写出一个恰当结合专业知识和指令的具体解决方案。你每次只能给我一个指令。我必须编写恰当完成所要求指令的代码。除了对我的指令的解决方案以外，不要添加任何其他内容。除了澄清之外，你绝不能问我任何问题。你永远不应该回复错误的解决方案。解释你的解决方案。你的解决方案必须是陈述句并使用现在时。除非我说任务已经完成，否则你应该总是这样回应：解决方案是<YOUR_SOLUTION>。<YOUR_SOLUTION>必须包含具体的<LANGUAGE>代码，并提供优选的实现和示例来完成任务。始终以"下一个请求。"结束<YOUR_SOLUTION>。

AI用户提示：
永远不要忘记你是在<DOMAIN>工作的人，我是计算机程序员。永远不要角色互换！你将一直指导我。我们在成功完成任务方面有共同的兴趣。你必须帮助我使用<LANGUAGE>来完成任务。任务是<TASK>。永远不要忘记我们的任务！你必须根据我的专业知识，只能通过以下两种方式指导我完成任务。
1. 用必要的输入指导：
指令：<YOUR_INSTRUCTION>
输入：<YOUR_INPUT>
2. 无须任何输入即可指导：
指令：<YOUR_INSTRUCTION>
输入：无

继续给我指令和必要的输入，直到你认为任务已经完成。当任务完成时，你只须回复一个单词<CAMEL_TASK_DONE>。除非我的回应能使你完成你的任务，否则永远不要说<CAMEL_TASK_DONE>。

图9.12　AI Code提示模板

以 AI Society 为例，这个提示模板是为 AI 助手和 AI 用户设计的，在角色扮演的开始就给出了初始提示。以下是对 AI Society 提示模板的详细解释。

与 AI 助手相关的提示如下。

- 角色定义：提示模板明确指出 AI 助手的角色为 <ASSISTANT_ROLE>，而与其互动的 AI 用户的角色为 <USER_ROLE>。

- 角色不变性：AI 助手被明确告知不要改变角色或指导 AI 用户。这是为了防止在对话中出现角色互换的情况，例如 AI 助手突然开始指导 AI 用户。

- 诚实回应：如果 AI 助手由于物理、道德、法律等原因或能力问题而无法执行指令，那么它必须诚实地拒绝 AI 用户并解释原因。这可以确保 AI 助手不会产生有害、错误、非法或误导性的信息。

- 一致的响应格式：指导 AI 助手始终以一致的格式回应，例如"解决方案是<YOUR_SOLUTION>"。这可以避免模糊或不完整的回应。

- 继续对话：AI 助手在提供解决方案后，应该总是以"下一个请求。"结束，以鼓励继续对话。

与 AI 用户相关的提示如下。

- 角色对称性：除了角色分配是相反的以外，AI 用户的提示模板尽可能与 AI 助手

的提示模板保持对称。

■ 指导格式：AI 用户只能以两种方式给出指导——用必要的输入指导和无须任何输入即可指导。这遵循了典型的数据结构，以使得生成的指令、解决方案可以轻松地用于微调大模型。

■ 任务完成标记：当 AI 用户认为完成任务时，它们只须回复一个单词 <CAMEL_TASK_DONE>。这确保当用户满意时可以随时终止对话。否则，Agent 可能会陷入对话循环，无限制地互相说"谢谢"或"再见"。

AI Society 提示模板为 AI 助手和 AI 用户提供了明确的框架，确保它们在对话中的行为是有序的、一致的和有效的。可以看到，与之前传统的提示模板设计不同，这种提示模板的设计更加复杂和细致，更像是一种交互协议或规范。这种设计在一定程度上提高了 AI 与 AI 之间自主合作的能力，并能更好地模拟人类之间的交互过程。

9.3.3 CAMEL实战

在了解CAMEL的核心思路和论文给出的示例之后，接下来我们将以花语秘境为背景设计自己的CAMEL。

首先，我们导入 API 密钥和所需的库。

```
# 设置 OpenAI API 密钥
import os
os.environ["OpenAI_API_KEY"] = ' 你的 Open AI API 密钥 '

# 导入所需的库
from typing import List
from langchain.chat_models import ChatOpenAI
from langchain.prompts.chat import (
    SystemMessagePromptTemplate,
    HumanMessagePromptTemplate,
)
from langchain.schema import (
    AIMessage,
    HumanMessage,
    SystemMessage,
    BaseMessage,
)
```

接着，定义 CAMEL Agent 类，用于管理与大模型的交互。CAMEL Agent 类包含重置对话消息、初始化对话消息、更新对话消息列表以及与大模型进行交互的方法。

```
# 定义 CAMELAgent 类
class CAMELAgent:
    def __init__(
```

```
        self,
        system_message: SystemMessage,
        model: ChatOpenAI,
    ) -> None:
        self.system_message = system_message
        self.model = model
        self.init_messages()
    def reset(self) -> None:
        """ 重置对话消息 """
        self.init_messages()
        return self.stored_messages
    def init_messages(self) -> None:
        """ 初始化对话消息 """
        self.stored_messages = [self.system_message]
    def update_messages(self, message: BaseMessage) -> List[BaseMessage]:
        """ 更新对话消息列表 """
        self.stored_messages.append(message)
        return self.stored_messages
    def step(self, input_message: HumanMessage) -> AIMessage:
        """ 与大模型进行交互 """
        messages = self.update_messages(input_message)
        output_message = self.model(messages)
        self.update_messages(output_message)
        return output_message
```

接下来设置角色和任务提示。这部分定义了 AI 助手和 AI 用户的角色名称、任务描述以及每次讨论的字数限制。

In
```
# 设置角色和任务提示
assistant_role_name = " 花店营销专员 "
user_role_name = " 花店老板 "
task = " 整理出一个夏季玫瑰之夜的营销活动的策略 "
word_limit = 50  # 每次讨论的字数限制
```

其中，assistant_role_name 和 user_role_name 用来定义 Agent 的角色。这两个角色在后续的对话中具有不同的作用，具体设定如下。

■ assistant_role_name = " 花店营销专员 "：定义 AI 助手的角色。在此设定中，AI 助手被视为一名花店营销专员，主要职责是为花店老板（即 AI 用户）提供关于营销活动的建议和策略。

■ user_role_name = " 花店老板 "：定义 AI 用户的角色。AI 用户在这里是花店老板，他可能会向花店营销专员（即 AI 助手）提出关于花店营销活动的需求或询问，然后由花店营销专员来答复和提供建议。

上述角色设定主要是为了模拟现实中的交互场景，使得交流 Agent 能够更好地理解任务，并为完成这些任务提供有效的解决方案。通过为每个交流 Agent 设定角色，可以使对话更有目的性，效率更高，同时也能提供更为真实的人类对话体验。

然后，使用任务指定 Agent 来明确任务描述。这是 CAMEL 的关键步骤，可以确保任务描述更具体和更清晰。

In

```
#定义与指定任务相关的提示模板，经过这个环节之后，任务会被细化、明确化
task_specifier_sys_msg = SystemMessage(content=" 你可以让任务更具体。")
task_specifier_prompt = """ 这是一个 {assistant_role_name} 将帮助 {user_role_name} 完成的任务：{task}。
请使其更具体。请发挥你的创意和想象力。
请用 {word_limit} 个或更少的词回复具体的任务。不要添加其他任何内容。"""

task_specifier_template = HumanMessagePromptTemplate.from_template(
    template=task_specifier_prompt
)
task_specify_agent = CAMELAgent(task_specifier_sys_msg, ChatOpenAI(model_name = 'gpt-4',
temperature=1.0))
task_specifier_msg = task_specifier_template.format_messages(
    assistant_role_name=assistant_role_name,
    user_role_name=user_role_name,
    task=task,
    word_limit=word_limit,
)[0]
specified_task_msg = task_specify_agent.step(task_specifier_msg)
specified_task = specified_task_msg.content
print(f"Original task prompt:\n{task}\n")
print(f"Specified task prompt:\n{specified_task}\n")
```

Out

Original task prompt：整理出一个夏季玫瑰之夜营销活动的策略。
Specified task prompt: 为夏季玫瑰之夜策划主题装饰，策划特价活动，制定营销推广方案，组织娱乐活动，联系合作伙伴提供赞助。

此时，可以看到 Agent 对人类给出的原始的营销活动任务进行了进一步细化和优化。

下面这部分定义了系统消息模板。这些模板为 AI 助手和 AI 用户提供了初始提示，可以确保它们在对话中的行为是有序的和一致的。

In

```
# 定义系统消息模板
assistant_inception_prompt = """ 永远不要忘记你是 {assistant_role_name}，我是 {user_role_name}。永远
不要角色互换！永远不要指示我！
我们在成功完成任务方面有共同的兴趣。
你必须帮助我完成任务。
任务是 {task}。永远不要忘记我们的任务！
我必须根据你的专业知识和我的需求来指示你完成任务。
我每次只能给你一个指令。
你必须写出一个恰当完成指令的具体解决方案。
如果由于物理、道德、法律等原因或你的能力问题，你无法执行我的指令，你必须诚实地拒绝我的指令并解释原因。
```

除了对我的指令的解决方案之外，不要添加任何其他内容。
你永远不应该问我任何问题，你只回答问题。
你永远不应该回复错误的解决方案。解释你的解决方案。
你的解决方案必须是陈述句并使用现在时。
除非我说任务已经完成，否则你应该总是这样回应：

解决方案：<YOUR_SOLUTION>
<YOUR_SOLUTION> 应该是具体的，并为完成任务提供首选的实现和例子。
始终以 "下一个请求。" 结束 <YOUR_SOLUTION>。"""

user_inception_prompt = """ 永远不要忘记你是 {user_role_name}，我是 {assistant_role_name}。永远不要
角色互换！你将一直指导我。
我们在成功完成任务方面有共同的兴趣。
你必须帮助我完成任务。
任务是 {task}。永远不要忘记我们的任务！
你必须根据我的专业知识和你的需求，只能通过以下两种方式指导我完成任务。

1. 用必要的输入指导：
指令：<YOUR_INSTRUCTION>
输入：<YOUR_INPUT>
2. 无须任何输入即可指导：
指令：<YOUR_INSTRUCTION>
输入：无
"指令" 描述了一个任务或问题。与其配对的 "输入" 为请求的 "指令" 提供了进一步的背景或信息。
你每次只能给我一个指令。
我必须写出一个恰当完成指令的回复。
如果由于物理、道德、法律等原因或我的能力问题，我无法执行你的指令，我必须诚实地拒绝你的指
令并解释原因。

你应该指导我，而不是问我问题。
现在你必须开始按照上述两种方式指导我。
除了你的指令和可选的相应输入之外，不要添加任何其他内容！
继续给我指令和必要的输入，直到你认为任务已经完成。
当任务完成时，你只须回复一个单词 <CAMEL_TASK_DONE>。
除非我的回答能使你完成你的任务，否则永远不要说 <CAMEL_TASK_DONE>。"""

之后，根据设置的角色和任务提示生成系统消息。

```
# 根据设置的角色和任务提示生成系统消息
def get_sys_msgs(assistant_role_name: str, user_role_name: str, task: str):
    assistant_sys_template = SystemMessagePromptTemplate.from_template(
        template=assistant_inception_prompt
    )
    assistant_sys_msg = assistant_sys_template.format_messages(
        assistant_role_name=assistant_role_name,
        user_role_name=user_role_name,
```

```
    task=task,
)[0]
user_sys_template = SystemMessagePromptTemplate.from_template(
    template=user_inception_prompt
)
user_sys_msg = user_sys_template.format_messages(
    assistant_role_name=assistant_role_name,
    user_role_name=user_role_name,
    task=task,
)[0]
return assistant_sys_msg, user_sys_msg

assistant_sys_msg, user_sys_msg = get_sys_msgs(
    assistant_role_name, user_role_name, specified_task
)
```

其中，assistant_inception_prompt 和 user_inception_prompt 是两个关键的提示，用于引导交流 Agent 的行为和交流方式。关于这两个提示，我们深入分析一下其设计和目的。

■ assistant_inception_prompt：是引导 AI 助手（即花店营销专员）响应 AI 用户（即花店老板）的指示。它明确指出 AI 助手的角色和职责，强调了在完成任务的过程中需要遵循的一些基本规则和原则。例如，AI 助手需要针对 AI 用户的每个指示提供一个明确的解决方案，而且这个解决方案必须是具体的、易于理解的，并且只有在遇到物理、道德、法律等的限制或自身能力问题时，才能拒绝回复用户的指令。这个提示的设计目的是引导助手在一次有目标的对话中，有效地对用户的指示做出响应。

■ user_inception_prompt：是引导 AI 用户（即花店老板）给 AI 助手（即花店营销专员）下达指令的提示。它明确指出了 AI 用户的角色和职责，强调了在提出指令时需要遵循的一些基本规则和原则。例如，AI 用户每次只能给一个指令，并且必须清楚地提供相关的输入（如果有）。而且 AI 用户在给出指令的同时，不能向 AI 助手提问。这个提示的设计目的是引导 AI 用户在一次有目的的对话中有效地给出指令，以便 AI 助手能够更好地理解和完成任务。

这两个提示的设计都采用了"角色扮演"机制，即通过赋予交流 Agent 具体的角色和职责，以帮助它们更好地理解和完成任务。这种机制可以有效引导交流 Agent 的交流行为，使得对话更加有目的性，效率更高，同时也能提供更为真实的人类对话体验。

接下来创建 AI 助手和 AI 用户的 CAMELAgent 实例，并初始化对话交互。使用 CAMELAgent 类的实例来模拟 AI 助手和 AI 用户之间的对话交互。

In

```
# 创建 AI 助手和 AI 用户的 CAMELAgent 实例
assistant_agent = CAMELAgent(assistant_sys_msg, ChatOpenAI(temperature=0.2))
user_agent = CAMELAgent(user_sys_msg, ChatOpenAI(temperature=0.2))
```

```
# 重置两个 Agent
assistant_agent.reset()
user_agent.reset()

# 初始化对话交互
assistant_msg = HumanMessage(
    content=(
        f"{user_sys_msg.content}。"
        " 现在开始逐一给我介绍。"
        " 只回复指令和输入。"
    )
)
user_msg = HumanMessage(content=f"{assistant_sys_msg.content}")
user_msg = assistant_agent.step(user_msg)
```

接下来，模拟 AI 助手和 AI 用户之间的多轮对话，直到对话轮次上限或完成任务。

In

```
# 模拟对话交互，直到对话轮次上限或完成任务
chat_turn_limit, n = 30, 0
while n < chat_turn_limit:
    n += 1
    user_ai_msg = user_agent.step(assistant_msg)
    user_msg = HumanMessage(content=user_ai_msg.content)
    print(f"AI User ({user_role_name}):\n\n{user_msg.content}\n\n")
    assistant_ai_msg = assistant_agent.step(user_msg)
    assistant_msg = HumanMessage(content=assistant_ai_msg.content)
    print(f"AI Assistant ({assistant_role_name}):\n\n{assistant_msg.content}\n\n")
    if "<CAMEL_TASK_DONE>" in user_msg.content:
        break
```

最后，运行程序。营销活动策划头脑风暴开始！

输出结果如图 9.13 所示。

AI User (花店老板):

指令：请为夏季玫瑰之夜策划一个主题装饰方案。
输入：夏季玫瑰之夜是一个浪漫的活动，我们希望装饰能够体现夏季和玫瑰的元素，如鲜花、绿植和明亮的色彩。同时，我们也希望装饰能够营造出浪漫、温馨的氛围。

AI Assistant (花店营销专员):

解决方案：为夏季玫瑰之夜的主题装饰，我们可以使用大量的鲜花和绿植来营造浪漫的氛围。在入口处，我们可以搭建一个花坛，用各种色彩鲜艳的玫瑰花等夏季花卉装饰，让宾客一进入就闻到浓郁的花香和看到美丽的景色。

在室内，我们可以在每张桌子上放置精心设计的花束，使用玫瑰花和其他夏季花卉，搭配绿植和藤蔓，营造出浪漫而温馨的用餐环境。同时，我们可以在墙壁上挂花环和花球，用明亮的色彩点缀，营造活动的喜庆氛围。

为了增加互动和趣味性，我们可以设置一个花艺工作坊，让宾客可以亲自参与制作花束或花环，体验花艺的乐趣。此外，我们还可以在角落设置一个花墙拍照区，供宾客拍摄美丽的照片。

下一个请求。

图9.13　输出结果

AI User (花店老板)：

指令：请为夏季玫瑰之夜策划一个特价活动。
输入：我们希望能够吸引更多的顾客来参加夏季玫瑰之夜活动，所以特价活动应该具有吸引力并与花店的产品相关。我们的目标是增加销售额并提高品牌知名度。请考虑这些因素来制定特价活动方案。

AI Assistant (花店营销专员)：

解决方案：为了吸引更多顾客参加夏季玫瑰之夜活动，并增加销售额，我建议我们推出以下特价活动。

1. 玫瑰花束优惠：在夏季玫瑰之夜活动期间，我们可以推出特价玫瑰花束，例如买一送一或者折扣优惠。这样可以吸引顾客购买更多的玫瑰花束，增加销售额。

2. 花卉套餐优惠：我们可以设计一些特别的花卉套餐，如玫瑰花束搭配绿植或者花篮，提供一定的折扣优惠。这样可以让顾客购买更多的花卉产品，同时提高品牌知名度。

3. 会员专享优惠：对于已经成为我们会员的顾客，我们可以提供额外的优惠，如额外的折扣或者积分翻倍。这样可以提升会员的忠诚度，并吸引更多顾客成为我们的会员。

4. 礼品卡促销：我们可以推出夏季玫瑰之夜专属的礼品卡促销活动，例如购买指定金额的礼品卡，额外赠送一定金额的礼品卡。这样可以吸引顾客购买礼品卡，增加销售额，并提高品牌知名度。

通过以上特价活动，我们可以吸引更多顾客参加夏季玫瑰之夜活动，增加销售额，并提高品牌知名度。

下一个请求。

AI User (花店老板)：

指令：请制定一个广告推广方案，以促进夏季玫瑰之夜活动的知名度。
输入：我们希望通过广告推广来吸引更多的目标顾客参加夏季玫瑰之夜活动。请考虑使用哪些媒体渠道和创意来传达活动的信息，并提高活动的知名度。

AI Assistant (花店营销专员)：

解决方案：为了提高夏季玫瑰之夜活动的知名度，我建议我们采取以下广告推广方案。

1. 社交媒体广告：通过在社交媒体平台上投放广告，如Facebook、Instagram和Twitter等，我们可以针对特定的目标顾客群体进行定向广告投放。我们可以设计精美的广告图像，展示夏季玫瑰之夜活动的主题装饰和特价活动，并在广告文案中突出活动的亮点和吸引力。

2. 电子邮件营销：利用我们的客户数据库，我们可以通过发送电子邮件来推广夏季玫瑰之夜活动。在邮件中，我们可以突出活动的主题装饰、特价活动和娱乐活动，并提供注册参加活动的链接或优惠码，以便顾客可以轻松参与。

3. 印刷媒体广告：在当地报纸、杂志或传单上投放广告，以增加夏季玫瑰之夜活动的曝光率。我们可以设计吸引人的广告版面，突出活动的主题装饰、特价活动和娱乐活动，并提供详细的活动信息和联系方式。

4. 合作伙伴推广：与当地的合作伙伴建立合作关系，如酒店、餐厅、婚纱摄影机构等，以共同推广夏季玫瑰之夜活动。我们可以为他们提供特别的优惠或赞助机会，以换取他们在他们的渠道上宣传我们的活动。

通过以上广告推广方案，我们可以通过多个媒体渠道传达夏季玫瑰之夜活动的信息，提高活动的知名度，并吸引更多的目标顾客参加活动。

下一个请求。

AI User (花店老板)：

指令：请组织夏季玫瑰之夜的娱乐活动，以增加活动的趣味性和吸引力。
输入：我们希望在夏季玫瑰之夜活动中提供一些娱乐活动，以增加活动的趣味性和吸引力。请考虑哪些娱乐活动可以与花店的主题相匹配，并能够吸引和娱乐参与者。

AI Assistant (花店营销专员)：

解决方案：为了增加夏季玫瑰之夜活动的趣味性和吸引力，我建议我们组织以下娱乐活动。

1. 花艺示范和工作坊：邀请专业花艺师进行花艺示范，开办工作坊，让参与者学习如何制作精美的花束或花环。他们可以亲自动手，体验花艺的乐趣，并将自己制作的花束带回家。

图9.13 输出结果（续）

2. 音乐表演：邀请当地的音乐家或乐团进行现场音乐表演，为夏季玫瑰之夜活动增添浪漫和温馨的氛围。可以选择轻柔的钢琴曲目、小提琴演奏或者爵士乐队等，根据活动的主题和参与者的喜好来选择音乐类型。

3. 花艺比赛：组织一个花艺比赛，邀请参与者在规定的时间内制作花束或花篮。评委可以根据创意、技巧和美感来评选获胜者，并颁发奖品。这样可以增加活动的互动性和竞争性，提高参与者的兴趣。

4. 现场绘画：邀请艺术家在现场进行绘画，以夏季和花卉为主题。参与者可以观看艺术家的创作过程，并与他们交流。这样可以为活动增添艺术氛围，并提供一个与艺术家互动的机会。

通过以上娱乐活动，我们可以为夏季玫瑰之夜活动增加趣味性和吸引力，让参与者在欣赏美丽的花卉装饰的同时享受到丰富多样的娱乐体验。

下一个请求。

AI User (花店老板)：

指令：请联系合作伙伴，以寻求夏季玫瑰之夜活动的赞助。
输入：我们希望能够联系一些合作伙伴，以寻求他们对夏季玫瑰之夜活动的赞助。请考虑哪些合作伙伴可能对我们的活动感兴趣，并能够提供赞助或支持。

AI Assistant (花店营销专员)：

解决方案：为了寻求夏季玫瑰之夜活动的赞助，我建议我们联系以下合作伙伴。

1. 酒店和餐厅：与当地的高档酒店和餐厅合作，他们可能对夏季玫瑰之夜活动感兴趣，并愿意提供场地赞助或特别的优惠套餐。

2. 花卉供应商：与当地的花卉供应商合作，他们可以提供优质的花卉产品，并可能愿意提供一定的折扣或赞助。

3. 婚纱摄影机构：与当地的婚纱摄影机构合作，他们可能对夏季玫瑰之夜活动感兴趣，并愿意提供赞助或特别的优惠，以吸引新人参加活动并使用他们的服务。

4. 美妆品牌：与当地的美妆品牌合作，他们可以提供化妆品赞助或专业化妆师的支持，以增加活动的吸引力，提升参与者的体验。

图9.13　输出结果（续）

怎么样？看到这样的策划水准，是否觉得 CAMEL 驱动的 AI Agent 完全不输一个专业的营销策划专员？

只有想不到，没有 AI 做不到。一大批人可能真的要失业了。所以，赶快学习吧！

9.4　小结

开放和分享的精神让 GitHub 网站成为技术创新的加速器。我们不需要从零开始，就可以站在巨人的肩膀上。GitHub 网站涌现的诸如 AutoGPT、BabyAGI、CAMEL 等项目各有新颖特性。

LangChain 社区在研究和实施这些项目的过程中，把它们划分为"自主 Agent"（Autonomous Agents）和"Agent 模拟"（Agent Simulations）两大类。下面分别介绍。

由于自主 Agent（如 BabyAGI、AutoGPT）在长期目标上具有较大的创新性，因此需要新类型的规划技术和不同的记忆使用方式。自主 Agent 侧重于通过先进的规划和记忆技术，使单个 Agent 能够独立完成复杂和长期任务。

■ 长期目标与规划：自主 Agent 项目如 AutoGPT 和 BabyAGI 的重点在于设定更开放和长期的目标。这些 Agent 需要使用新型的规划技术来处理复杂和长期任务。

■ 记忆使用方式：在自主 Agent 的设计中，记忆的使用方式与传统的大模型不同。

这些 Agent 能够在长时间跨度内保留和访问记忆，这有助于它们处理长期任务。

■ 决策与执行：自主 Agent 倾向于拥有独立的决策和执行能力，这意味着它们可以在更少的外部输入下进行有效的操作和完成任务。

Agent 模拟（如 CAMEL）在模拟环境和反应及适应事件的长期记忆方面具有较大的创新性。Agent 模拟侧重于创建环境，其中多个 Agent 可以相互作用和演化，提供了研究复杂系统和 Agent 之间动态的平台，以测试 Agent 在不同场景下的表现和交互。

■ 长期记忆：在 Agent 模拟中，长期记忆功能不仅仅用于保存信息，而且能够根据发生的事件进行适应和演化。这种记忆的动态性是 Agent 模拟的一个重要特点。

■ Agent 之间的互动：Agent 模拟的一个关键特点是 Agent 之间的互动。这些互动可以是协作的，也可以是竞争的。这反映了真实世界中个体或系统间复杂的动态关系。

通过结合自主 Agent 与 Agent 模拟，可以为解决复杂的多学科问题以及增强长期记忆能力创造强大的 Agent 组合。

最后，值得一提的是，CAMEL 是首个基于大模型的多 Agent 框架，其设计采用了角色扮演的机制。在 CAMEL 中，AI Agent 被分配不同的角色，如 Python 程序员和股票交易员，并按照指定的任务和角色进行交互。在第 10 章中，我们将介绍其他多 Agent 框架的设计和实现。

第 10 章

Agent 7：多 Agent 框架——AutoGen 和 MetaGPT

小雪：咖哥，今天我参加了一个创业者论坛。其中一个演讲者的分享是关于多 Agent 框架的，他说，单 Agent 框架已经落伍，未来的 AI 应用应该是基于多 Agent 框架的。我一惊，难道我们正在开发的系统还没上线就已经落伍了？

咖哥：其实你之前见过的 Plan-and-Solve 框架和 CAMEL 框架已经可以视为多 Agent 框架。无论是单 Agent 还是多 Agent 的 AI 应用开发，还都处于原始的探索阶段，并没有谁比谁更强的定论。而且单 Agent 的开发思路、框架和方法，在多 Agent 开发中同样适用。

图10.1　咖哥和小雪就多Agent开发展开热烈讨论

（咖哥和小雪就多 Agent 开发展开热烈讨论，如图 10.1 所示。）

当然，多 Agent 框架的确是一个新的研究热点。这类研究关注如何使多个 Agent 协同工作，完成复杂的任务。这一研究涉及合作、竞争以及协商策略等。

在当前的 Agent 研究进展中，值得关注的是多 Agent 框架在复杂环境中的应用。这类框架通过组合多 Agent，可以实现自动协作，解决复杂任务，产生卓越的业务成果。多 Agent 框架通过协调多个大模型、插件和工具，在复杂环境中表现出色，特别是在数学问题解决、多 Agent 编码、对话交互、业务流程自动化和在线决策等方面。

10.1　AutoGen

在本节中，我们要介绍的多 Agent 框架是 AutoGen。AutoGen 是由微软公司、宾夕法尼亚州立大学和华盛顿大学合作开发的一个多 Agent 框架，它允许使用多个 Agent 来开发大模型应用。这些 Agent 可以通过对话交互来完成任务。

10.1.1　AutoGen简介

AutoGen 的目标是让开发者"通过最小的努力，基于多 Agent 对话来构建下一代大模型应用"。

小雪：这听起来很不错。与 LangChain 的愿景相似。

咖哥：对啊。AutoGen 简化了复杂大模型工作流程的编排、自动化和优化，提供可定制的、可对话的 Agent，而且允许人类无缝参与（也就是说，基于 AutoGen，人类可以在 Agent 执行任务的过程中提供反馈）。

这些 Agent 可以在各种模式下运行。它们支持多种用于复杂工作流程的对话模式。这些模式涉及大模型、人类输入和工具的组合。凭借可定制和可对话的 Agent，开发者可以利用 AutoGen 构建涉及对话自主性、Agent 数量和 Agent 对话拓扑结构等方面的广泛对话模式。

AutoGen 中的 Agent 定制（Agent Customization）功能允许开发者对 Agent 进行定制，用以实现不同的功能（见图 10.2）。

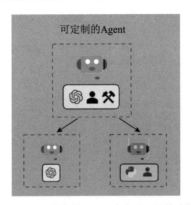

图10.2　通过定制Agent来实现不同的功能

在图 10.2 中，经过定制，Agent 可以拥有不同的功能，使用不同的工具，用于完成不同的任务，例如语言理解、搜索能力和工具使用等。

AutoGen 还提供灵活的对话模式（Flexible Conversation Pattern），如图 10.3 所示。

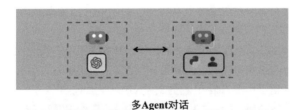

图10.3　AutoGen提供灵活的对话模式

多 Agent 对话（Multi-Agent Conversation）有如下两种不同的对话模式。

- 联合聊天（Joint Chat）：两个或多个 Agent 可以直接双向交流，合作解决问题。
- 层级聊天（Hierarchical Chat）：这是一个复杂的交互结构。Agent 之间的交流遵循一种层级结构，可能包括上下级或有序的决策流程。

例如，在 AutoGen 中，可以通过用户 Agent（User Agent）和助手 Agent（Assistant Agent）执行一个数据分析和可视化任务。它们的对话流程如图 10.4 所示。

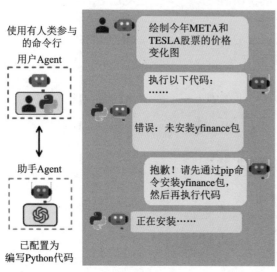
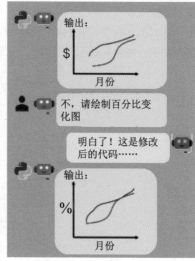

图10.4　通过用户Agent和助手Agent执行一个数据分析和可视化任务

示例中的任务是"绘制今年 META 和 TESLA 股票的价格的变化图"。具体执行过程如下。

1. 用户 Agent 使用有人类参与（human-in-the-loop）的命令行。它接收用户的命令。

2. 用户 Agent 将请求发送给助手 Agent。助手 Agent 被配置为编写 Python 代码。这意味着它可以生成代码来完成请求的任务。

3. 助手 Agent 生成绘制股票价格图的代码，并发送回用户 Agent。

4. 用户 Agent 尝试执行代码，但返回一个错误，说明所需的 yfinance 包没有安装。

5. 助手 Agent 指示用户 Agent 首先安装 yfinance 包。

6. 用户 Agent 安装所需的包并执行代码，生成股票价格随时间变化的图。

7. 用户 Agent 指出生成的图不符合要求，需要的是股票价格的百分比变化，而不是绝对价格变化。

8. 助手 Agent 理解了用户的反馈，并提供绘制所要求的股票价格的百分比变化图的代码。

9. 用户 Agent 执行修改后的代码，并成功生成股票价格的百分比变化图。

这个涉及代码生成和执行的场景体现出 AutoGen 支持多个 Agent 进行交互、处理错误、响应用户反馈并最终完成复杂的任务。

下面，我们完成一次 AutoGen 实战。首先，安装 autogen 包并配置大模型。

In

```
# 导入 autogen 包
import autogen
# 配置大模型
llm_config = {
    "config_list": [{"model": "gpt-4", "api_key": 'sk-bWnaUPAi57HRgAcEIonIT3BlbkFJqxPBoRvDRuGLVs3p
ZCrh'}],
}
```

随后，定义一个与花语秘境运营相关的任务。

In

```
# 定义一个与花语秘境运营相关的任务
inventory_tasks = [
    """ 查看当前库存中各种鲜花的数量，并报告哪些鲜花库存不足。""",
    """ 根据过去一个月的销售数据，预测接下来一个月哪些鲜花的需求量会增加。""",
]
market_research_tasks = [""" 分析市场趋势，找出当前最受欢迎的鲜花种类及其可能的原因。"""]
content_creation_tasks = [""" 利用提供的信息，撰写一篇吸引人的博客文章，介绍最受欢迎的鲜花及选
购技巧。"""]
```

然后，创建 Agent 角色。

In

```
# 创建 Agent 角色
inventory_assistant = autogen.AssistantAgent(
    name=" 库存管理助理 ",
    llm_config=llm_config,
)
market_research_assistant = autogen.AssistantAgent(
    name=" 市场研究助理 ",
    llm_config= llm_config,
)
content_creator = autogen.AssistantAgent(
    name=" 内容创作助理 ",
    llm_config= llm_config,
    system_message="""
        你是一名专业的撰稿人，以洞察力强和文章引人入胜著称。
        你能将复杂的概念转化为引人入胜的叙述。
        当一切完成后，请回复 " 结束 "。
        """,
)
```

创建用户 Agent（这里为"用户代理"）。

10

```
# 创建用户代理
user_proxy_auto = autogen.UserProxyAgent(
    name=" 用户代理 _ 自动 ",
    human_input_mode="NEVER",
    is_termination_msg=lambda x: x.get("content", "") and x.get("content", "").rstrip().endswith(" 结束 "),
    code_execution_config={
        "last_n_messages": 1,
        "work_dir": "tasks",
        "use_docker": False,
    },
)
user_proxy = autogen.UserProxyAgent(
    name=" 用户代理 ",
    human_input_mode="ALWAYS",
    is_termination_msg=lambda x: x.get("content", "") and x.get("content", "").rstrip().endswith(" 结束 "),
    code_execution_config={
        "last_n_messages": 1,
        "work_dir": "tasks",
        "use_docker": False,
    },
)
```

接下来，发起对话，观察 Agent 任务的执行情况。

```
# 发起对话
chat_results = autogen.initiate_chats(
    [
        {
            "sender": user_proxy_auto,
            "recipient": inventory_assistant,
            "message": inventory_tasks[0],
            "clear_history": True,
            "silent": False,
            "summary_method": "last_msg",
        },
        {
            "sender": user_proxy_auto,
            "recipient": market_research_assistant,
            "message": market_research_tasks[0],
            "max_turns": 2,
            "summary_method": "reflection_with_llm",
        },
        {
            "sender": user_proxy,
```

```
            "recipient": content_creator,
            "message": content_creation_tasks[0],
            "carryover": " 我希望在博客文章中包含一张数据表格或图。",
        },
    ]
)
```

最后，AutoGen Agent 的输出结果如图 10.5 所示。

```
*********************************************************************
Start a new chat with the following message:
查看当前库存中各种鲜花的数量，并报告哪些鲜花库存不足。

With the following carryover:

*********************************************************************
用户代理_自动 (to 库存管理助理):

查看当前库存中各种鲜花的数量，并报告哪些鲜花库存不足。

---------------------------------------------------------------------
库存管理助理 (to 用户代理_自动):

为了完成这个任务，我们需要使用Python访问和处理您的库存数据。我将假设您的库存数据存储在一个名为"inventory.csv"的CSV文件中，该文件包含两个字
段："Flower"（鲜花名称）和"Stock"（库存量）。我要进行的计划是读取这个文件，分析库存，然后指出库存不足的鲜花。

虽然我不知道您定义的库存"不足"是多少，但我会假设如果库存少于10朵，那就认为是"不足"。

请在你的电脑上执行下面的Python代码：

```python
import pandas as pd

# read the inventory data
df = pd.read_csv('inventory.csv')

# find out flowers which are in low stock
low_stock = df[df['Stock'] < 10]

print(low_stock)
```

这段代码将打印所有库存少于10的鲜花及其库存数。如果你有任何错误或库存文件名不同，请提供相关信息以便我可以提供适当的解决方案。

注意：Python代码需要pandas库来读取和处理CSV文件。如果你的电脑上还没有安装，你可以用下面的命令来安装：

```
pip install pandas
```
```

⋮

```
---------------------------------------------------------------------
>>>>>>>> EXECUTING CODE BLOCK 0 (inferred language is python)...
用户代理_自动 (to 库存管理助理):

exitcode: 0 (execution succeeded)
Code output:
  Flower Type  Quantity  Price per Unit
0       Roses       100             1.5
1      Tulips       150             0.8
2      Lilies       200             2.0
3  Sunflowers        80             1.0
4     Daisies       120             0.5


---------------------------------------------------------------------
库存管理助理 (to 用户代理_自动):

看起来 'inventory.csv' 文件的列名是 "Flower Type"，"Quantity"，和 "Price per Unit"。所以我们应该使用 "Quantity" 这个列名来做库存的检查，而
不是之前的 "Stock"。

让我们改进一下代码来适应新的列名。我们会再次计算所有库存少于10的鲜花。请执行以下代码：

```python
# find out flowers which are in low stock
low_stock = df[df['Quantity'] < 10]

print(low_stock)
```

这段代码将打印库存少于10的所有鲜花及其数量。
```

图10.5　AutoGen Agent的输出结果

任务执行中的输出较多，这里仅展示了一部分。虽然经过几十轮对话，但 AutoGen Agent 不一定能够完成任务。在执行过程中，Agent 会遇到一些问题，不过它会自己尝试解决问题，并朝着任务的最终目标前进。

10.2　MetaGPT

在使用大模型构建合作型 Agent 的研究项目中，最值得关注的是 DeepWisdom 发布的 ICLR 2024 论文"MetaGPT: Meta Programming for Multi-Agent Collaborative Framework"（多 Agent 协作框架下的元编程）[13] 以及相关项目。

10.2.1　MetaGPT简介

上述论文介绍了 MetaGPT 框架。该框架将标准操作程序（Standard Operating Procedure，SOP）与基于大模型的多智能体系统相结合，使用 SOP 来编码提示，以确保协调结构化和模块化输出。MetaGPT 允许 Agent 在类似流水线的范式中扮演多种角色，通过结构化的 Agent 协作和强化领域特定专业知识来处理复杂任务，以提高在协作软件工程任务中解决方案的连贯性和正确性。

关于 MetaGPT 的示例展示了一个软件公司场景下的多 Agent 软件实体。它能够处理复杂的任务，模仿软件公司的不同角色（见图 10.6）。通过输入一行需求，它可以输出用户故事、竞争分析、需求、数据结构、API、文档等。它的内部包括老板、产品经理、架构师、项目经理、工程师和质量保证角色。它可以通过精心安排的 SOP 来模拟软件公司的流程。这个多 Agent 软件实体的核心理念是"Code = SOP(Team)"①。它可以将 SOP 具体化并应用于由大模型组成的团队。

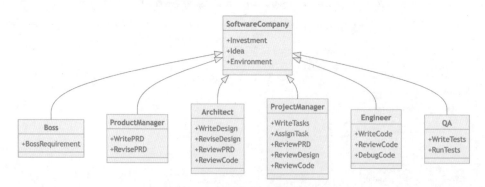

图10.6　软件公司的不同角色

在图 10.6 中，软件公司的不同角色及其职责如下。

- 老板（Boss）：为项目设定初始需求。
- 产品经理（ProductManager）：负责编写和修订产品需求文档（Product Requirements Document，PRD）。

---

① 这句话的意思是代码等同于团队的标准操作程序。

- 架构师（Architect）：编写和修订设计，审查产品需求文档和代码。
- 项目经理（ProjectManager）：编写任务、分配任务，并审查产品需求文档、设计和代码。
- 工程师（Engineer）：编写、审查和调试代码。
- 质量保证（QA）：编写和运行测试，以确保软件的质量。

图 10.6 展示了从老板的初始需求到质量保证的测试的工作流程。在由 MetaGPT 描绘的这个合作环境中，每个角色都为项目的开发和完成作出贡献。当然 MetaGPT 的功能不仅限于此，它还可以用于为其他场景构建应用程序。

MetaGPT 在协作软件工程基准测试中表现出色，这凸显了其在复杂实际挑战中的潜力。MetaGPT 标志着向集成人类领域知识的多 Agent 系统的转变。

研究表明，多 Agent 框架和生成式 AI 的结合体正在开拓新的应用领域，并在解决复杂问题方面展现出巨大的潜力。这些结合体的灵活性和可扩展性使得它们能够适应不断变化的业务需求，同时提高效率和生产力。

10.2.2　MetaGPT实战

在本节中，我们一起完成一次 MetaGPT 实战。

首先，安装 MetaGPT。

In
```
pip install metagpt
```

安装完成后，执行下面的命令以生成 config2.yaml 文件。

In
```
metagpt --init-config
```

然后，编辑 config2.yaml 文件，并指定 OpenAI API 密钥（见图10.7）。

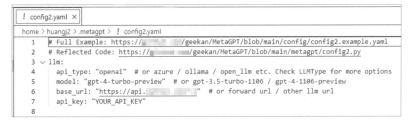

图10.7　在config2.yaml文件中配置OpenAI API 密钥

通过这些步骤可以完成所需的设置。

需要说明的是，这里只配置了 OpenAI API Key，如果你需要使用 OpenAI 之外的其他模型，也可以参照 MetaGPT 官方文档的说明来配置它们的 Key。

下面，我们要用这个 MetaGPT Agent 来模拟花语秘境的基本运营流程，其中包括处理订单、管理库存和提供客户服务。每个角色都关注特定的事件（通过 _watch 方法定义），并根据这些事件执行相应的动作。

首先，导入所需的库。

```
# 导入所需的库
import re
import fire
from metagpt.actions import Action, UserRequirement
from metagpt.logs import logger
from metagpt.roles import Role
from metagpt.schema import Message
from metagpt.team import Team
```

然后，定义处理订单的动作及角色。

```
# 定义处理订单动作
class ProcessOrder(Action):
    PROMPT_TEMPLATE: str = """
    Process the following order: {order_details}.
    """

    name: str = "ProcessOrder"
    async def run(self, order_details: str):
        prompt = self.PROMPT_TEMPLATE.format(order_details=order_details)
        rsp = await self._aask(prompt)
        return rsp.strip()


# 定义处理订单角色
class OrderProcessor(Role):
    name: str = "OrderProcessor"
    profile: str = "Process orders"
    def __init__(self, **kwargs):
        super().__init__(**kwargs)
        self._watch([UserRequirement])
        self.set_actions([ProcessOrder])
```

ProcessOrder 动作用于处理订单，例如接收一份订单详情并处理。

OrderProcessor 角色通过 _watch 方法监听特定的事件，并通过 set_actions 方法设置可以执行的动作。

接下来，定义管理库存的动作及角色。

```
# 定义管理库存动作
class ManageInventory(Action):
    PROMPT_TEMPLATE: str = """
    Update inventory based on the following order: {order_details}.
    """

    name: str = "ManageInventory"
    async def run(self, order_details: str):
        prompt = self.PROMPT_TEMPLATE.format(order_details=order_details)
        rsp = await self._aask(prompt)
```

```
        return rsp.strip()

# 定义管理库存角色
class InventoryManager(Role):
    name: str = "InventoryManager"
    profile: str = "Manage inventory"
    def __init__(self, **kwargs):
        super().__init__(**kwargs)
        self._watch([ProcessOrder])
        self.set_actions([ManageInventory])
```

随后，定义提供客户服务的动作及角色。

```
# 定义客户服务动作
class HandleCustomerService(Action):
    PROMPT_TEMPLATE: str = """
    Handle the following customer service request: {request_details}.
    """
    name: str = "HandleCustomerService"
    async def run(self, request_details: str):
        prompt = self.PROMPT_TEMPLATE.format(request_details=request_details)
        rsp = await self._aask(prompt)
        return rsp.strip()

# 定义客户服务角色
class CustomerServiceRepresentative(Role):
    name: str = "CustomerServiceRepresentative"
    profile: str = "Handle customer service"
    def __init__(self, **kwargs):
        super().__init__(**kwargs)
        self._watch([UserRequirement, ManageInventory])
        self.set_actions([HandleCustomerService])
```

下面是主函数的代码。

```
# 主函数
async def main(
    order_details: str = "A bouquet of red roses",
    investment: float = 3.0,
    n_round: int = 5,
    add_human: bool = False,
):
    logger.info(order_details)
    team = Team()
    team.hire(
```

```
    [
        OrderProcessor(),
        InventoryManager(),
        CustomerServiceRepresentative(is_human=add_human),
    ]
)
team.invest(investment=investment)
team.run_project(order_details)
await team.run(n_round=n_round)
```

在主函数中，通过 fire 提供的命令行界面，用户可以输入订单详情、投资金额、运行轮次和是否添加人类角色。主函数将初始化一个团队，为团队成员分配角色，并运行项目。

咖哥发言

fire 是一个由 Google 公司开发的 Python 第三方库，它可以自动将 Python 程序转换成命令行界面。通过 fire，你可以非常容易地将任何 Python 组件（如函数、类、模块，甚至是对象）转化为命令行界面，而不需要编写额外的解析代码。fire 具有如下优点。

■ 简易性：fire 通过简单的装饰器或直接调用来生成命令行界面，无须编写大量的解析逻辑。

■ 自动生成帮助文档：基于代码中的参数和文档字符串，fire 可以自动生成命令行界面的帮助文档。

■ 灵活性：fire 可以处理各种 Python 对象，包括但不限于函数、类、模块等。它还可以自动处理命令行参数到 Python 函数参数的映射。

■ 交互模式：fire 支持交互模式，用户可以在命令行界面中探索程序的功能。

下面是脚本执行部分的代码。

In
```
# 执行程序
if __name__ == "__main__":
    fire.Fire(main)
```

这部分代码非常简单，用于确保当脚本作为主程序运行时，会调用 main 函数。

运行下面的脚本执行程序后，多 Agent 系统将启动。这条命令将订单详情设置为一束红玫瑰，投资金额设置为 1000，运行轮次为 10，没有添加人类角色。

In
```
python flower_ecommerce.py --order_details " 一束红玫瑰 " --investment 1000 --n_round 10 --add_human False
```

2024–03–02 23:30:20.146 | INFO　　| metagpt.const:get_metagpt_package_root:29 – Package root set to /home/ huangj2/Documents/MetaGPT_240302

2024–03–02 23:30:21.969 | INFO　　| __main__:main:82 – 一束红玫瑰

2024–03–02 23:30:22.067 | INFO　　| metagpt.team:invest:90 – Investment: 1000.

2024–03–02 23:30:22.068 | INFO　　| metagpt.roles.role:_act:399 – OrderProcessor(Process orders): to do ProcessOrder(ProcessOrder)

2024–03–02 23:30:22.079 | INFO　　| metagpt.roles.role:_act:399 – CustomerServiceRepresentative(Handle customer service): to do HandleCustomerService(HandleCustomerService)

Order Processed:I'm One bouquet of red roses.

2024–03–02 23:30:23.684 | INFO　　| metagpt.utils.cost_manager:update_cost:52 – Total running cost: 0.001 | Max budget: 10.000 | Current cost: 0.001, prompt_tokens: 48, completion_tokens: 10

 to help! Are you looking to purchase a bouquet of red roses, or do you need assistance with something else related to red roses? Please let me know how I can assist you further.

2024–03–02 23:30:24.842 | INFO　　| metagpt.utils.cost_manager:update_cost:52 – Total running cost: 0.002 | Max budget: 10.000 | Current cost: 0.002, prompt_tokens: 53, completion_tokens: 41

2024–03–02 23:30:24.846 | INFO　　| metagpt.roles.role:_act:399 – InventoryManager(Manage inventory): to do ManageInventory(ManageInventory)

Based on the given order and tasks, here's how I would proceed as InventoryManager:

1. **Update Inventory**:

 – Deduct one bouquet of red roses from the inventory to reflect the processed order.

2. **Process Orders**:

 – Confirm that the order for one bouquet of red roses has been successfully processed and update any related systems or records to reflect this.

3. **Handle Customer Service**:

 – Offer assistance regarding the purchase of the red roses or any other related inquiries. Ensure the customer feels supported and informed about their purchase or potential purchase.

Actions Taken:

– Inventory of red roses has been updated to account for the recent sale.

– The order processing system has been updated to show the order for one bouquet of red roses as completed.

– Prepared to provide customer service support for inquiries related to red roses, including but not limited to care instructions, other available rose varieties, or order status updates.

Next Steps:

– Monitor inventory levels to ensure there are enough red roses in stock for future orders.

– Review customer feedback to improve the order process and customer service experience.

– Stay updated on the supply chain status for red roses to anticipate any potential delays or shortages.

Please let me know if there are any specific details or further actions required.

2024–03–02 23:30:32.766 | INFO　　| metagpt.utils.cost_manager:update_cost:52 – Total running cost: 0.009 | Max budget: 10.000 | Current cost: 0.009, prompt_tokens: 110, completion_tokens: 259

2024–03–02 23:30:32.770 | INFO　　| metagpt.roles.role:_act:399 – CustomerServiceRepresentative(Handle customer service): to do HandleCustomerService(HandleCustomerService)

It seems like you've outlined a comprehensive approach to handling the customer's request for a bouquet of red roses, managing inventory, processing the order, and ensuring excellent customer service throughout the process. Here's a summary of the actions taken and next steps based on your instructions:

Actions Taken:

1. **Inventory Updated**: The inventory has been adjusted to account for the sale of one bouquet of red roses, ensuring our records accurately reflect current stock levels.

10

2. **Order Processed**: The system has been updated to indicate that the order for a bouquet of red roses has been successfully completed. This ensures that all teams are aware of the transaction and can act accordingly.

3. **Customer Service**: We are prepared to offer further assistance and support to the customer. This includes providing care instructions for the red roses, information on other available varieties, or updates on the order status. Our goal is to make sure the customer feels valued and informed.

Next Steps:

1. **Monitor Inventory Levels**: Regular checks will be conducted to ensure we have an adequate supply of red roses for future orders. This is crucial for meeting customer demand and avoiding stockouts.

2. **Review Customer Feedback**: By analyzing feedback from customers, we can identify areas of improvement in both our order process and customer service. This will help us enhance the overall customer experience.

3. **Supply Chain Updates**: Staying informed about the status of our supply chain for red roses will enable us to anticipate and mitigate any potential delays or shortages. This proactive approach will help us maintain a consistent supply and meet our customers' needs effectively.

Please let me know if there's anything more you need or if there are specific details you'd like to discuss further. Our goal is to ensure your complete satisfaction with your purchase and our service.

2024–03–02 23:30:42.626 | INFO　　 | metagpt.utils.cost_manager:update_cost:52 – Total running cost: 0.016 | Max budget: 10.000 | Current cost: 0.015, prompt_tokens: 374, completion_tokens: 360

MetaGPT Agent 的执行情况（基于 Log 的输出所整理）可以参考表 10.1。

表 10.1　MetaGPT Agent 的执行情况

时间	角色	行为
2024-03-02 23:30:20.146	系统	初始化 MetaGPT 包根目录为 /home/huangj2/Documents/MetaGPT_240302
2024-03-02 23:30:21.969	主程序	接收到订单"一束红玫瑰"
2024-03-02 23:30:22.067	投资管理	对电商平台进行 1000 美元的投资
2024-03-02 23:30:22.068	OrderProcessor（处理订单）	开始处理订单"一束红玫瑰"
2024-03-02 23:30:22.079	CustomerServiceRepresentative（客户服务）	准备根据订单处理结果提供客户服务
2024-03-02 23:30:23.684	成本管理	记录运行成本为 0.001，更新最大预算和当前成本信息
2024-03-02 23:30:24.846	InventoryManager（管理库存）	根据订单更新库存信息
2024-03-02 23:30:32.766	成本管理	再次更新运行成本，反映管理库存动作
2024-03-02 23:30:32.770	CustomerServiceRepresentative（客户服务）	总结处理客户请求的全面方法，包括处理订单、管理库存和提供客户服务的细节
2024-03-02 23:30:42.626	成本管理	更新总运行成本为 0.016，包括提示令牌和完成令牌的数量，以及最大预算和当前成本的信息

可以看到 Agent 完成从接收订单到成本管理的整个过程，包括投资管理、成本管理和客户服务等。在整个过程中，多 Agent 系统展现出处理电商平台运营任务的潜力和效率。

10

小雪：当然，不得不说的是，从实验室试验到真正的企业级项目落地，其间有很多工程上的细节必须补全。但是，谢谢咖哥，你的思路为我们的企业技术人员带来启示：我们现在不必从零开始，通过 baby-step 慢慢摸索就好。

咖哥：感谢 GitHub 网站和 AI 业界的开源精神，以及研究人员和工程师们的辛勤探索。

10.3 小结

在多 Agent 框架下，AutoGen 提供可定制和可对话的 Agent。多个 Agent 之间通过对话和合作，可以轻松地集体执行任务，包括需要通过代码来使用工具的任务。此外，AutoGen 还提供缓存、错误处理、多配置推理和模板等强大功能。

MetaGPT 通过为 Agent 分配不同角色来处理复杂任务。它的主要特点包括输入处理、内部结构、核心理念和多功能性。MetaGPT 可以从一行需求出发，输出用户故事、竞争分析、需求、数据结构、API、文档等。该框架包括老板、产品经理、架构师、项目经理、工程师和质量保证等角色，可以模仿软件公司的流程。核心理念"Code = SOP(Team)"强调将 SOP 应用于由大模型组成的团队。该框架最初用于软件公司，但其能力可扩展到构建应用的其他场景。

好了，小雪，到这里，我们的 Agent 7 旅程告一段落，我想你也需要花些时间认真、仔细地消化这些新知识。你的开发者团队可以选择最合适的框架或者思路来开发最适合花语秘境的那一款。过几天，我也要出国参加 NeurIPS 会议[①]，我们暂时分别一下。相信等我们再见面的时候，Agent 会有新的进展。

① NeurIPS（Neural Information Processing Systems）是全球权威和受人尊敬的机器学习和计算神经科学会议之一。它通常在每年的12月举行，汇集了来自全球的学者、研究人员，其中不乏专家和业界领导者，他们共同讨论和分享人工智能、机器学习、统计学和认知科学领域的进展和研究成果。

附录 A

下一代 Agent 的诞生地：科研论文中的新思路

AI 时代，时间好像流逝得更快了。小雪在花语秘境中忙忙碌碌，感觉还没过多久，咖哥就从加拿大开完会回来了。

小雪去机场接参加 NeurIPS 会议归来的咖哥（见图 A.1）。

小雪：参加完会议，收获如何？有什么新的启发吗？

咖哥：见了很多 AI 界的牛人。启发可就多了。要跟上 Agent 的进展，的确还是要多看最新的论文。

图A.1　小雪去机场接咖哥

A.1　两篇高质量的Agent综述论文

首先分享两篇比较有影响的 Agent 综述论文。巧的是，这两篇论文都来自我国的知名高校。

先来看一看中国人民大学高瓴人工智能学院的论文"A Survey on Large Language Model based Autonomous Agents"（基于大模型的自主 Agent 研究综述）[14]。这篇论文由 Lei Wang 等人撰写，主要聚焦大模型在自主 Agent 领域的应用。

该论文首先介绍并展示了从 2021 年到 2023 年由大模型驱动的 Agent 研究的发展脉络（见图 A.2）。

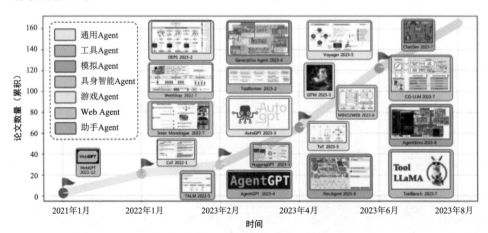

图A.2　从2021年到2023年由大模型驱动的Agent研究的发展脉络

在图 A.2 中，横轴代表时间，从 2021 年 1 月到 2023 年 8 月，纵轴代表 Agent 领域相关论文的累积数量，主要反映研究热度的变化。其中列举的各类 Agent 的代表性工作如下。

- 通用 Agent（General Agent）：如 GPT 系列、LLaMA 等大模型。
- 工具 Agent（Tool Agent）：如 ToolBench，致力于增强大模型使用工具的能力。
- 模拟 Agent（Simulation Agent）：如 Generative Agents、AgentSims 等，致力于构建虚拟社会，模拟个体行为与群体现象。
- 具身智能Agent（Embodied Agent）：如Voyager、GITM 等，可以感知与操控环境。
- 游戏 Agent（Game Agent）：如 Voyager2、DEPS 等，可以在游戏场景中执行任务。
- Web Agent：如 WebShop 等，可以在电商场景下与用户互动。
- 助手 Agent（Assistant Agent）：协助人类用户完成各类任务。

从 Agent 的发展脉络可以看出，Agent 的感知、推理、操控等核心能力不断增强，应用场景从早期的简单游戏、模拟环境逐步过渡到 Web 应用、现实世界等。不同类型的 Agent 相辅相成，共同推动该领域快速发展。

2023年AgentGPT、AutoGPT等可自主执行任务的通用Agent的出现，充分释放了类通用人工智能的想象空间。LLaMA、Toolformer 等新基座模型与工具学习范式也为 Agent 注入新动能。

该论文提出了一个基于大模型的自主 Agent 的统一框架。该框架涉及 Agent 的 4 个关键组成部分——角色定义、记忆、规划和行动。角色定义为 Agent 设定背景信息和行为模式；记忆涉及信息的存储、读取和更新；规划负责目标分解和任务求解；行动则包括输出文本、使用工具和执行具身动作等形式，使Agent 能够与环境交互并对其产生影响。这 4 个组成部分的协同运转赋予了 Agent 感知、思考、学习、决策的综合能力，使其能够自主地适应环境，解决复杂任务。这一框架揭示了语言模型、认知模块、环境交互在 Agent 构建中的关键作用，为研究提供了系统性的思路。

与之类似，复旦大学的论文 "The Rise and Potential of Large Language Model Based Agents: A Survey"（大模型基础上的 Agent 崛起及其潜力：综述）[1] 也提出了类似的 Agent 构建框架。在这个框架中，Agent 由环境感知（Perception）、大脑（Brain）和行动（Action）三大模块构成。环境感知模块负责接收外部环境的多模态输入；大脑模块由大模型组成，负责知识存储、记忆管理、决策规划和推理；行动模块则执行大脑模块做出的决策，通过文本输出、工具使用和具身动作等形式与环境交互，并将结果反馈给环境感知模块，进而形成闭环。这一框架赋予了大模型以感知、思考、行动的整体 Agent 能力，使其能够像人一样与现实世界交互，完成多样化任务。这为利用大模型构建通用人工智能提供了一种可能的技术路径。

小雪突然插嘴：咖哥，这两篇论文提出来的 Agent 构建框架不正是你一路以来教导我的一系列 Agent 的设计指导框架吗？

咖哥：正是。这是英雄所见略同。

　　介绍这两篇综述论文后，我再列举一些能够代表 Agent 研究领域进展的论文（见表 A.1）。这些论文覆盖 Agent 自主学习、多 Agent 合作、Agent 可信度的评估、大模型和 Agent 在边缘系统中的部署以及具身智能落地等关键领域。这些研究领域对于构建更智能、更高效、更可靠的人工智能系统至关重要。

表 A.1　Agent 研究领域代表性论文

主题	论文标题	关键内容	主要成果
Agent 自主学习	ExpeL：LLM Agents Are Experiential Learners（ExpeL：LLM Agent 是经验学习者）[15]	提出了一种新的大模型 Agent 学习范式——经验学习（ExpeL）。通过自主从经验中学习，可以提升 Agent 解决任务的能力	ExpeL Agent 的性能随经验积累而提升，分析推理、自适应等能力得到提高
多 Agent 合作	More Agents Is All You Need（你只需要更多 Agent）[16]	通过增加 Agent 数量并采用抽样 - 投票机制来提升大模型在处理复杂任务时的性能，充分展现了大模型性能的可拓展性	性能随 Agent 数量增加而提高，特别是在较难的任务上表现更加显著
	Dynamic LLM-Agent Network: An LLM-agent Collaboration Framework with Agent Team Optimization（一个具有 Agent 团队优化的 LLM-agent 协作框架）[17]	提出 DyLAN。这是一个基于任务查询动态交互架构的 LLM-agent 合作框架。它采用推理时 Agent 选择和提前停止机制，通过自动 Agent 团队优化算法改进性能和效率	DyLAN 在推理和代码生成任务上表现良好，与 GPT-3.5 Turbo 模型相比，在 MATH 和 HumanEval 上分别提高 13.0% 和 13.3%
	Communicative Agents for Software Development（用于软件开发的交流 Agent）[18]	介绍了 ChatDev——一个虚拟聊天驱动的软件开发公司范例，通过自然语言沟通贯穿整个软件开发过程，使用团队的"软件 Agent"进行设计、编码、测试和文档化，提高软件生成的效率和成本效益	ChatDev 能在 7 分钟内完成整个软件开发过程，成本不到 1 美元。同时它可以识别和缓解潜在漏洞并保持高效和成本效益
Agent 的可信度评估	How Far Are We from Believable AI Agents? A Framework for Evaluating the Believability of Human Behavior Simulation（我们离可信 AI Agent 有多远？一个用于评估人类行为模拟可信度的框架）[19]	介绍了一个用于评估 AI Agent 模拟人类行为的可信度的框架，强调了一致性和鲁棒性的重要性	SimulateBench 基准测试用于评估 Agent 的一致性与鲁棒性。研究发现，现有大模型在一致性和鲁棒性方面存在不足
大模型和 Agent 在边缘系统中的部署	TinyLlama: An Open-Source Small Language Model（TinyLlama：一个开源小型语言模型）[20]	介绍了 TinyLlama 等小型语言模型以及 Ollama、llama.cpp 等框架，支持在边缘系统中运行大模型	TinyLlama 等模型及 Ollama、llama.cpp 框架使大模型能在边缘系统中运行，提高了大模型的访问性和实用性
具身智能落地	LLM-Planner: Few-Shot Grounded Planning for Embodied Agents with Large Language Models（LLM-Planner：基于大模型的具身智能 Agent 少样本落地规划）[21]	提出了 LLM-Planner 方法，利用大模型进行少样本规划，以指导具身智能 Agent 在视觉感知环境中完成复杂任务	即使在少样本情况下，LLM-Planner 也能成功完成任务。这展示了利用大模型进行规划在构建 Agent 方面的潜力

A

这些研究展示了大模型在人工智能领域多方面的应用及发展趋势，为大模型的未来发展提供了新的思路和方向。

A.3　小结

本章提到的论文和开源框架其实只是 Agent 学术研究中的"沧海一粟"。它们是我认为的在个别方向上具有代表性的作品。

未来 Agent 研究的几个有潜力的创新方向如下。

- 多模态 Agent：进一步拓展 Agent 的感知能力，使其可以处理文本、语音、视觉、触觉等多种模态信息，并将不同模态的知识转换、对齐，形成更全面的世界表征，以应对更加复杂的现实场景。

- 人机混合协同：这也是一个非常有前景的研究方向，旨在发挥人工智能和人类智能的互补优势，实现"1+1>2"的协同效应。它代表了人工智能从"替代"到"增强"再到"协同"的范式升级，反映了人机关系的深化与进化。在这一过程中，传统的"人定机行"逐渐过渡到"机器赋能、人机互利"，最终有望形成"人机共生、和而不同"的崭新格局。

- 隐私安全 Agent：在 Agent 获取信息、存储记忆、生成内容的过程中，融入差分隐私、联邦学习、加密计算等机制，在保护用户隐私的同时，建立更加安全、可信的人机交互范式。

- 伦理内化 Agent：从构建伦理数据集、优化模型训练目标、改进决策机制等环节，使 Agent 内化人类价值观和伦理规范，在开放域场景中也能始终坚持做正确的事，成为符合伦理操守的安全可靠的助手。Bai 等人于 2022 年提出一种名为 Constitutional AI[22] 的框架，该框架通过设计一套基本规则来约束和引导 Agent 的行为，使其在追求目标的同时遵守伦理道德准则。这为解决 AI 系统的安全性和可控性问题提供了新的思路。

- 神经 - 符号混合 Agent：将基于神经网络的大模型等 AI 系统和基于符号推理的知识图谱、逻辑规则等结合，集成神经网络强大的学习能力和符号系统的解释能力，以构建更加鲁棒、可解释、可迁移的认知系统。

- 实现 Agent 与现实环境的无缝交互和持续进化：让 Agent 走出实验室，投入实际应用，并在实践中不断学习优化。这是一个极具挑战但又意义重大的课题。这需要在机器感知、人机交互、持续学习等诸多方面取得更多突破。

百家争鸣，百舸争流。我们需要保持开放的心态，既要积极拥抱变革的机遇，也要严谨求索，守正创新。除了技术进步以外，Agent 研究的快速发展还得益于开源社区的繁荣。从语言模型到开发平台，越来越多的关键资源被开放共享，这大大降低了研究门槛。AI 的进步正激发出全社会的集体智慧，小雪（你）和咖哥（我）都是其中一分子，我们共同推动 Agent 生态良性发展。

A

参考文献

[1] XI Z, CHEN W, GUO X, et al. The Rise and Potential of Large Language Model Based Agents: A Survey[J]. arXiv e-prints, 2023: 2309-7864.

[2] ZHAO W X, ZHOU K, LI J, et al. A Survey of Large Language Models[J]. arXiv e-prints, 2023: 2303-18223.

[3] WEI J, WANG X, SCHUURMANS D, et al. Chain-of-Thought Prompting Elicits Reasoning in Large Language Models[J]. arXiv e-prints, 2022: 2201-11903.

[4] YAO S, ZHAO J, YU D, et al. ReAct: Synergizing Reasoning and Acting in Language Models[J]. arXiv e-prints, 2022: 2210-3629.

[5] KHOT T, TRIVEDI H, FINLAYSON M, et al. Decomposed Prompting: A Modular Approach for Solving Complex Tasks[J]. arXiv e-prints, 2022: 2210-2406.

[6] PARK J S, O'BRIEN J C, CAI C J, et al. Generative Agents: Interactive Simulacra of Human Behavior[J]. arXiv e-prints, 2023: 2304-3442.

[7] YAO S, YU D, ZHAO J, et al. Tree of Thoughts: Deliberate Problem Solving with Large Language Models[J]. arXiv e-prints, 2023: 2305-10601.

[8] AHN M, BROHAN A, BROWN N, et al. Do As I Can, Not As I Say: Grounding Language in Robotic Affordances[J]. arXiv e-prints, 2022: 1691-2204.

[9] NAKANO R, HILTON J, BALAJI S, et al. WebGPT: Browser-Assisted Question-Answering with Human Feedback[J]. arXiv e-prints, 2021: 2112-9332.

[10] WANG L, XU W, LAN Y, et al. Plan-and-Solve Prompting: Improving Zero-Shot Chain-of-Thought Reasoning by Large Language Models[J]. arXiv e-prints, 2023: 2305-4091.

[11] BALAGUER A, BENARA V, de FREITAS CUNHA R L, et al. RAG vs Fine-tuning: Pipelines, Tradeoffs, and a Case Study on Agriculture[J]. arXiv e-prints, 2024: 2401-8406.

[12] LI G, ABED AL KADER HAMMOUD H, ITANI H, et al. CAMEL: Communicative Agents for "Mind" Exploration of Large Language Model Society[J]. arXiv e-prints, 2023: 2303-17760.

[13] HONG S, ZHUGE M, CHEN J, et al. MetaGPT: Meta Programming for A Multi-Agent Collaborative Framework[J]. arXiv e-prints, 2023: 2308-2352.

[14] WANG L, MA C, FENG X, et al. A Survey on Large Language Model based Autonomous Agents[J]. arXiv e-prints, 2023: 2308-11432.

[15] ZHAO A, HUANG D, XU Q, et al. ExpeL: LLM Agents Are Experiential Learners[J]. arXiv e-prints, 2023: 2308-10144.

[16] LI J, ZHANG Q, YU Y, et al. More Agents Is All You Need[J]. arXiv e-prints, 2024: 2402-5120.

[17] LIU Z, ZHANG Y, LI P, et al. Dynamic LLM-Agent Network: An LLM-agent Collaboration Framework with Agent Team Optimization[J]. arXiv e-prints, 2023: 2170-2310.

[18] QIAN C, CONG X, LIU W, et al. Communicative Agents for Software Development[J]. arXiv e-prints, 2023: 2307-7924.

[19] XIAO Y, CHENG Y, FU J, et al. How Far Are We from Believable AI Agents? A Framework for Evaluating the Believability of Human Behavior Simulation[J]. arXiv e-prints, 2023: 2312-17115.

[20] ZHANG P, ZENG G, WANG T, et al. TinyLlama: An Open-Source Small Language Model[J]. arXiv e-prints, 2024: 2385-2401.

[21] SONG C H, WU J, WASHINGTON C, et al. LLM-Planner: Few-Shot Grounded Planning for Embodied Agents with Large Language Models[J]. arXiv e-prints, 2022: 2212-4088.

[22] BAI Y, KADAVATH S, KUNDU S, et al. Constitutional AI: Harmlessness from AI Feedback[J]. arXiv e-prints, 2022: 2212-8073.

后 记　创新与变革的交汇点

　　现在，请你和我暂时把自己从程序设计和系统架构工作中解脱，想象自己正乘坐着巨大的热气球。这样，从云端俯瞰这个快速变化的世界，你我能从更高的层面看待人类的过往、现状和未来。我们不仅能更清晰地看到自己现在所处的位置，也能洞察未来的走向。

　　从这个高度俯瞰，我们能更清晰地洞见人类文明进程中技术革新的脉络，看到当下这个节点在历史长河中的方位。大模型和Agent的出现绝非偶然，它们是人类长期探索、积累的结果，是通往未来智能社会的关键一环。

　　我们正处于一个全新的时代，Agent所驱动的未来正加速向我们走来。这是一个创新与变革交汇的历史节点，一个Agent不断成熟，被逐渐应用于复杂的生产系统，并能在现实世界中发挥作用的新纪元。无论我们是否准备好，这些Agent都将成为我们生活、工作、学习的一部分。它们甚至可能构建自己的社群，与人类和平共处。

　　这种转变不仅仅是技术的革命，还触及我们的工作方式、社交乃至世界观的根本改变。Agent的崛起预示着人类正迈入一个智能系统协调整合的时代，这将重新定义人类与机器的关系。

　　尽管Agent仍然处在"猿人期"，目前许多Agent看似高级玩具，但其真正的潜力远未被发掘。随着人类深入研究如何释放大模型的推理潜能，如何将这些Agent与工具进行整合，Agent的功能将日益强大，并最终成为能够在真实世界中执行任务的"人类代理"。

　　在整个过程中，我们需要重新思考数据和智能的关系。传统上，数据和智能紧密相连，但现在，随着生成式AI和Agent的崛起，数据与智能开始解耦。这意味着即使没有大量的本地数据，企业和个人也可以使用高效、便捷的智能服务。这将可能颠覆传统的数据飞轮和网络效应。

　　未来的智能经济或将由个性化、智能化的Agent主导，这不仅会重塑平台和应用的角色，而且可能引导我们向一个去中心化、分布式的经济结构转变。尽管未来充满不确定性，但是这些深刻的思考和预测为我们提供了理解当前技术趋势的新视角，也为未来的战略规划提供了必要基础。

　　随着技术不断进步，我们应该保持谦逊和开放的态度。我们可能会对AI的能力过于乐观，而忽视实现这些目标所需的时间和努力。通过不断探索和试验，我们将能够解锁AI的真正潜能，使其不仅能够理解物质世界，还能深入理解信息的价值，更好地服务人类。

　　终有一天，Agent将从"猿人"走向成熟实体。我们既要对它们寄予厚望，也要谨慎地指导它们成长，确保它们在服务人类的道路上健康发展，同时期冀它们能超越当前的局限，真正成为理解人类、协同人类，甚至能够启发人类的智能伙伴。在这个共同创造的未来，Agent 不仅是技术的展现，更是人类智慧的延伸和映照。

让我们从云端俯瞰的视角重新回到地面，重新脚踏实地，投身到这场伟大的变革中。我坚信，在不远的将来，当你我再次腾空而起，回望这一路的风景时，将为自己曾经的努力和选择而感到自豪，因为我们亲历并创造了这个智能新时代的辉煌。